고양이 집사가 된 과학자들

고양이 집사가 된 과학자들

그레고리 J. 그버 지음 | 박영목 옮김

북스힐

고양이 집사가 된 과학자들

초판 인쇄 2022년 7월 25일
초판 발행 2022년 7월 30일

지은이 그레고리 J. 그버
옮긴이 박영목
펴낸이 조승식
펴낸곳 도서출판 북스힐
등록 1998년 7월 28일 제22-457호
주소 서울시 강북구 한천로 153길 17
전화 02-994-0071
팩스 02-994-0073
홈페이지 www.bookshill.com
이메일 bookshill@bookshill.com

값 18,000원
ISBN 979-11-5971-433-7

이 책을 나의 대 고양이 가족 사샤, 조이, 소피, 쿠키,
래스컬, 만다린, 돌리, 미치, 데이지, 홉스, 고 사이먼,
사브리나, 플러프, 골디, 밀로에게 헌정함

목차

서문: 고양이는 열정적이다

고양이들이 약간은 열정적이라고 하는 말이 맞을 것이다. 홀로 사냥하기를 좋아하고 매복을 잘 하는 포식자로서, 고양이들은 먹잇감에 몰래 다가가고, 심지어 그것이 시야에서 벗어나더라도 추적하고, 행동을 예측하게 해 주는 지능을 개발하였다. 이 지능에 종종 고양이들을 위험에 빠뜨리는 타고난 장난기와 호기심이 딸려 온다. 그 바람에 사람들은 "호기심이 고양이를 죽인다."는 속담의 뜻을 알게 되었을 것이다.

　　　다행히도 셀 수도 없는 긴 세월의 진화를 거치면서, 고양이들은 자신들이 어려운 상황으로 들어가는 것만큼이나 그것으로부터 쉽게 벗어날 수 있게 해주는 중요한 기술들을 개발했다. 그 중 첫 번째가 오랫동안 여러 이름으로 알려져 왔던 기술이다. 바로 고양이-회전하기cat-turning, 고양이-바로서기반사cat-righting reflex, 고양이 뒤집기cat flip, 고양이 비틀기cat twist다. 이 모든 이름들은 고양이가 높은 곳으로부터 떨어질 때, 낙하 시작 높이에 상관없이 항상 발로 착지하는 고양이의 상당히 놀라운 능력을 말한다. 고양이는 영점 몇 초

9

이내에 돌기 때문에, 2 내지 3피트의 작은 높이의 낙하에서도 이 비틀기를 할 수 있다.

그것은 목숨을 구하는 기술이다. 종종 고양이가 9개의 목숨을 가진다고 한다. 만일 우리가 이 속담을 문자 그대로 받아들인다면, 적어도 그 목숨의 4개는 고양이-바로서기 반사 탓이라고 나는 말하겠다. 고양이 구조단과 일을 하면서, 나는 고양이의 기술을 증언할 수 있게 되었다. 한 번은 내가 어느 집에서 탈출하여 나무 위 높이 올라가 있는 어떤 입양된 고양이의 구조를 도우러 간 적이 있었다. 이동식 크레인을 불러 구조단이 약 100피트(30미터) 높이에 있는 높은 곳에서 두려움에 빠진 고양이에 접근한 뒤 어떻게 하든지 구슬려 보려 했다. 고양이는 점프를 선택했고, 땅에 닿자마자 달렸다. 고양이를 수의사에게 데려가서 검사해보니, 낙하에서 입은 유일한 부상은 미세한 골절 한 군데였다. 그것은 곧 치유되었다.

고양이들은 자신들이 그 기술을 가지고 있음을 아는 듯하며, 그것을 과시하기를 좋아한다. 나의 대 새끼고양이 가족의 한 구성원인 소피Sophie는 2층 계단의 맨 위에서 난간의 *바깥쪽* 위로 걷곤 했는데 그것을 못하게 말려도 소용이 없었다. 어느 날 아내가 우연히 소피가 미끄러지는 것을 보았다. 고양이의 두 발이 언뜻 보였고, 발톱은 목재 속을 파 들어 갔었다. 그리고 소피는 떨어졌다. 그녀는 다치지 않고 착지했고 다행히도 더 이상의 무모한 산책은 단념하였다.

이와 비슷한 멋진 재주넘기에 대한 이야기들이 많이 있으며, 고양이의 바로 서는 능력은 상식처럼 되어 있다. 그러나 널리 알려져 있지 않은 것은 고양이의 능력에 상당한 양의 과학이 관련되어 있음이다. 고양이-회전하기에 관한 물리학과 생리학은 수세기동안 과학자들을 매료시켰고, 낙담시켰고, 또

당황하게도 만들었다. 비록 그 문제가 큰 틀에서는 풀렸지만, 고양이의 능력에 관한 세부 사항들에 관해서는 아직도 논쟁들이 오가고 있으며, 그것이 현대 기술 발전에 자극을 주고 있다.

나는 2013년, 물리학에서 과학의 역사, 거기서 또 기이한 허구까지, 그런 분야들의 관심거리들을 다루는 나의 블로그 Skulls in the Stars에 글을 쓰다가 우연히 떨어지는 고양이 문제와 마주쳤다. 나는 재미있는 쓸거리를 찾으려 오래된 과학 잡지들을 뒤지곤 했다. 그러다 어느 날, 나는 우연히 프랑스 생리학자 마레Étienne-Jules Marey가 만든 1894년의 떨어지는 고양이에 대한 대표적인 사진들을 보게 되었다. 호기심이 발동한 나는 "고양이-회전하기: 19세기 과학적인 고양이-떨어뜨리기의 유행!" 이라는 제목으로 떨어지는 고양이를 초창기에 연구한 마레 등의 연구자들에 대한 글을 하나 써서 올렸다.

그러나 나는 고양이의 능력에 관한 나의 처음 설명이 옳았는지 확신이 없었다. 그래서 나는 떨어지는 고양이 문제에 관해 발표된 연구 결과들을 뒤져 보았고, 여러 곳을 찾아보았다.

과학자들은 거의 과학 자체가 존재해 왔던 시간만큼이나 오랫동안 떨어지는 고양이에게 관심을 가져왔었다. 그리고 이 관심은 복수의 학제들을 넘나들었다. 한 학제가 고양이 문제에 관심을 잃을 때마다, 다른 학제가 바로 그 자리에서 뭔가 새로운 것을 찾아내려 했다.

이 책은 떨어지는 고양이 문제의 과학과 역사 둘 모두에 관한 이야기다. 곧 보게 되겠지만, 떨어지는 고양이 문제에는 과학과 공학 분야에서 오래된, 주목할 만한, 때로는 믿기 어려운 역사가 있었다. 과학자들은 그 문제를 자세히 들여다볼수록, 털옷을 걸친 우리 고양이 친구들의 행동에 숨겨진 많은 경이로움을 발견해 내었다. 또한 고양이들이 그 행동을 어떻게 해 낼 수 있는지 물리학자들이 정확하게 설명하려고 노력하는 중에 그 문제가 사진술, 신경 과학, 우주 탐사, 로봇 공학 등 현대사에서 이루어진 가장 중요한 과학 기술적 진보 중의 일부와 연관되어 있다는 것도 알게 되었다.

이 책에는 고양이 사진들이 삽입되어 있다, 그것도 아주 많이. 사진술은 떨어지는 고양이에 관한 연구에서 엄청난 역할을 했다. 그래서 이 책에서 우리는 떨어지는 고양이들을 촬영하는 것이 가능해지기 시작했던 시점뿐만 아니라 촬영이 용이하게 되었던 시점까지 사진술이 어떻게 발전했는지 보게 될 것이다. 다음에는 신경 과학이 그 문제의 배턴을 받아 그 신비에 깊이를 더해 준다. 신경 과학 연구는 떨어지는 고양이들이 너무나 큰 역할을 한, 바로 인간의 우주 비행을 위한 계획으로 이어졌다. 신경 과학과 물리학의 조합은 연구자들이 아직도 고양이의 능력을 기계로 대체하려 노력하고 있는 로봇 공학의 연구로 발전된다. 그 도중에 고양이들은 다른 놀라운 것들을 보여주었고 과학 사회에 불행한 일을 다수 일으키기도 했다.

과학적으로, 우리는 고양이들로부터 많은 것을 배웠다. 이제 그런 이야기를 해야 할 시간이 온 것 같다.

단서

1974년 벤칠리Peter Benchley의 소설 조스Jaws가 출간되었다. 그 육중하고 거대한 살인 백상어는 곧 국제적인 반향을 일으키면서 세계적으로 2천만부나 팔렸다. 다음 해 그 책을 각색한 스필버그Steven Spielberg가 감독한 영화가 배급되어, 한동안 최고 수익을 올린 영화로 머물다가 2년 후 스타 워즈Star Wars에 의해 비로소 왕좌를 빼앗겼다.

벤칠리나 그 계획에 관련된 누구든지 그 이야기가 얼마나 성공할지 예측했는지는 알 수 없다. 그러나 다음 10여 년 동안의 폭발적인 상어 사냥은 분명 예상되지 않은 것이었다. 귀상어, 뱀상어, 백상아리 무리가 대량 살육되어 그 종들의 생존에 큰 위협이 극적으로 증가하였다. 벤칠리 자신은 상어에 대한 이 정당하지 않은 반감에 공포를 느끼고 결국 그의 여생을 상어 보호를 위해 활동하며 보냈다. 그는, 2006년 2월 23일, 로스엔젤리스 타임즈Los Angeles Times 지와의 인터뷰에서 이렇게 말했다, "현재 내가 알고 있는 것들 때문에, 나는 지금은 결코 그 책을 쓸 수 없을 것 같다. 상어는 인간을 표적으로

13

삼지 않는다. 그들은 분명 우리에게 악감정을 가지고 있지 않다."

나는 고양이 물리학에 관한 이 책이 죠스의 대중적인 성공까지 도달할 것으로 보지는 않는다, 그러나 상어에 대한 그 소설의 기대치 않은 충격으로, 나는 다음과 같은 요청을 독자들에게 하지 않을 수 없다.

고양이를 떨어뜨리지 마시오!

이 책을 읽어가면서 우리는 고양이 종에게는 낙하할 때 몸을 바로 세울 수 있는 놀라운 본능이 주어져 있음을 알게 될 것이다, 그러나 고양이를 집어내서 시범을 보이도록 해서는 안 된다고 하는 데에는 다음과 같은 타당한 이유가 있다.

1. 어떤 고양이는 그것을 잘 해내지 못할 수도 있다. 비록 모든 고양이가 바로서기 기술을 실행하는 본능을 지니고 있는 것은 분명하지만, 반드시 모든 개체가 그것을 잘 해낸다는 것은 아니다, 일부는 떨어뜨리면 다칠 수도 있다.
2. 고양이가 그것을 좋아하지 않을 수도 있다. 나는 어떠한 냉대에도 대체로 즐겁게 지내는 많은 고양이를 보았다, 그러나 모든 고양이가 떨어진 뒤 바로서는 동작을 재미있는 게임으로 여기지는 않을 것이다. 일부는 싫어하고 심지어 떨어뜨린 사람에게 악감정을 가질 수도 있다.
3. 고양이는 떨어진 것에 정신적으로 충격을 받을 수도 있다. 떨어지는 것은 일반적으로 어느 지상 포유류에게나 무서운 경험이다, 그리고 그것은 보통의 가정에서 키우는 고양이에게는 진짜로 무서운 일일 수도

있다.

떨어지는 고양이와 관련된 사진술의 역사는 100년을 거슬러 올라간다. 고양이가 어떻게 그런 일을 하는가를 알아보기 위한 많은 영상 자료가 온라인상에 있다. 일반적으로 영상들은 슬로모션으로 되어 있다는 장점을 지니고 있다, 그래서 시청자는 고양이가 바로선 자세로 착지하기 위해 몸을 비틀 때 일어나는 미묘한 동작들을 모두 볼 수 있다.

고양이 종은 지난 150여 년 동안 많은 횟수의 낙하 시험을 받았었다. 이제 그들에게는 활발한 연구 활동 끝에 오는 마땅한 휴식을 주어야 할 시간이다.

떨어지는 고양이에게 매료된
유명 물리학자들

19세기 물리학의 역사에서 아마 어느 누구도 맥스웰James Clerk Maxwell만큼 더 많은 존경을 받는 사람은 없을 것이다. 1831년 스코틀랜드에서 태어나서 1879년에 비교적 일찍 세상을 떠나기까지 그는 과학과 공학의 여러 분야들에 기여했다. 그의 가장 위대한 업적은 수천 년 동안 자연의 독립적인 힘들로 생각되었던 전기와 자기를 전자기electromagnetism라고 하는 단일 자연 현상으로 보는 이론적 통일이었다. 1860년대에 맥스웰은 다른 물리학자들이 남긴 다양한 관찰 결과들을 취합하여 그들을 완전하고 앞뒤가 맞는 한 세트의 방정식으로 정제했다, 그리고 이 방정식들이 전기와 자기가 결합하여 진동하면서 진행하는 파동을 만들 수 있다는 것을 보여주었다. 그는, 더 나아가, 오랫동안 전기와 자기로부터 별개로 생각되었던 가시광선이 사실은 전자기 파동이라는 놀라운 주장도 했다.

맥스웰의 발견이 알려진 물리학의 모든 힘들이 단 하나의 기본적인 힘에서 나타난다고 믿는 현대 물리학의 시작점을 찍는다고 볼 수 있다는 데에는 이견이 거의 없다고 해야 할 것이다. 맥스웰이 완성한 한 세트의 방정식들은 그에게 보내는 경의의 표시로 지금은 *맥스웰의 방정식*Maxwell's equations으로 부르고 있다.

맥스웰은 또한 고양이를 떨어뜨리는 일로 유명했다.

그는 1847년 16세에 에든버러 대학교University of Edinburgh에서 그의 대학 연구를 시작했고 대학에 있는 동안 이 별난 명성을 얻었다. 그는 1850년 캠브리지의 트리니티 칼리지Trinity College로 옮겼고, 그곳에서 그는 수학을 공부했고 사람의 색지각을 연구했다. 최상위 학생들 중의 하나로 두각을 나타낸 덕분으로 졸업 후에 그는 2년간 그 대학에서 연구원 자리에 있었다. 그가 떨어뜨린 고양이가 어떻게 해서 정확하게 항상 발로 착지할 수 있는 것처럼 보이는지를 정확하게 조사하는데 그의 남는 시간중의 일부를 투자한 것은 트리니티에 재직하는 동안이었다.

1870년 맥스웰이 그의 모교로 돌아와서 보니 그가 없는 동안 그의 고양이 실험에 관한 이야기가 증폭되어 있었다.* 그의 아내 캐서린Katherine Mary Clerk Maxwell에게 보낸 편지에서 그는 그 상황을 설명했다. "내가 여기에 있었을 때 고양이를 발로 착지하지 못하도록 던지는 방법을 발견했고, 고양이를 창문 밖으로 던졌다는 한 전승이 트리니티에 있어요. 나는 내 연구의 진정한 목적이 얼마나 빨리 고양이가 회전하는가를 알아내는 것이었으며, 그 적절한 방법이 고양이를 테이블이나 침대 위 약 2인치에서 떨어지게 하는 것이었고,

---

* 맥스웰은 1854년에 캠브리지를 졸업하여 1856년까지 연구원으로 있었다. 그 해 그는 마리셜 대학의 자연철학과의 학과장으로 자리를 옮겼다가 1871년 캠브리지로 돌아왔다.

Figure 1.1
제임스와 캐서린 맥스웰, 1869년. 제임스가 개도 떨어뜨렸는지
에 대해서는 아무런 자료가 없다. *Wikimedia Commons.*

그렇게 하더라도 고양이는 발로 착지한다고 설명해야만 했답니다."[1] 맥스웰
은 그의 편지에서 캐서린에게 변명을 하고 그녀에게 어떤 고양이도 해를 입
지 않았다는 것을 강조하는 듯하다. 그의 실험이 비록 별스러웠긴 하지만 그
것이 겨우 20년 만에 전설이 되었다는 것은 놀라운 일이다.

　　그 시대에 떨어지는 고양이에 관심을 가진 유명한 과학자가 맥스웰
뿐만은 아니었다. 아일랜드의 물리학자이자 수학자인 스토크스George Gabriel
Stokes (1819-1903)도 비슷한 시기에 자신의 비공식적인 연구 조사를 수행했
다. 스토크스는, 그의 친구 맥스웰처럼, 1949년 이른 나이에 탐나는 루커스

수학 교수Lucasian Professor of Mathematics의 자리를 얻으면서 두각을 나타내었다. 그는 죽을 때까지 그 자리를 유지했다. 그 칭호를 가진 다른 사람들로 블랙홀 독불장군 호킹Stephen Hawking, 양자 물리학자 디랙Paul Dirac, 전산의 선구자 배비 지Charles Babbage, 그리고 바로 '현대 물리학의 아버지' 뉴턴Isaac Newton이 있다. 스토크스는 분명히 그러한 명석한 집단에 포함될 자격이 있었다, 긴 활동 기 간 동안 그는 수학, 유체 동역학, 광학에 주요한 기여를 했던 것이다. 모든 수 학자들과 물리학자들은 말 그대로 모든 물리학의 세부 분야에 적용되는 스토 크스의 정리Stokes's Theorem를 잘 알고 있다. 스토크스의 이름은 또한 유체 흐름 (그 성질은 아직도 완전히 이해되어 있지 않다)을 묘사하는데 중요한 수학 공 식인 나비에-스토크스 방정식Navier-Stokes Equation에도 붙어 있다. 그리고 스토크 스는 흑광black light 아래의 물체가 빛을 내는 현상인 형광이 보이지 않는 자외 선이 가시광선으로 변환되는 과정과 관련됨을 발견했다.*

스토크스는 이 막강한 과학의 경력에 고양이들이 어떻게 그들의 발들 로 착지하는가에 대한 비공식적인 연구도 추가했다. 그가 그의 실험에 관해 서 아무런 기록을 남기지 않았던 것은 분명하다. 그러나 그의 딸이 그의 사후 몇 년 후 한 회고록에서 그 실험에 관해 썼다.

거의 같은 시기에 클라크 맥스웰 교수가 그러했던 것처럼, 그는 고양이- 회전하기에 많은 관심을 가졌다. 고양이-회전하기란, 만일 당신이 고양이 를 네 발로 잡고 등을 아래로 하여 바닥 가까이에서 떨어뜨렸을 때, 고양

---

* 흑광은 가시광선과 경계를 접하는 자외선으로, 자외선 중에서는 비교적 파장이 긴 편이다.

이가 어떻게 해서 발로 착지하는가를 설명하기 위해 고안된 말이다. 검안경을 사용하여 고양이의 눈 또한 검사를 받았다. 나의 개, 펄Pearl의 눈도 검사를 받았으나, 펄의 관심은 자신의 주인이 눈을 검사하는 것을 호의적으로 즐긴 듯했던 클라크 맥스웰 교수의 개가 보인 관심과는 결코 같지 않았다.[2]

두 탁월한 물리학자가 떨어지는 고양이처럼 겉보기에는 아주 평범한 현상에 호기심을 가졌던 사실은 놀랍다. 그 두 훌륭한 이들은 낙하하는 고양이 문제에서 다른 이들은 보지 못한 무엇을 볼 수 있었을까? 그들은 한 가지 비밀을 보았다.

오랫동안 고양이들은 마술로 비밀들을 숨기고 있는 자들로 여겨져 왔다. 떨어지는 고양이 문제에서 우리는 이 평가가 얼마나 정확한지 보게 될 것이다.

내 고요한 화로의 스핑크스여! 황송하게도 거해주신
나의 노고의 친구, 나의 편안함의 동반자,
라Ra와 람세스Rameses의 지혜가 그대의 것이로다.
사람들이 잊는 것을 그대는 잘도 기억을 하고,
깜빡이는 몽상 속에서 고요히 바라본다,
차분한 해록색 헤아릴 수 없는 눈으로.[3]

떨어지는 고양이의 (풀린?) 수수께끼

만일 맥스웰과 스토크스가 고양이-회전하기 문제에서 무언가 흥미롭고 특이한 것을 목격했다고 하더라도 당시의 대부분의 사람들에게는 별 관심이 없는 일이었을 것이다. 그 시대의 문헌이 보여 주듯이, 대부분의 사람들은 그 문제가 비교적 하찮고 이미 적절하게 설명된 것으로 여겼다. 그러나 그 전통적인 설명은 옳지 않았을 뿐만 아니라, 그 잘못이 거의 200년 동안 고양이의 바로 서기 능력에 대한 진지한 연구 조사를 지연시켰던 듯하다. 그 엉터리 주장은 정식 과학으로 등장한 물리학과 밀접하게 연관되어 있다.

　19세기 후반에, 고양이-회전하기에 대한 설명은 과학 저널에는 게재되지 않았으나 고양이 애호가들이 쓴 고양이에 관한 책에는 나타났다. 그 당시 그러한 책들이 많이 출간되어 고양이에 관해 흔한 부정적인 시각을 밀어내었다. 여러 세기동안 고양이 생리에 관한 미신과 무지가 서부 유럽인들이 고양이를 싫어하게 만들었다. 그런 믿음 중의 많은 숫자가 오늘날까지도 이어지고 있다. 지금도 종종 그러하지만, 고양이는 이기적이고, 감정이 메마르고, 자신을 키워주는 인간에 무관심한 것으로 보였다. 고양이, 특히 검은 고양이는 마법 이야기의 고정 출연자가 되었다. 그래서 고양이에 대한 폭력은 용인되는 것으로 생각되었고, 심지어 합당한 것으로까지 여겨졌다, 그리고 고양이를 옹호한 사람들은 노골적으로 조롱을 당했다. 로스Charles(Chas.) H. Ross가 1893년 그의 고양이들의 책Book of Cats의 서문에서 이렇게 한탄했다.

정말 오래 전 어느 날 나는 고양이에 관한 책 한 권을 시험 삼아 써야겠다는 생각이 떠올랐다. 나는 그 아이디어를 내 친구들에게 말했다. 내가 첫마디를 마치자마자 첫 번째 친구가 웃음을 터뜨리는 바람에 나는 더 이상 자세한 계획을 이야기할 수조차 없었다. 두 번째 친구는 고양이에 관한 책들이 이미 백여 권 나와 있다고 말했다. 세 번째는, "아무도 그것을 읽으려 하지 않을 것이다."라고 말했다, 그리고 "게다가 그 주제와 관해 자네가 알고 있는 게 무엇인가?"라고 덧붙였고, 내가 그에게 말을 꺼내기도 전에, 내가 알고 있는 내용이 별로 없을 것으로 생각한다고 말했다. "개로 하지 그러나?", 마치 영감이 갑자기 떠오른 듯이 한 친구가 물었다. 다른 누군가가 말했다, "혹은 말로 하든지, 혹은 돼지, 혹은, 이것 봐, 이게 무엇보다 좋은 최고의 생각이야,

당나귀에 관한 책,
그 가족 중의 하나가 쓰다!"[1]

이러한 사회적 냉대에도 불구하고, 로스와 많은 이들은 고양이를 애완동물, 친구, 매혹의 대상으로 추켜세웠다. 그런데 어느 고양이 옹호자는 다른

이들이 자신의 글을 어떻게 볼까하는 데에 아예 신경을 쓰지 않았다. 1840년 경 스코틀랜드 밴프셔Banffshire에서 태어난 스테이블스William Gordon Stables는 모험적이고 독립적인 삶을 살았다.[2] 스코틀랜드 애버딘Aberdeen의 마리샬 대학 Marischal College에 재학 중인 19세의 한 의학도에 불과했을 때에도, 그는 한 그린란드 포경선을 타고 북극으로 가는 항해에 참여했다. 그리고 그것은 그의 여행 경력의 시작에 불과했다. 1862년 의학 박사 및 외과 석사로 졸업한 후, 그는 왕립 해군에서 보조 외과 의사로 임명을 받아 희망봉 바깥에서 나르키소스 호HMS Narcissus에서, 그 다음에는 모잠비크 연안에서 노예선을 나포하던 펭귄 호HMS Penguin에 승선하여 근무했다. 그는 아프리카 직무에 몇 년의 시간을 보낸 후 지중해와 영국에 주둔한 해군에서 몇 년을 더 보냈다. 그는 건강 문제로 1871년 해군을 떠나게 됐지만, 그것이 그의 방랑을 멈추게 하지는 못했다. 그는 다음 2년 동안 남아메리카의 해안, 아프리카, 인도, 남태평양으로 항해하면서 상업 활동에 참여했다. 마침내 1875년 그는 영국 트와이포드Twyford에 정착했다, 그리고는 말도 안 되게 왕성한 글쓰기 활동을 시작해서 130권 이상의 책을 출간했다. 대부분은 청소년을 위한 스테이블스 자신의 경험에 바탕을 둔 모험 소설들이었지만, 그는 또한 동물과 동물 돌보기에 관한 많은 책을 썼다.

오늘날 가장 잘 기억되고 있는 스테이블스의 작품은 아마도 그의 안내서인 *고양이들: 그들의 특징과 특성, 고양이 생활사의 진기한 것들, 고양이의 질병에 관한 한 장*Cats: Their Points and Characteristics, with Curiosities of Cat life, and a Chapter on Feline Aliments으로 1875년경에 처음으로 인쇄물로 출간되었다. 이 책은 고양이의 모든 것에 관한 광범위한 개론서다. 우스꽝스럽고 무서운 고양이 일화, 집고양이의 기원에 대한 논의, 고양이의 질병에 관한 안내, 고양이에게 재주 가

25

르치려 할 때 필요한 조언, 고양이를 위한 영국의 학대 방지법을 지지하는 주장, 그리고 여기서 보다 적절한 것으로, 항상 발로 착지하는 고양이의 능력에 대한 설명 등의 내용이 들어 있다.

어떻게 해서 고양이는 항상 발로 착지하는가? 이 의문에 대답하기란 결코 어렵지 않다. 처음에 고양이가 높은 곳으로부터 떨어지기 전에, 등이 가장 낮고 반원으로 구부러져 있다고 하자. 만일 그 자세 그대로 떨어진다면, 등골의 골절과 죽음이 피할 수 없는 결과가 될 것이다. 그러나 타고난 본능은 고양이가 1내지 2피트를 낙하한 후, 급격하게 등의 근육이 늘어나게 하고 다리를 뻗게 한다. 이제 배가 볼록해지고 등이 오목해진다, 그렇게 해서 중력의 중심을 변경시켜 고양이의 몸이 돌아가게 한다. 그 때부터 자세를 유지하기만 하면 고양이는 발로 착지하게 된다.[3]

이 설명은 그럴싸하게 들린다, 그리고 표면적으로는 19세기 대부분의 호기심 많은 사람들을 만족시켰던 것 같다.

두 개의 고정된 지지대에 각각 앞발과 뒷발이 고정된 고양이를 상상하라. Figure 2.1에서 (a) 고양이가 흡사 옷장 서랍의 경첩이 달린 손잡이처럼 보인다. 중력이 실효적으로 고양이 전체를 당기는 점, 즉 고양이의 중력 중심은 지지대의 아래쪽에 있다. (b) 고양이가 등을 활처럼 휘게 하면 중력 중심은 지지대보다 위쪽으로 이동한다. 이것은 불안정한 자세다. 고양이가 등을 휜 자세를 유지하고 있는 중에는 아무 작은 교란이라도 고양이로 하여금 아래로 그네타기 운동을 일으켜 중력의 중심이 도로 지지대보다 낮아지게 할 것이다. (c) 거꾸로 있었던 고양이가 이제 바른 자세로 있다!

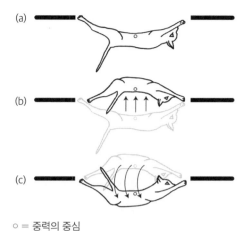

○ = 중력의 중심

Figure 2.1
윌리엄 고든 스테이블스의 떨어지는 고양이 모형.
Sarah Addy의 그림.

스테이블스의 논증은 간단하고, 설득력이 있고, 물리학적으로 그럴싸하지만, 틀렸다. 그것은 그림처럼 고양이가 고정된 점들에 매달려 있어서, 자신의 중력 중심을 그 고정점들의 위 혹은 아래로 옮기게 할 수 있을 때에만 적용된다. 하지만 자유낙하 중의 고양이는 무엇에도 매달려 있지 않다. 그러므로 고양이 몸 위치의 변화는 고양이의 안정성에 전혀 영향을 주지 않는다.

스테이블스는 설명이 너무 빤하다고 생각한 듯하다. 그는 그것을 우리가 이미 만났었던 물리학자 맥스웰로부터 직접 배웠는지도 모른다. 맥스웰은 그의 첫 대학 교수직을 1856년 마리샬에서 시작했다, 그때가 스테이블스가 그곳에서 그의 의학 연구를 시작하기 겨우 1년 전이었다. 두 사람은 교류한 듯하며, 그 결과 젊은 맥스웰은 스테이블스에게 어떤 강력한 인상을 남긴 듯하다. 스테이블스는 1895년에 출간된 그의 반쯤 자전적인 소설 보습에서 강

*단까지: 삶의 전투에 관한 어떤 이야기From Ploughshare to Pulpit: A Tale of the Battle of Life*에서 농부의 삶에서 마리샬 대학으로 승격한 한 젊은이의 이야기를 한다. 여러 교수들에 대한 기술 가운데, 우리는 다음과 같이 이름조차 바꾸어 쓰지 않은 맥스웰에 관한 이야기를 찾아 볼 수 있다.

> 그리고 불행한 맥스웰이 있었다. 과학 세계에서 아주 잘 알려진 그는 갈색 머리에, 잘 생기고, 사려 깊고, 현명하였다. 그는 아침 식사 도중에 그의 학생들에게 말해줄 과학의 경이로운 이야깃거리를 항상 준비하고 있었다. 그는 늘 웃음을 띠었지만 많이 웃지는 않았다. 내 생각으로는 그가 짙은 차는 젊은이들에게 좋지 않다고 믿었던 것 같다. 그가 차를 따르기 전에는 항상 풍부하고 맛있는 크림으로 컵의 절반을 채웠기 때문이다. 불행한 맥스웰! 그는 죽고 없다, 그의 죽음은 이 세상에 [하나의] 커다란 손실이었다.[4]

맥스웰이 고양이 뒤집기에 대해 관심을 가지기 이전에 나온 많은 책들도 그 현상에 대해 비슷한 설명을 하고 있다. 예를 들면, 1836년에 나온 바텔M. Battelle이 쓴 *자연사의 첫 강의: 가축First Lessons of Natural History: Domestic Animals*에 이러한 설명이 있다.

> 사람들은, 아주 높은 곳에서 떨어진 고양이가 처음에 등을 아래쪽으로 향한 채 떨어지기 시작한 듯 했어도 항상 발로 착지하는 것을 보고, 놀라움을 금하지 못한다. 어떤 높은 집의 가장 높은 층에서 던져진 고양이가 아주 가볍게 착지해서 땅에 닿자마자 달리기 시작하는 것이 그리 보기 어려

운 일은 아니다. 이 신기한 일은 이 동물이 낙하 순간에 자신의 몸을 구부리면서 마치 되돌아가려는 듯이 운동을 한다는 사실 때문에 일어난다. 이는 일종의 반 바퀴-회전의 결과로, 동물이 발로 착지하도록 해서 십중팔구 그 목숨을 구해준다.[5]

질량 중심의 서술이 빠져 있지만, 이 설명은 스테이블스가 사용했던 것과 틀림없이 같다. 그러나 이 설명조차 최초가 아니며 오래전부터 있었다. 이 설명은 이미 1758년에 드퓨J. F. Defieu가 쓴 물리 시험 문제집에 있었다.

질문 94 3층에서 거리로 던져진 고양이의 네 다리가 떨어지는 첫 순간에는 위쪽에 있다, 그런데 고양이는 네 다리 모두로 착지하여 다치지 않는다. 왜 그런가?

답변 고양이는, 갑자기 어떤 본능적인 공포에 사로잡혀, 등의 척추를 굽히며, 배를 앞으로 내민다, 그리고 마치 출발 장소로 되돌아가려는 듯, 발과 머리를 길게 뻗는다, 그것이 발과 머리에게 큰 지지력을 준다. 이 특별한 운동으로 중력의 중심은 몸의 중심 위쪽으로 올라간다. 그러나 받쳐주는 것이 없으므로 곧 내려오게 된다. 중력의 중심이 내려오면서 고양이의 배, 머리, 발을 땅으로 향하게 한다. 그에 따라 고양이는 낙하 끝에 네 다리로 땅에 서고, 더 빨리 달리기만 한다.[6]

스테이블스 설명의 기원에 대한 결정적인 단서는 1842년에 출간된 프랑스 사전 *격언들의 어원, 역사, 일화들의 사전*Dictionary of Etymology, History, and

*Anecdotes of Proverbs*에 있다. 그 속에는 이런 항목이 있다. "그것은 항상 발로 착지하는 고양이와 같다."[7] 그 격언집은 고양이-바로서기에 대해 설명한 원저자의 이름을 제시한다. 바로 파렝 Antoine Parent 으로, 1700년에 고양이의 비밀에 대해서 세계 최초로 물리적인 설명을 발표하였으나 거의 잊혀 있었던 프랑스 수학자였다.

파렝은 1666년 파리에서 태어났으며 어릴 때 이미 수학의 천재로 인정을 받았었다. 그는 세 살이었을 때 훌륭한 신학자이자 능력 있는 박물학자로 알려진 교구 신부인 그의 외삼촌 말레 Antoine Mallet 와 함께 살기 위해 시골로 떠났다. 말레는 어린 파렝이 수학에 지칠 줄 모르는 호기심을 가진 것을 발견했다. 그래서 그는 아이에게 자신이 구할 수 있는 수학 분야의 모든 책을 구해다 주었다. 파렝은 그 책들을 공부했고 혼자서 많은 수학적 증명을 할 수 있었다. 13세가 되자 그는 많은 책들의 여백에 주석과 논평을 가득 채워 넣을 수 있을 정도가 되었다.

그 후 오래지 않아 그는 샤르트레 Chartres 시에서 가족과 잘 아는 수사학을 가르치는 사람의 도제가 되었다. 이 선생은 해시계가 지구상의 장소에 따라 어떻게 설계되어야 하는지 예시하는 한 모형을 방에 두고 있었다. 그 모형은 12면체의 형태, 즉 대칭적인 12개의 면을 가진 기하학적 고형물이었다. 각 면에는 지구상의 대응하는 위치에 적합한 해시계가 표시되어 있었다. 해시계 설계의 치밀함에 매료된 파렝은 혼자서 그 바탕이 된 수학을 추정하려 했다. 그는 실패했으나 14세의 나이에는 놀랄 일은 아니었다. 그러나 그의 선생은 그에게 적절한 해시계의 제작이, 지구를 구로 보았을 때, 어떻게 그 바탕이 된 구의 기하학에 좌우되는지 설명했다. 그러자 파렝은 용감하게도 해시계의 제작 기술, 즉 그노모닉스 gnomonics 에 관한 아마추어 수준의 책을 쓰기 시작했다.

그의 열정은 수학에 있었지만, 파렝은 많은 수의 뛰어난 예술가와 과학자가 겪은 운명을 경험하였다. 그는 친구들의 권유로 법률가가 되기 위한 공부를 위해 파리로 갔다. 법률은 수학보다 수익성이 있는 직업이었던 것이다(지금처럼 그때도 그랬다). 그러나 법률 학위를 마치는 순간 그는 파리의 *도르망-보베 대학College of Dormans-Beuvais*에 있는 한 숙소에 칩거하며 적은 수입으로 근근이 살면서 수학 연구에 헌신했다. 그의 유일한 나들이는 기하학과 소리의 과학을 연구한 수학자 소베르Joseph Sauver와 같은 저명한 학자들과 만나고 그들의 강의를 듣기 위해 파리의 왕립 대학교를 방문하는 것이었다.

파렝은 적극적인 성격의 사람이었다. 프랑스와 연합국 사이의 9년 전쟁의 발발이 그에게 가르치는 일로 수입을 보충하는 기회를 주었다. 그 전쟁은 전쟁에서 필요한 수학과 공학을 이해할 수 있는 군인과 학자의 수요를 크게 늘렸고, 그에 따라 파렝은 학생들을 맡아서 그들에게 방어용 요새의 건축 이론을 가르쳤다. 파렝은 이 분야에 직접적인 경험이 없었다. 그는 틀림없이 1600년에 발간된 에라르Jean Errard의 책 *미술로 보고 설명한 축성술La Fortification Démonstrée et Réduicte en Art*와 같은 그 분야에 관한 옛 교재들을 많이 이용했을 것이다.[8]

파렝은 실질적인 지식이 없는 분야를 가르치는데 양심의 가책을 느끼기 시작했다. 그는 자신의 고민을 소베르에게 털어 놓았고, 소베르는 다른 직업을 추천하여 그를 도와주었다. 그의 도움으로 파렝은 마침 9년 전쟁에 참전 중 수학자의 능력을 필요로 하고 있던 귀족 달리그르Marquis d'Aligre에게 소개되었다. 파렝은 달리그르 밑에서 두 번의 전투 작전을 위해 일했는데, 그 일로 그는 뛰어난 과학자, 수학자, 사색가로서의 명성을 얻었다.

1699년 파렝은 이 명성을 이용하여 큰 수익을 올릴 수 있었다. 그해 수학자 데 비예트Gilles Filleau des Billettes가 파리의 왕립 과학 아카데미Royal Academy of Sciences에 '기계학자mechanician'라는 높은 자리에 앉게 되면서 당시 크게 인정을 받고 있던 파렝을 그의 제자로 받아들였다. 파렝은 이제 안정적으로 학문을 연구하는 위치에서 해부학, 식물학, 화학, 수학, 물리학의 어지러울 정도로 다양한 범위에 걸친 연구에 매진할 수 있었다. 그러나 그의 평생에 걸친 열광적이고 자유분방한 성격은 이제 그에게 부정적으로 작동하기 시작했다.

그러나 이 지식의 크기가 타고난 열정 및 충동적인 기질과 결합하여 그에게서 자기모순의 정신이 일어나게 했고, 그것을 그는 어떤 경우에나 탐닉하여, 때로는 품위를 거의 고려하지 않고 크게 비난을 받을 만한 경솔의 수준에 이르렀다. 사실대로 말하자면 그는 같은 대접을 받았다, 아카데미에 그가 가져온 논문들은 자주 매우 엄격하게 다루어졌다. 그는 저작물의 애매모호함으로 비난을 받았다. 사실 이 잘못으로 그는 악명이 높았으며, 본인 스스로 그것을 깨닫고 교정할 수밖에 없었다.

1795년의 한 수학 사전에서 발췌한 이 인용문은 그의 사후에 파리 아카데미의 동료 회원들이 파렝을 위해 쓴 회상록의 영어 번역이다.[9] 그의 동료들이 그의 태도를 너무 불쾌하게 느낀 나머지 후세를 위해 그 느낌을 그의 부고에다 기록했던 것이다.

그럼에도 불구하고 파렝은 사망할 때까지 정기적으로 그의 연구 결과들을 아카데미에게 보고했고, 아카데미는 그것들을 그 학회지 히스토아르 드 라카데미 로얄Histoire de l'Academie Royal에 게재했다. 떨어지는 고양이 문제에 대

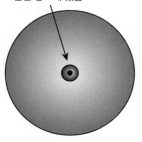

중력 중심과 구의 중심이
같은 장소에 있음

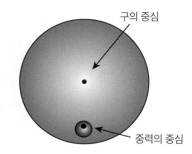

구의 중심

중력의 중심

Figure 2.2
유체 속에 떠 있는 구의 동역학. 나의 그림.

해 가장 일찍 나온 결과 중의 하나였고, 거의 200년 동안의 (틀린)설명을 제
공한 연구 결과는 1700년에 출판되었다. 그것은 "Sur les corps qui nagent
dans des liqueurs" 라는 "액체 속에서 수영하는 물체에 관해서"로 번역되는
제목의 논문이었다. 얼핏 보면 이것은 떨어지는 고양이와는 전혀 관계가 없
는 것으로 보이지만 겉모습은 속임수일 수 있다, 여러 분야를 탐구했던 파렝
이 관여했기 때문이다.

파렝의 논문은 물속에 잠긴 물체의 부력을 다룬다. 기원전 250년 그
리스의 철학자이자 수학자인 아르키메데스가 최초로 물에 잠긴 물체를 미는
부력은 그 물체가 밀어낸 물의 무게와 같다고 말했다. 그래서 잠긴 물체에는
두 가지 힘이 작용한다, 즉 물체를 아래로 당기는 중력과 그것을 위로 미는
부력이 작용한다. 만일 물체가 자신이 밀어낸 물보다 무겁다면 물체는 가라
앉을 것이고, 밀어낸 물보다 가볍다면 뜰 것이다.

깊은 수조에서 물의 밀도는 깊이에 따라 증가한다. 이 말은 정해진 부
피의 물의 무게가 깊이 내려갈수록 커진다는 것을 의미한다. 목재 구는 수면

33

에 있는 같은 부피의 구형의 물보다 가볍다. 그래서 목재 구는 위로 밀어 올려 지므로 수면에 뜰 것이다. 납 구는 수조의 바닥에 있는 같은 부피의 구형의 물보다 무겁다. 그래서 바닥으로 가라앉을 것이다. Figure 2.2에 예시한 대로, 목재 구와 그것을 둘러싼 작은 납 핵으로 구성된 구를 만들 수 있다. 그리고 핵의 크기를 조절하여 이 결합한 물체가 수면 아래 어떤 깊이에 떠 있게 하는 것이 가능하다. 파렝의 말을 빌리자면 이때 그 물체는 "수영을 한다." 그러나 구가 비대칭적으로 만들어져 있다고 가정하자. 그림의 오른쪽 부분에서처럼 납 핵이 목재 구의 중심에서 벗어난 곳에 있다면, 이제 구의 중력 중심은 더 이상 구의 중심에 있지 않고 납 핵에 가까이 있다. 이 구의 거동을 중심에 납 핵이 있는 구의 것과 비교하면 어떠할까?

　　이 의문은 이미 수십 년 먼저 이탈리아 물리학자 보렐리Giovanni Alfonso Borelli가 1685년에 두 권으로 된 그의 교재 동물의 운동De Motu Animallium에서 고찰하였다. 보렐리는 수학과 물리학을 이용하여 동물의 여러 가지 운동과 그 구성 근육을 연구하는데 관심을 가졌다. 이 분야에 관한 그의 중요한 연구 조사와 동물을 복잡한 기계로 볼 수도 있다는 그의 확고한 견해 때문에 보렐리는 오늘날 종종 '생체 역학의 아버지'라고 여겨진다.

　　동물이 물속에서 어떻게 운동하는가하는 관심이 구 문제에 관한 보렐리의 연구 동기였다. 보렐리는 고르지 않게 무게가 배치된 구를, 납을 위로 한 채 물속으로 떨어뜨리면, 구는 먼저 부력과 중력이 같은 점까지 가라앉은 다음에 중력의 중심이 있는 납 핵이 가장 낮은 위치가 될 때까지 그 중심 주위로 돌 것이라고 주장했다.

　　파렝은 운동이 그보다는 약간 더 복잡할 것이라고 생각했으며 그의 주장을 뒷받침할 보다 정교한 물리학을 이용할 수 있는 이점을 가지고 있었다. 보렐리의 저서가 나오고 수년 후, 흔히 프린키피아*Principia* 라고 불리는 물리학에 큰 영향을 준 뉴턴의 책 *자연 철학의 수학적 원리*Philosophiae naturalis Principia Mathmatica가 1687년 출간되어, 최초로 무거운 물체의 운동에 대해서 통일된 수학적 이론을 제시했다. 뉴턴의 연구에서 힌트를 얻은 파렝은 중력과 부력이 구의 다른 점들에 작용한다는 점을 주목했다. 부력은 구의 기하학적 중심에서 구를 위로 미는 반면, 중력은 중력의 중심에서 아래로 당긴다는 것이다. 서로 다른 위치에 두 힘이 작용하기 때문에 파렝은 구가 필연적으로 이 두 중심들 사이의 어떤 점 주위로 돌 것이고, 더구나 이 회전은 구가 그 평형 깊이를 향해 내려가고 있는 도중에 일어날 것이라고 주장했다.

　낙하하는 도중에 회전하는 물체는 떨어지는 고양이와 아주 비슷하게 보인다. 파렝도 분명히 이와 같이 생각했을 것이다. 수학적 논증을 펼친 후 그는 다음과 같이 지적했다.

　따라서 고양이와 담비, 긴털 족제비, 여우 등과 같은 고양이와 같은 종류의 일부 동물들은 높은 곳으로부터 떨어질 때, 처음에는 비록 그들의 발이 위쪽에 있어서 결과적으로 그 동물의 머리가 먼저 땅에 닿을 것처럼 보였다고 하더라도, 대부분의 경우 그들은 발로 착지한다. 그들을 받쳐줄 어떤 고정점이 없으므로, 그들이 공중에서 스스로 뒤집기를 할 수 없음은 아주 분명하다. 그러나 그들이 느끼는 공포가 그들의 척추를 휘게 하고 가운데 복부가 위로 밀려 올라가게 한다. 그와 동시에 그들의 머리와 다리를 그들이 낙하를 시작한 곳까지 쭉 뻗게 한다. 마치 그것을 찾으려 하는 것처럼 말이다. 그것이 이 부분들에게 큰 지지력을 가져다준다. 그래서 그들의 중력의 중심은 몸의 중심에서 벗어나 그 위쪽에 있게 된다. 그에 따라 파렝 씨가 입증한 것처럼, 이 동물들은 공중에서 반 바퀴 돌아서 그들의 다리를 아래쪽으로 향하게 하는 것이 분명하다. 그것이 거의 매번 그들의 목숨을 구한다. 이 경우 역학의 최고 지식이 무섭고, 혼란스럽고, 보이지 않는 느낌보다 더 나을 것이 없다.

물리학자들은 어리석게도 문제를 알아볼 수 없는 형태가 될 때까지 단순화한 다음 그것을 풀려는 것으로 악명이 높다. 이에 관해 학생들 사이에 오래 동안 회자되었던 우스갯거리가 있다. 소를 모델링하는 한 물리학자가 "이제, 문제를 간단하게 만들기 위해, 소를 한 개의 구로 생각하라."고 말했다고 한다. 파렝은 그의 논문에서 거의 문자 그대로 그런 일을 했다. 떨어지는 고양이를 떠 있는 구로 묘사하는 일을 감행했다.

파렝의 설명이 어느 정도는 스테이블스와 다른 고양이 애호가들이 나중에 150년에 걸쳐 반복하던 주장의 기원이다. 고양이는 자신의 등을 휘게 하면서 중력 중심을 어떤 회전 중심점 위쪽으로 민다. 그로 인해 고양이가 그네타기 운동을 하여 바로 선 자세가 된다. 스테이블스는 어떤 점에 관해 고양이가 회전하는지는 분명하게 말하지 않았다. 그러나 파렝의 원 주장에서는 고양이가 부력점이라고 하는 점을 중심으로 뒤집는 것으로 보는 듯하다. *

어쨌든 이 논증은 옳지 않다. 먼저 공기가 부력을 가지는 것은 사실이다. 예를 들어 공기의 부력이 헬륨 풍선을 놓아주었을 때 위로 뜨게 한다. 그러나 고양이와 인간에게 이 힘은 중력에 비하면 거의 무시할 만하다. 우리 인

---

* 부력점이란 물체가 밀어낸 액체의 중력의 중심이다. 따라서 구가 액체 속에 완전히 잠겨 있는 경우 구의 중심에 부력점이 있고 부력은 이 점을 지나며 중력과는 반대 방향으로 작용한다.

간이 일상생활 중에 떠서 돌아다니는 모습을 볼 수는 없다. 그런데 고양이는 영점 몇 초 내에 뒤집는다. 부력을 통해 이러한 일이 일어나기 위해서는 두 가지 반대 방향의 힘들이 거의 같은 세기라야 할 것이다.

그래도 파렝의 아이디어가 낙하하는 인간에게 다소간 적용되는 것을 살펴보는 일은 흥미롭다. 비록 뒤집기를 일으키는 것이 부력이 아니라 바람의 저항이지만 말이다. 고속으로 떨어지는 스카이다이버는 바람의 저항에 의해 위로 향하는 강한 힘을 경험한다. 종단 속도에 도달하면, 바람의 저항은 완벽하게 중력과 균형을 이룬다. 스카이다이버를 위한 안정적 낙하 자세는 등은 휜 채로 하고 배가 지구를 향하는 것이다. 그때 스카이다이버의 중력 중심은 그 스카이다이버의 가장 낮은 점에 있다. 만일 어떤 스카이다이버가 자유 낙하 중에 우발적으로 등이 지구로 향하게 된다면, 보통 파렝의 고양이처럼 등을 둥글게 휘게 하라는 훈련을 받는다. 그러면 스카이다이버는 곧 바로 배가 지구를 향하도록 뒤집어질 것이다.[11]

파렝은 1716년 천연두로 쓰러질 때까지 수많은 책과 논문을 꾸준히 발표한 생산적인 연구자였다. 그의 떨어지는 고양이에 대한 설명은 그가 간 이후 오래 동안 살아있었다. 정말로, 파렝이라는 인간보다 더 오래 동안 기억되었다.

떨어지는 고양이에 대한 연구의 과학적 기원을 추적하면서 1700년으로 되돌아가면, 우리는 당연히 파렝의 연구 결과보다 앞선 설명이 있었는지 물어볼 수도 있다. 분명히 사람들은 그때보다 훨씬 오래전에 고양이의 놀라운 능력에 주목했었을 것이고, 그들의 일부는 어떻게 해서 고양이가 그러한 재주를 부릴 수 있는지 궁금하게 생각했었음이 틀림없다.

적어도 한 명의 과학자이자 철학자가 일찌감치 떨어지는 고양이를 연구했을 가능성이 있다. 그러나 후대의 연구자들과는 아주 다른 동기에서였다. 대부분의 사람들은 "나는 생각한다, 고로 나는 존재한다." 라는 선언으로 유명한 과학자-철학자 데카르트René Descartes(1596-1650)를 잘 알고 있다. 이 언명은 인간의 존재에 대한 한 존재론적 증명이다. "무엇이 정말로 존재한다는 것을 나는 어떻게 아는가? 보라, 나는 그 질문을 생각할 수 있고, 추론할 수 있고, 물어볼 수 있지 않은가? 그러므로 적어도 내가 존재함이 분명하다."

비록 그의 과학이 그의 종교적 믿음과 밀접하게 연관된 경우가 많았지만, 데카르트는 선구적인 자연 철학자 및 수학자였다. 데카르트는 1630년대에 자연 철학에 관한 그의 최초의 완전한 이야기인 *세계La Monde*를 집필하면서 동물이 영혼을 가지는가에 대한 의문에 관해서도 진지하게 고찰했다. 데카르트는 이 연구를 한 곳인 레이던Leiden에서 동물이 공포를 나타내는지 알아보기 위해 1층 창문 너머로 고양이를 던졌다는 전설이 있다. 그의 관점에서는 공포는 영혼을 가진 피조물만이 가지는 것이었다.[12]

이 전설은 유쾌하지 않지만 사실일 가능성이 있다. 같은 시기에 데카르트는 끔찍한 동물 생체 해부 실험을 많이 했다. 그것도 마찬가지로 표면상으로는 인간처럼 동물이 감각과 정서를 가지고 있는지 보기 위한 목적이었다. 데카르트가 동물에게는 그런 것들이 없다는 견해를 가졌던 것은 분명했다. 창문 밖으로 고양이를 던지는 일은 그가 자행했던 일 중에서 가장 덜 잔인한 것일 수 있다. 고양이의 바로서기 반사 능력이 대체로 안전한 착지를 보장했을 것이기 때문이다. 아마도 그 고양이는 보다 우호적인 가정을 찾아 가 버렸을 것이다.

비록 비과학적 성격의 것이기는 하지만, 떨어지는 고양이의 능력에 관한 더 이전의 관찰 결과도 발견할 수 있다. 1572년에 출간된 문장 작품들

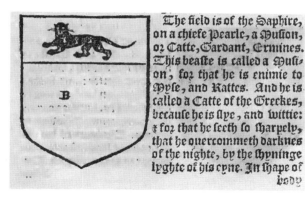

The field is of the Saphire, on a chiefe Pearle, a Muſion, or Catte, Gardant, Ermines. This beaſte is called a Muſi-on, for that he is enimie to Myſe, and Rattes. And he is called a Catte of the Greekes, becauſe he is ſlye, and wittie: & for that he ſeeth ſo ſharpely, that he ouercommeth darknes of the nighte, by the ſhyninge lyghte of his eyne. In ſhape of body

Figure 2.3

문장이 그려진 방패와 "그리스인들의 고양이_Catte of the Greeks_" 에 대한 서술의 일부. 보스웰_Bossewell_과 레그_Legh_, Workes of Armorie, p. F 0.56에서 가져옴.

Workes of Armorie 에서, 저자 보스웰_John Boswell_은 여러 귀족 가문들의 문장들의 목록을 만들고 분류한다. 대부분의 문장들은 동물에 기반을 두고 있었고, 동물의 힘이 가문의 세력의 상징으로 여겨졌다. '나비_Cattes_'에 관해 보스웰은 이렇게 지적한다, "그는 사나울 때는 잔인한 짐승이다, 그리고 가장 높은 곳으로부터 자신의 발로 착지한다. 그것으로 부상도 잘 입지 않는다."[13] 분명히 고양이-바로서기 능력은 문장의 속성으로 가치가 있다고 여겨질 정도로 충분히 높은 존중을 받았던 것이다.

역시 비과학적이지만 고양이-회전하기 능력에 관한 또 하나의 설명은 아마도 보스웰의 문장에 관한 서술을 앞설 것이다. 그것은 570년에서 632년까지 살았던 이슬람의 창시자인 예언자 모하메드에 관한 이야기다. 설령 그 이야기가 진짜 그 예언자와 동떨어진 시대의 것이라고 하더라도 그것은 고양이-회전하기에 관해 알려진 설명 중에서는 가장 이른 듯하다.

그 이야기의 한 버전 전부가 여기에 인용되어 있다.

예언자 모하메드가 어느 날 사막 깊숙이 갔다. 그는 먼 거리를 걸은 끝에 피곤에 못 이겨 잠에 떨어졌다. 거대한 뱀-이 사탄의 아들은 저주를 받아라!-이 덤불로부터 나와서 예언자 알라의 사자-그 이름에 영광 있어라!-에게 다가왔다. 뱀은 자비로운 신의 종을 막 물려고 하는 참이었다. 그때 우연히 그곳을 지나가던 고양이 한 마리가 그 파충류를 덮쳤다. 그리고 긴 싸움 끝에 뱀을 죽였다. 죽어가는 괴물의 쉬쉬하는 소리가 예언자를 깨웠다. 그는 고양이가 어떠한 위험으로부터 그를 구해주었는지 알아차렸다.

　"이리로 오너라!" 알라의 종이 명령했다.

　고양이는 다가왔고, 모하메드는 그를 세 번 쓰다듬고 세 번 축복했다. "너에게 평화가 있어라, 오 고양이!" 그리고 또 다른 감사의 표시를 사자는 더했다, "나에게 해준 너의 봉사에 대한 보답으로, 너는 전투에서 무적이 될 것이다. 어떤 살아있는 생물도 너를 등이 아래로 가게 뒤집지 못할지어다. 가라, 너는 세 번 축복을 받은 자다!"

　어떤 높이에서 떨어지더라도 고양이가 항상 발로 착지하는 것은 바로 그 예언자의 축복의 결과이다.

이 버전은 영국의 민속학자 가네트 Lucy Mary Jane Garnett 가 1891년에 쓴 《터키 여자들과 그들의 민담 The Women of Turkey and Their Fork-Lore》이라는 책에 나온다.[14] 그 책에서는 세계의 구전을 담은 1889년 판 프랑스의 어떤 책을 출전으로 지목한다. 그 책에 있는 이야기는 52세의 한 신학도가 직접 전한 것이다. 나는 그 전설의 출처를 영문으로서는 더 이상 찾아내지 못했다. 그래서 그것이 얼마나 오래된 것인지는 흥미로운 의문으로 남아 있다.

고양이 사랑이 그 예언자에까지 거슬러 올라가 기록되어 있을 정도이고, 전만큼은 못하지만 오늘날까지 지속되고 있는 것을 보면, 고양이가 역사적으로 서구보다 무슬림 세계에서 훨씬 더 존중을 받으며 다루어져 왔음을 부인할 수 없다.[15] 한 훌륭한 사례가 스테이블스와 그의 고양이에 대한 책에 있다. 그의 여행기를 공유해 보자.

> 나는 그 신사에게 전날 밤에 떠나지 못한 이유가 해가 진 후 내가 아덴Aden의 성문 밖 사막 쪽에 있었기 때문이었다고 설명하고 있었다.* 또한 내가 잡다한 종족들로 이루어진 한 괴이하고 잔인한 무리 속에 있었던 이유도 있었다.
>
> …
>
> 나는 빈틈없이 무장을 해 있었다. 즉, 나에게는 자신을 방어할 것이라고는 나의 혀뿐이었다. 나는 나를 사로잡는 어떤 불안감을 어쩔 수 없었다. 나의 목 주위 어딘가를 조이기를 바라는 나사못이 있는 듯 했다.
>
> …
>
> 젊은 아랍인들의 한 집단 가운데, 내 주의를 특별히 끈 사람이 있었다. 그는 노인이었는데, 백설같이 흰 수염, 터번, 긴 옷으로 도레Dore 의 족장들 중의 하나만큼 덕망 있게 보였다.** 자신의 언어로, 낭랑한 목소리로, 그

---

* 아덴은 예멘의 항구 도시다.

** 도레는 19세기 후반에 활동한 프랑스의 삽화가인 구스타브 도레Gustave Doré(1832-1883)를 지칭하는 듯 하다. '도레의 족장들'이란 도레의 그림들 중 이스라엘 족장들을 말하는 것 같다.

는 그의 무릎에 있는 책을 읽으며 한 팔은 아름다운 긴 털의 고양이를 사랑스럽게 감고 있었다. 나는 그 사람 옆에 앉았다. 내가 그의 고양이를 쓰다듬고 칭찬하기 시작하자, 나의 침입을 싫어하는 듯했던 그의 첫 눈길의 사나움은 어느새 여자의 미소만큼이나 달콤한 미소로 녹아들어갔다. 세상의 어느 곳에서나 똑같은 이야기다. 애완동물을 칭찬하라, 그러면 그 주인은 당신에게 무엇이라고 해줄 것이다. 당신을 위해 싸우고, 심지어 당신에게 돈도 빌려줄 것이다. 그 아랍인은 그의 저녁밥을 나와 함께 먹었다.

그는 말했다, "아! 나의 아들이여. 나의 신들보다, 나의 말보다, 나는 내 고양이를 더 사랑한다네. 고양이는 나를 편하게 해주고, 담배보다 나를 더 진정시켜 주네. 알라는 위대하고 훌륭하다. 우리의 최초의 어머니와 아버지가 거친 사막으로 홀로 나갔을 때, 알라는 그들에게 그들을 지켜주고 안락하게 해 줄 두 친구를 주셨다네. 바로 개와 고양이일세. 고양이의 몸에 알라는 점잖은 여자의 정신을 넣었고, 개 안에는 용감한 남자의 영혼을 넣었다네. 사실이라네, 나의 아들이여. 책에 그것이 있다네.[16]

스테이블스로 되돌아가면 우리는 우리의 역사 연구 조사에서 완전한 원을 그리게 된다. 파렝은 고양이-회전하기에 대해 최초로 물리적 설명을 도입했다. 비록 옳지는 않았지만 그 설명은 거의 200년간 유지되었다. 맥스웰과 스토크스는 고양이의 재주에 아직 발견되지 않은 무언가 흥미로운 것이 남아있다고 생각했다. 그러나 그들은 더 이상의 진보를 이루지는 못했다. 그것은 한 가지의 단순한 장애물 바로 인간 시력의 한계 때문이었다. 맥스웰이 말했다고 (우리가 가정)하듯이, 고양이가 2피트의 거리를 낙하하면서 뒤집기를 할 수 있다고 가정하는 것은, 고양이가 3분의 1초 이내에 뒤집을 수 있음

을 의미한다. 그것은 낙하 도중에 고양이가 무엇을 하고 있었는지 인간의 눈
이 정확하게 판별하기는 대체로 너무 빠른 현상이다.

떨어지는 고양이로 인해 맥스웰과 스토크스가 어쩔 줄 모르고 당황하
고 있던 때와 거의 같은 시간에, 다행히 연구자들이 자유낙하 중인 고양이의
운동을 자세히 연구할 수 있도록 해줄 한 가지 새로운 기술이 개발되었다. 그
러나 고양이 문제에 관한 한, 이 기술은 대답보다는 의문을 더 많이 일으켰다.

운동 중의 말

화가들은 종종 역사의 한 순간을 기록하여 후대에게 전하려는 의도로 그림을 그리기도 한다. 그림에는 화가 자신이 받아들인 방식대로 그 순간이 담겨져 있다. 그런데 때로는 완성된 작품이 화가가 의도한 것 혹은 심지어 상상한 이상의 역사를 담고 있기도 하다.

　　루브르에 있는 셀 수도 없이 많은 미술 작품 중에 제리코Théodore Géricault 의 엡섬의 경마The Epsom Derby라는 1821년의 그림이 있다. 오늘날 제리코는 그림에서 과거와 자연의 찬미뿐만 아니라 감정을 중시하는 운동인 낭만주의의 선구자들 중의 하나로 알려져 있다. 이러한 주제를 채용한 그의 가장 유명한 작품은 1818년과 1819년 사이에 그려진 메두사 호의 뗏목The Raft of the Medusa 으로, 무자비한 바다에 떠내려가며 자포자기 상태로 죽어가는 프랑스 해군 프리깃함 메뒤즈Méduse 호의 생존자들을 보여 준다. 1816년에 일어난 참사에 대해 특정 화풍으로 묘사한 이 그림이 공개되자 상당한 논란이 일어났다. 겨우 몇 년 후 그려진 엡섬의 경마는 거의 상반된 색조의 작품이다. 그림은 경

Figure 3.1
테오도르 제리코, 1821년 엡섬의 경마, 1821. Wikimedia Commons, The Yorck Project.

주중인 네 마리의 말들과 승리를 위해 그들을 채근하는 기수들을 묘사하고 있다.

현대의 관람자에게 이 그림은 다소 이상하게 보인다. 왜 그런지 판단하는데 약간의 시간은 걸리겠지만 말이다. 네 마리의 말들은 정확하게 같은 자세로 있다. 이는 그들이 완벽한 조화 속에 질주하고 있음을 의미한다. 또한 그들의 사지가 최대한으로 뻗어 있기 때문에 그들은 거의 공중에 부양 중인 것처럼 보인다. 말들의 뒷발굽의 바닥은 위로 향하지만 앞발굽은 앞으로 멀리 뻗어 있다. 오늘날 우리 대부분은 말이 이런 식으로 달리지 않는다고 직감으로 느낀다.

말을 이런 식으로 묘사한 화가는 제리코만이 아니었다. 그 자세는

19세기 화가들 사이에서 표준으로 여겨졌다. 지금은 '나는 질주'라고 하는 이 묘사와 유사한 것들이 수천 년 전의 옛 미술 작품에도 나타나 있었다. 역사적으로 그 자세의 가장 강력한 경쟁자는 뛰어오르는 말을 나타낸 것으로, 이때 말의 앞발굽은 위로 들려 있고, 뒷발굽은 땅 위에 닿아 있다.

작가들이 재능이 부족해서 동물을 이런 식으로 그린 것은 아니었다. 그보다 그들은 그들의 눈의 판단 능력으로 제약을 받았다. 질주하는 말의 다리가 반복하는 동작의 한 사이클은 영점 몇 초 안에 일어나며, 이것은 고양이-뒤집기가 맥스웰과 스토크스에게 분간해내기에 너무 빨랐던 것처럼 인간이 눈으로 무언가를 분간하기에는 너무 빠르다. 이렇게 말의 운동에 대한 세부적인 지식이 부족했기 때문에, 작가들은 다른 동물을 시각적 유사품으로 이용했을 수도 있다. 1900년대 초기에 발표된 *질주하는 말의 문제The Problem of the Galloping Horse*에서, 레이 랭키스터 경 Sir Edwin Ray Lankester은 고대인이 개를 관찰한 뒤 '나는 질주'를 생각해 냈을 수도 있다고 생각했다.[1] 개는 말보다 훨씬 느린 페이스로 달린다. 그리고 크기가 작기 때문에 전체 모습이 한 눈에 쉽게 들어온다. 그렇게 하여 달리는 개의 동작에서 개 버전의 '나는 질주'로 볼 수 있는 자세를 관찰했다는 것이다.

옛날부터 동물 운동의 연구는 주로 인간 눈의 판별 속도에 의해 제한을 받아왔다. 이것은 1800년대 중반에 화학과 광학이 결합하여 사진술의 과학, 기술, 예술이 탄생함에 따라 바뀌기 시작했다. 이 새로운 방법은 여러 의문에 해답을 제시해 주기도 했지만, 동시에 새로운 의문을 많이 제기하면서, 말의 질주와 떨어지는 고양이의 동작이 당시의 상상보다 훨씬 복잡하다는 것을 포함한 여러 가지를 보여주었다.

사진술의 발전을 위해 필요한 핵심 요소들은 1800년대보다 훨씬 이

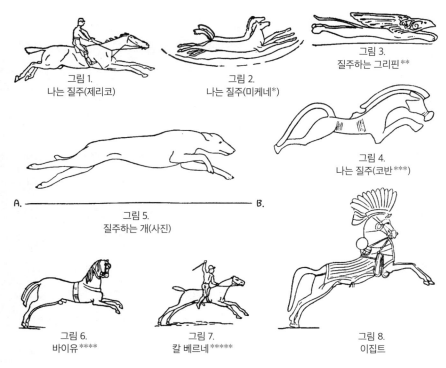

그림 1.
나는 질주(제리코)

그림 2.
나는 질주(미케네*)

그림 3.
질주하는 그리핀**

그림 4.
나는 질주(코반***)

A. ——————————— B.
그림 5.
질주하는 개(사진)

그림 6.
바이유****

그림 7.
칼 베르네*****

그림 8.
이집트

Figure 3.2
역사상 출현한 적이 있는 질주하는 말의 예술적 표현과 달리는 개의 묘사와의 비교. 미케네의 '나는 질주'는 기원전1800년 경의 단검에 새겨진 것이다.
랭키스터, 질주하는 말의 문제, p.57, 사진판 2.

*　　　　미케네는 고대 그리스 도시 중의 하나다.

**　　　그리핀griffin 혹은 griffon은 몸은 사자이고 머리와 날개는 독수리를 닮은 신화적인 동물이다.

***　　코반Koban은 코카서스의 북쪽과 동쪽 지방이다.

****　바이유Bayeux는 프랑스 북서부 노르망디 지방의 한 동네로 태피스트리로 유명하다. 말의 상은 어느
　　　　태피스트리에 있는 것으로 여겨진다.

*****칼 베르네Carle Vernet는 18세기 후기에서 19세기 초에 활동한 프랑스 화가다. 말이 있는 그림을 많이
　　　　그렸다.

전부터 오래 동안 존재해 왔다. 이들 중 하나는 한 개의 작은 구멍을 제외하고 외부 빛을 모두 차단하는 상자 혹은 방인 카메라 옵스쿠라camera obscura ("어두운 방")다. 이 바늘구멍을 지나 진행하는 빛은 비록 뒤집혀 있지만 고품질로 외부 모습의 상을 만든다. 상을 만드는 이 특별한 방법은 적어도 2천 년 동안 간헐적으로 인지되어 왔었다. 가장 오래된 것으로 알려진 기록은 기원전 400년경 중국의 철학자인 묵자의 책에 있다.

경   그림자가 뒤집히는 것은 빛의 교차점이 있고 그 점으로부터 빛이 그림자까지 연장되기 때문이다.

설   빛을 사람에게 비추는 것은 활로 화살을 쏘는 것과 같다. 아래로부터 오는 것은 위로 향한다. 위의 높은 곳으로부터 오는 것은 아래로 향한다. 다리는 아래로부터 오는 빛을 가린다. 그래서 위에 그림자를 만든다. 머리는 위로부터 오는 빛을 가린다. 그래서 아래에 그림자를 만든다. 이것은 어떤 거리에 빛이 모이는 한 점이 있기 때문이다. 그리하여 그림자의 회전이 내부에 생긴다.[2]

달리 말해, 상자의 외부 높은 점으로부터 오는 빛은 바늘구멍을 통과해서 상의 낮은 점으로 간다. 그리고 역도 성립한다. 카메라 옵스쿠라의 상 만드는 성질을 인지하고 연구한 사람들로는 그리스 철학자 아리스토텔레스Aristotle(기원전 384-322), 무슬림 학자 이븐 알-하이삼Ibn al-Haytham (965-1039), 이탈리아의 박식가 레오나르도 다 빈치Leonardo da Vinci (1452-1519)가 있다.

이 기술은 긴 역사에도 불구하고 1500년대 후기에 이탈리아 학자 델라 포르타Giovanni Battista della Porta(1535경-1615)에 의해서 비로소 대중화되기 시작했다. 그는 1558년에 저서 *자연의 마술Natural Magic*에서 카메라 옵스쿠라의 상을 맺는 성질에 대한 자세한 설명과 폐쇄된 방에서 상을 보는 가장 좋은 방법을 소개했다.[3] 이 책으로 그 기술은 대중의 관심을 끌게 되었고, 다음 수 세기 동안 인기를 유지하였다. 카메라 옵스쿠라는 주로 어두운 방에 '마술처럼' 상이 나타나게 하는 오락거리로 여겨졌다. 예를 들면, 1823년 *기술 사전 Dictionnaire Thecnologique*에서 우리는 카메라 옵스쿠라가 '어두운 방'이라는 표현으로 언급된 다음과 같은 서술을 발견한다. "어두운 방은 자주 사용된다. 아름다운 지평선을 볼 수 있는 창문이 있다면, 어두운 방은 다양하고 아주 재미있는 모양의 움직이는 그림을 맺어 오락거리를 제공할 뿐만 아니라, 사람들은 그것을 사용하여 풍경과 경관을 빨리 그리거나 혹은 전경을 모두 그려낸다. 결과물은 실제에 아주 충실하고, 이 장치가 없이는 그러한 그림 작업에 많은 시간을 필요로 할 것이다."[4]

게다가 카메라 옵스쿠라를 사용하여 작업하는 삽화가들에게 만일 그들의 노동 없이 상이 자동으로 기록될 수 있는 공정을 제공한다면, 그 공정이 그들에게 얼마나 우아하게 보일 것인가를 상상하기란 그리 어렵지 않은 일이다.

바로 화학이 상을 기록하고자 하는 꿈을 현실로 만드는데 필요한 열쇠였다. 화학자들은 오래 동안 어떤 물질은 빛에 노출되었을 때, 반응해서 검어지거나 탈색이 되는 등 색상이 변화한다는 것과, 그 변화가 비교적 빨리 일어날 수 있음을 알고 있었다. 예를 들어, 1717년 독일의 과학자 겸 의사 슐츠 Johann Heinrich Schultze는 백악, 질산, 은의 혼합물이 빛에 노출될 때 검게 변하는 것을 발견했다.* 그는 이 반응을 이용하여 그의 친구들을 놀라게 하거나 즐겁게 하였다. 그는 그 혼합물을 병에다 붓고 단어를 오려낸 형지로 그 병을 감쌌다.** 그런 다음 병을 빛에 노출하면, 단어의 모양이 혼합물에 검게 나타났다. 그리고 단순히 그 액체를 휘젓기만 하면 그렇게 만들어진 인쇄 효과는 사라졌다.[5] 그러나 슐츠는 오락 이외 다른 일을 위해서는 이 효과를 이용하지 않았다.

다른 사람들도 적당한 형지를 사용하면서 어떤 화학 물질의 혼합물 속에서는 어떻게 무늬가 만들어 질 수 있는가를 관찰하는 식으로 슐츠의 뒤를 쫓았다. 그러나 그러한 시연 중 어떤 것도 '사진술'로 인정되지는 않는다. 시연자 중 누구도 그 공정을 사용하여 눈으로 보는 것과 같은 장면을 충실하게 재생하지 못했던 것이다. 카메라 옵스쿠라와 화학의 만남은 마침내 1800년대 초기에 형에게서 큰 도움을 받은 뛰어난 한 프랑스 발명가가 이루어 내었다.

조제프-니세포르 니에프스Joseph-Nicephore Niepce는 1765년 동프랑스의 샬롱-쉬르-손Chalon-sur-Saône에서 부유하고 학식 있는 집안에서 태어났다. 그의 아버지는 성공한 법률가였고, 가족은 4세기 동안 그들의 부로 높은 사회적 지위를 유지해 왔다. 그런 배경 덕분으로 니세포르는 그의 타고난 호기심과 공학적 재능을 개발할 수 있는 여유를 가질 수 있었다. 니세포르의 두 살 위 형 클로드Claude도 비슷한 재능을 가졌다. 둘은 회계 가정교사의 가르침을 잘 받았고, 남는 시간에는 함께 목재로 작은 기계들을 만들었다고 한다. 어릴

* 백악chalk는 분필의 재료 물질이다.
** 형지paper stencil는 파라핀을 먹인 얇은 종이로서 예전에 인쇄물 제작을 위해 사용되었다.

때부터 니세포르는 사제가 되기를 꿈꾸어 왔고, 교육 과정을 마치고 나서는 어느 가톨릭 대학에서 강의도 했다.

그 직업이 발명가로서의 경력을 시작하지 못하게 했을 뻔했지만, 1789년 프랑스 혁명의 발발이 그를 다른 길로 가게 했다. 니세포르가 소속한 수도회가 혁명 초에 압박을 받았기 때문에, 그는 집을 떠나 도피할 수밖에 없었다. 그는 보병으로 군에 입대한 뒤 병으로 퇴역할 때까지 몇 년간 복무했다. 병에서 회복 되는 중에 니세포르는 그를 돌보아 주던 여인들 중의 하나인 아니에스 로메로Agnes Romero와 사랑에 빠졌고 그들은 곧 결혼했다. 그들은 남프랑스의 큰 도시 니스Nice 인근에 있는 마을 생-로흐Saint-Roch에 정착하였고, 1795년 아들 이시도르Isidore를 낳았다. 혁명 중에 선원이 되었던 클로드가 비슷한 시기에 생-로흐에 있는 그들과 합류했다.

조용한 삶이 그 두 쉼 없는 형제들에게 맞지 않았다는 것은 분명했다. 그들은 많은 공학적 과제를 시작했다. 이 작업은 생-로흐에서 시작했으나 1801년 혁명이 끝나자 그들은 샬롱-쉬르-손에 있는 가족과 같이 사는 것이 안전하다고 판단했고, 그곳에서 그들의 연구는 중단 없이 계속되었다. 1807년에 완성된 그들의 첫 주목할 만한 고안품은 엄청나게 시간을 앞선 것이었다. 그것은, 피레올로포르pyréolophore라고 불리는, 조야하지만 동작하는 내연기관이었으며 최초의 자동차가 생산되기 약 8년 전에 제작되었다.

혁명이 진행됨에 따라 가족의 재산 규모가 크게 줄어들었다. 그 바람에 형제의 연구는 호기심뿐만 아니라 재정 문제로도 영향을 받았다. 그들은 정부를 위한 섬유 연구를 수행하여 명성을 쌓아 나갔고, 그로부터 공식적인 찬사를 받기도 하였다. 그러나 프랑스에서 또 다른 종류의 '-기술'인 석판 인쇄술lithography이 도입된 후에, 그들의 관심과 운명은 영구적으로 사진 기술을 향해 끌려갔다. '돌에 쓰기'를 의미하는 그 용어는 상을 돌에 고착시킨 후 그와 똑같은 상을 종이에 무한정으로 만들어낼 수 있게 하는 방법을 가리킨다.

원래의 기술로 말하자면, 먼저 화가가 비누기와 그리스기가 있는 물질을 사용하여 편평한 석판 조각에 상을 그리는 것으로 시작하였다. 그 다음 석판 인쇄공이 석판 전체를 약산과 아라비아고무의 용액 속에서 처리한다. 그러면 고무는 자연히 그리스가 덮이지 않는 곳으로 끌려가서, 그 부분은 물이 침투하지 않게 되었다. 석판에 롤러로 잉크를 바르면, 이전에 그리스로 보호된 지역에만 달라붙는다. 이제 석판을 종이에 놓고 눌러 그려져 있는 상을 인쇄한다. 석판에 다시 잉크를 묻혀 같은 과정을 반복하면 똑 같은 것을 얼마든지 인쇄할 수 있다.

석판 인쇄술은 최초로 인쇄기가 발명된 이래로 볼 수 없었던 규모로 인쇄의 혁명을 가져왔다. 이제 활자로 찍힌 글만큼 쉽게 책과 신문을 위한 삽화들이 대량으로 생산될 수 있게 되었다. 그 공정은 1796년 작가이자 배우인 세네펠더Alois Senefelder가 독일에서 발명하였지만, 지식인과 부자들이 그것을 열광적으로 시험해보기 시작했을 때인 1813년까지 프랑스에서는 유행하지 않았다. 니에프스 형제는 석판에 새겨질 미술 작품들을 만들어 내고 있던 니세포르의 아들 이시도르와 함께 이 새로운 석판 인쇄술의 대유행에 동참하였다.

이시도르가 군에 입대하기 위해 떠난 것이 연구가 다음 단계로 진행하도록 박차를 가한 듯하다. 작가가 없다보니 니세포르와 클로드는 자연의 모습을 바로 담아낼 수 있는 방법이 있지 않을까하고 궁리하기 시작했다. 그들은 화학 지식을 사용하여 카메라 옵스쿠라로 형성한 상을 기록할 빛에 민감한 물질을 구하기 위해 여러 물질에 대한 실험을 시작했다. 1816년이 되자 그들은 한 세기 이전에 슐츠가 자신의 친구들을 놀라게 했었을 때 사용한 것과 같은 은 화합물을 사용하여 조악한 상을 얻는 단계까지 나아갔다. 그러나 상을 일시적으로 만드는 것은 쉬운 일이었지만 그 상을 영원하게 만드는 것은 진짜 도전이었다. 빛에 민감한 화학적 변화를 중지시키기 위한 어떤 종류의 추가적인 화학적 처리 없이는, 촬영한 사진은 빛에 계속 노출되면서 결국에는 모두 품질이 나빠졌던 것이다. 그러한 '정착시키는fixing' 물질은 그 후 몇 년 간은 그 형제에게 모습을 드러내지 않았다.

니세포르는 혼자 그 일을 하게 되었다. 클로드가 그들의 명작인 피레올로포르 내연기관을 위한 후원자를 찾기 위해서 파리로, 그 다음에는 런던으로 떠났기 때문이었다. 두 형제는 각자의 진척 상황에 관해 규칙적으로 교신을 했지만, 상 만들기 연구를 담당한 주역은 니세포르 였다. 1820년이 되자 그는 마침내 상을 기록하는데 적당한 물질 뿐만 아니라 그것을 정착시키는 물질도 발견하였다. 석판 인쇄에도 사용된 유대 역청Bitumen of Judea 혹은 시리아 아스팔트Syrian asphalt 는 빛에 노출되면 석유에 잘 녹지 않는 형태로 화학적 변화가 일어났다. 이 역청의 막을 유리 위에 만든 뒤 빛에 노출시키면 밝은 곳은 단단해지고 어두운 곳은 계속 부드러운 상태로 남아있었다. 여기에 석유를 사용하여 부드러운 영역을 씻어 버릴 수 있었다. 그렇게 하여 조악하지만 영구적인 상이 만들어졌다. 니에프스 형제는 그렇게 만들어진 상을 헬리오그래프heliograph 혹은 '태양으로 쓰기sun writing'라고 불렀다. 오늘날 사진을 말하는 포토그래프photograph 혹은 '빛으로 쓰기'라는 단어는 훨씬 후에나 나타났다.

지금까지 남아 있는 가장 오래된 헬리오그래프는 1826년의 것으로, 대부분의 니세포르의 초창기 상들처럼 그의 집 창문에서 본 조망을 보여준다. 현대 기술로 상의 화질을 올려 보아도, 옛 공정의 한계를 볼 수 있다. 상은 입자가 아주 거칠고 명암 사이의 대조가 극단적이다. 필요한 노출 시간은 적어도 8시간, 어쩌면 완전한 하루가 되기도 했다. 그러니 떨어지는 고양이와 같은 움직이는 것을 담아내기란 분명히 너무 길었다.

역사가 포토니에 George Potonniee 는 현대적 의미에서 본 사진술의 출생 시기는 1822년이라고 주장한다.[6] 이것은 니세포르가 그의 공정을 완성하여 영구적인 상이 카메라 옵스쿠라를 경유하여 화학적으로 기록되었던 해다. 니세포르는 다음 수년 동안에 걸쳐 은밀하게 기술 개발을 계속했다. 그와 클로드는 주고받은 편지에서 의도적으로 서로에게 모호한 표현을 썼다, 혹시 누군가가 배송 중에 그들의 비밀을 가로채지 않도록 말이다.

그러나 발명의 소식은 1826년 한 운명적인 만남에서 우연하게 새어 나갔다. 니세포르는 여행 중 파리를 경유한 그의 친척중 하나인 로랑 니에프스 대령 Colonel Laurent Niepce 에게 널리 알려진 슈발리에 Chevalier 가문의 가게에서 새 카메라 옵스쿠라 한 대를 가져오도록 부탁했다. 대령은 슈발리에 가문의 사람들에게 니세포르의 연구에 관해 떠벌렸다. 심지어 헬리오그래프 상들 중 하나를 보여주기까지 했다. 놀란 가게 주인들은 고객 중의 하나인 작가 다게르 Louis Daguerre 가 일 년 이상 비슷한 공정을 완성하기 위해 노력 중임을 상기했다. 지체 없이 그들은 다게르에게 그 대화에 관해 이야기를 했고, 다게르는 니세포르에게 편지를 써서 과학과 관련한 대화를 요청했다. 의심을 한 니세포르는 첫 번째 편지를 완전히 무시했다. 그러나 두 번째 편지가 일 년이 훨씬 지난 1827년에 도착하자 두 사람은 조심스런 교신을 시작했다.

다게르와 니세포르 형제는 출신 배경이 아주 달랐다. 지역 토지 관리인의 직원의 아들 다게르는 1787년 코르메이엉-파리지 Cormeilles-en-Parisis 라고

Figure 3.3
조제프-니세포르 니에프스가 남긴 가장 초창기 헬리오그래프, "르 그라_Le Gras_에 있는 창문에서 본 광경", 1826-1827년으로 추정됨.* 게른스하임_Helmut Gernsheim_이 극적으로 콘트라스트를 향상시켰다.

하는 한 작은 마을에서 태어났다. 노동자 계급 신분으로 인해 그는 좋은 교육 기회를 갖지는 못했지만, 어린 나이에 그림에 대한 적성을 나타냈고 살아가면서 많은 고난을 극복하게해준 에너지와 결단력을 가졌었다. 아들의 예술적 재능을 살리기 위해, 그의 부모는 그가 오를레앙_Orléans_의 한 건축가와 일을 할 수 있도록 주선해 주었다. 그 분야에서 나타낸 그의 실력 덕분에 그는 오페라 무대의 배경을 그리는 한 유명한 화가를 보조하면서 파리에 진출할 기회를 잡게 되었다. 그는 그곳에서 도제로 일하다 이내 장식 담당자가 되었다. 그의 큰 업적 중의 하나는 극장에서 기발한 광학적 환상을 사용함으로써 부분

---

* 르 그라는 니세포르의 사유지의 이름이다.

적으로 조명 효과를 개선한 것이었다. 그 업적 또한 그의 미래의 카메라 작업에 큰 도움이 되었다.

야심만만한 다게르는 1822년에 다른 화가인 부통Charles Marie Bouton 과 협력하여 극장의 무대를 위한 새로운 기법을 창조하여 *디오라마*Diorama로 명명했다. 요즘에는 디오라마라는 단어가 어느 한 장면의 삼차원 모형을 가리킨다. 그러나 다게르와 부통의 디오라마는 사방이 막혀 있는 극장에서 커다란 옥외 배경을 그럴싸하게 흉내 내기 위한 시도였다. 이 기법에서는 전경이 될 보통의 물체를, 무대 가운데 잘 그려진 구조물 및 방대한 공간으로 착시를 일으키기 위한 배경 그림과 조화가 되도록 배치하였다. 또한, 다게르는 그의 경험을 이용하여 조명을 사용하여 낮이 밤으로 변하는 기술을 선보였고 대기 효과도 흉내 내었다. 다게르-부통 디오라마는 곧바로 성공을 거두었고 다게르를 큰 부자로 만들었다. 곧 이어 그는 그의 협력자들의 권리를 사들여 그 기업을 혼자 힘으로 운영하였다.

다게르가 사진 공정을 연구하게 된 영감을 받았다고 하는 때는 디오라마를 연구하는 도중이었다. 1823년 여름 그가 디오라마를 위한 그림을 그리고 있었을 때, 그림에 비친 거꾸로 뒤집힌 나무의 상을 보았다. 그 상은 창문 셔터에 있는 작은 구멍을 통해 만들어졌다. 우연히 카메라 옵스쿠라가 만들어졌던 것이다. 다음날 다게르가 일 때문에 돌아왔을 때, 나무의 상이 캔버스에 그대로 남아 있음을 발견했다. 우연히 포토그래프가 만들어진 것이다! 그는 그 효과를 재생하려 했지만 처음에는 실패했다. 나중에야 그는 자신이 사용해 왔던 물감에 요오드를 혼합했다는 사실을 기억해 냈다. 그때부터 그는 요오드-기반의 화합물을 사용하여 상을 기록하는 연구를 했다.

역사가 포토니에는 이 이야기가 전설에 불과하다고 생각했다. 그것을 다게르의 한 친구가 간접적으로 전했기 때문에 그렇게 의심할 이유가 충분히 있다고 본 것이다. 다게르가 사진술의 탐구에 고무된 것이 아마도 자신의 카메라 옵스쿠라를 사용하여 풍경을 그리기 위한 것이었는지 모른다. 어쨌든 1827년 그는 결혼 생활과 재산까지 위험에 빠뜨릴 정도로 사진술의 가능성에 완전히 사로잡혀 있었다. 프랑스 화학자 뒤마Jean-Baptiste Dumas는 다음과 같이 회상했다.

> 1827년 내가 아직도 젊었을 때 누군가가 나와 대화를 하고 싶어 한다는 것을 들었다. 그것은 다게르 부인이었다. 그녀는 남편의 연구 주제에 관해 나와 상의하기 위해 왔는데, 연구가 실패하지 않을까 걱정하고 있었다. 그녀는 미래에 대한 우려를 감추지 않았고, 그녀의 남편이 그 꿈을 실현할 가망성이 있는지 나에게 물었다. 그리고 아주 조심스레 그가 스스로 그 일을 해낼 수 없다고 선언하게 만드는 어떤 방책이 없는지 물었다.[7]

나중에 그녀의 걱정은 불필요한 것으로 나타났다. 1827년의 후기에 니세포르와 그의 아내 아니에스는 니세포르의 형 클로드를 방문하기 위해 런던으로 갔다. 클로드가 피레올로포르를 위한 후원자를 찾는 일에 스트레스를 받아 건강이 심각하게 나빠졌던 것이다. 클로드는 1828년 초에 죽었다. 니세포르가 프랑스로 돌아가고 겨우 며칠 뒤였다. 그러나 런던으로 가는 길에 니세포르와 아니에스는 파리의 다게르를 방문했다. 클로드의 활동비와 헬리오그래프 연구에 들어간 큰 비용이 니에프스 가문을 재정 위험에 빠뜨렸다. 따라서 그들에게는 부유한 다게르와의 동맹이 현실적인 방책으로 보였던 것이다. 니세포르는 1828년에 63세였다. 힘든 실험 연구를 할 그의 에너지와 능력은 줄어들고 있을 때였다. 다음 2년에 걸친 상호 간의 연락 끝에, 1829년 12월 14일 다게르와 니에프스는 사진 연구에 관한 협력 합의서에 사인했다. 니세포르는 겨우 몇 년 후인 1833년에 죽었고, 그의 아들 이시도르가 남아 있던 그 제휴 관계를 승계했다.

다게르가 정말로 지속 가능하고 성공적인 사진술 공정을 개발하기 까지는 몇 년이 더 걸렸다. 1835년까지 그는 상을 형성하는데 요오드를 사용하고, 그 상을 정착시키는데 수은을 사용하여, 은이 코팅된 금속판 위에 양화positive image를 만드는 안정적인 방법을 발견했다. 1839년에 그는 그 공정을 세상에 발표하였다. 그때 수익성이 좋은 디오라마가 화재로 파괴되는 바람에 그는 큰 손실을 입었는데 그것이 그 공정을 발표하게 한 자극제가 되기도 했다. 1839년 6월 14일 프랑스 정부가 니에프스와 다게르 양자와 계약을 맺고 그들 각자에게 종신 연금과 그들의 미망인들에게도 연금을 지불한다는 조건으로 그 공정을 사들였다. 이 기술을 통해 만들어진 상은 *다게르타이프 daguerreotype*로 알려지기 시작했으며 곧 국제적으로 큰 반향을 일으켰다.*

그러나 오래지 않아 사진술에서 니에프스 가문 사람들의 역할은 묻히고 무시되었다. 1835년 다게르는 재정적 압박을 받고 있던 이시도르에게 다소간 강제적으로 니에프스의 이름을 사업에서 완전히 빼도록 하는 새로운 제휴 관계를 받아들이게 했다. 그 결과 우리는 '니에프스-다게르타이프'가 아닌 '다게르타이프'를 알고 있을 뿐이다. 여기에는 프랑스 정부와 과학 사회가 이 새로운 공정을 세상에 소개할 때, 니에프스의 기여를 최소화하려고 적극적으

---

* 다게르타이프를 은판 사진법이라고도 한다.

로 노력한 탓도 있다. 물리학자(특히 다게르의 친구인) 아라고 Francois Arago로부터 이 공정의 역사를 전해들은 내무장관은 1839년 다음과 같이 발표하였다.

신부 니에프스 씨가 이 상들을 영구화하는 한 가지 방법을 고안하였다. 그러나 비록 그가 이 어려운 문제를 풀었지만, 그의 발명은 아주 불완전한 상태로 머물러 있었다. 그는 단지 대상의 윤곽만을 얻었을 뿐이고, 어떤 종류라도 구체적인 모양을 얻는데 최소한 12시간을 필요로 했다. 완전히 다른 길을 걸어서, 또한 니에프스 씨의 경험은 한 쪽에 제쳐 두고, 다게르는 오늘날 우리가 목격한 존경할만한 결과에 도달했다... 다게르 씨의 방법은 자신의 것이며 전적으로 그에게 귀속한다. 그리고 그것은 그 결과만큼 원인에서도 그의 전임자들의 것과는 다르다.[8]

이 이야기는 니에프스에게는 공평하지 못하다. 그의 초창기 연구 없이는 다게르는 결코 자신의 그 공정을 발견해 낼 수 없었을는지 모른다. 불쌍한 니에프스 가족은 세상을 바꾸는 두 가지의 기술에서 선구자들이었다. 바로 사진술과 내연기관에서다. 그러나 어느 것에 대해서도 그들은 제대로 인정을 받지 못했다.

다게르타이프 공정은 상을 만들어 내는데 몇 분만을 필요로 했다. 이것은 니에프스의 헬리오그래프를 만들기 위해 필요한 몇 시간 혹은 며칠에 비하면 엄청난 개선이었다. 그래도 그것은 살아있는 생물을 제대로 기록하기 위해서는 너무 느렸다. 빠르게 운동 중인 대상에 대해서는 그 보다 훨씬 짧아야 한다. 1939년도 다게르가 남긴 상들 중의 하나로 파리의 탕플 대로 Boulevard du Temple의 모습을 보여주는 상은 한낮에 촬영되었으나 거의 텅 빈 거

Figure 3.4
루이 라게르, 파리의 탕플 대로Boulevard du Temple, Paris, 1839. Wikimedia Commons.

리를 보여주고 있어 유령 도시같이 으스스한 느낌까지 준다. 그래도 그 사진이 사람의 모습을 있는 그대로 보여주는 사진 중에서는 가장 오래된 것이다. 왼쪽 앞에 나무들의 열이 끝나는 곳에서 어떤 사람이 구두닦이에게 자신의 신발을 닦게 하고 서 있는 모습을 볼 수 있다. 우연히도 그 사람은 상으로 기록될 정도로 꼼짝하지 않고 오래 동안 그 자리에 있었음이 분명하다.

다게르의 연구가 대중에게 알려지자 열광적인 과학자들과 기업인들 사이에서 사진술 공정은 빠르게 개량되었다. 몇 년이 지나자 사진을 찍는데 걸리는 시간은 분에서 초가 되었다가 나중에는 영점 몇 초가 되었다. 이 시기 언제쯤부터 사람들이 애완동물의 다게르타이프를 찍기 시작했다. 하버드 대학교의 휴턴 도서관Houghton Library에 소장된 두 개의 상들이 남아있는 고양이 사진 중에는 가장 오랜 것으로 보인다. Figure 3.5의 사진은 1840년과

Figure 3.5
가장 오래된 고양이 사진 후보. TypDAG2831, 하버드 대학교의 휴턴 도서관.

1860년 사이에 촬영되었다. 탕플 대로에서처럼 정적인 부분만이 잘 나왔고, 먹으면서 움직이는 고양이의 머리는 흐릿하다.

추가적인 속도와 신뢰성의 개선과 함께 사진술의 인기는 빠르게 올라갔다. 1839년 다게르가 그의 공정을 세상에 공표했던 그 해, 영국 과학자 탤벗 William Henry Fox Talbot 이 1835년부터 자신만의 사진 공정을 연구해왔음을 알렸다. 1841년까지 그는 그 기술을 개선하여 칼로타이프 *calotype* 라고 불렀다. 탤벗의 방법으로 상이 수분 안에 음화 negative image 의 형태로 종이에 담겼고, 그에 따라 한 개의 음화로부터 양화가 쉽게 여러 번 복사될 수 있었다.[9] 초상화 촬영소들이 개업을 했지만, 그렇게 빨라진 속도로도 또렷한 상을 얻기 위해서 촬영 대상들은 꼼짝하지 않고 서 있어야 했다. 사망한 자들의 사진을 촬영하는 사후 사진 기술 또한 이때 꽃피었다. 이 경우는 대상 인물이 카메라 앞에서 눈을 깜빡일 위험은 거의 없었다.

사진 기술의 발전 방향이 보다 빠르게 맺어지는 상을 지향하고 있음을 모든 사람들이 알 수 있었다. 그리고 상이 거의 순간적으로 만들어질 수 있을 때 일어날 놀라운 가능성을 상상할 수 있었다. 예를 들면, 1871년 기혼 John L. Gihon이라는 사람은 펜실베이니아 사진 연합에 최신식 '순간 사진술'에 대한 한 최근 정보를 발표하면서 이미 발전을 이루어냈다는 것을 시사했다. "몇 년 전, 나는 옥외에서 순간 효과를 얻기 위해 노력하는 과정에서, 상당히 빠르게 운동 중인 동물의 모습을 담을 수 있도록 충분히 빠른 노출을 주는 간단한 고안품을 사용했다. 상자 하나를 카메라 앞에 부착했는데 그 안에서 구멍이 뚫린 판자가 미끄러지면서 내려갈 수 있도록 했다.* 이 기능은 방아쇠에 의해 작동을 시작했고, 구멍이 뚫린 판자가 렌즈 앞으로 떨어지면서 적당한 노출을 제공했다."[10]

초창기 사진 기술은 필름 위의 화학적 변화의 속도에 의해 제약을 받았으나, 그 후 고속 사진 기술은 한 가지 추가적인 기술적 발전이 필요했다. 바로 1초의 아주 작은 일부분 안에 여닫을 수 있는 자동화된 셔터였다. 초창기 사진 촬영 과정은 아주 느려서 사진사는 상을 담기 위해 손으로 렌즈 뚜껑을 제거했다가 도로 덮어야 했다. 그러나 빠르게 운동 중인 물체의 사진을 찍기 위해서는 사진 기술에서 화학 및 기계 과정 둘 모두의 개선이 요구되었다.

사진 기술은 과학자 니에프스가 고안했고 예술가 다게르가 대중화했다. 흥미롭게도 마치 역사의 거울상처럼 한 예술가가 진정한 고속 사진 기

---

* 여기서 카메라란 단순한 카메라 옵스쿠라를 개량한 렌즈를 장착한 것을 가리키는 듯하다.

을 발명했고, 한 과학자가 그것을 완성하는 일이 일어났다. 그 과학자는 프랑스인 마레 Etienne-Jules Marey (1830-1904)이다. 그는 사진 기술뿐만 아니라 생리학에서도 혁명을 가져왔고 최초로 낙하하는 고양이의 사진을 만들기도 했다. 한편 그 예술가는 마거리지 Edward James Muggeridge (1830-2904)라는 이름으로 태어났으나 여러 이름으로 삶을 살았고, 특히 마이브리지 Eadweard Muybridge 라는 이름으로 오랫동안 명성을 누렸던 사람이다. 그는 말이 질주할 때 어떻게 움직이는가에 대한 질문에 확실한 대답을 하려고 했다.

마거리지는 영국의 템스강변 킹스턴 Kingston 에서 태어났으며, 나중에 그의 가족은 그를 괴짜 같은, 정력적인, 능력이 있는 아이로 기억했다.[11] 런던의 중심으로부터 겨우 10마일 떨어져 있었지만 킹스턴은 비교적 한적한 곳으로 외지다고 생각될 만큼 도시와는 거리가 있었다. 마거리지는 조용한 삶에는 만족하지 않았고 20세가 되자 미국으로 건너가 혼자 힘으로 이름을 떨치려 했다. 문자 그대로 그는 미국에서 그의 성을 마이그리지 Muygridge 로 바꾸었다.* 그는 뉴욕시에서 어떤 출판사를 위한 대리인이 되었고, 동부와 남부의 주들을 그의 영업 관할 지역으로 삼아 활동을 시작했다. 그러나 1856년에는 그는 서쪽의 샌프란시스코로 가서 서점을 개업하여 자신의 사업을 시작했다.

당시의 캘리포니아는 지금처럼 명성과 부를 얻기 위해 스스로를 재개발하려는 사람들을 위한 장소로 여겨졌다. 1848년의 골드러시 gold rush 에 편승하여 그 지역으로 일확천금을 노리는 사람들, 투자자들, 기회주의자들이 파도처럼 몰려오기 시작하여 1850년대에는 붐이 일어나고 있었다. 특히 샌

---

* 여기서 'make a name'을 '이름을 떨치다'라고 번역했다, 그러나 글자 그대로는 이름을 만든다는 뜻이다. 다음 문장에서는 후자의 뜻을 따라 마거리지가 이름을 새로 만들었다는 사실과 연결시켰다.

프란시스코가 그런 활동의 중심지가 되어 그 인구가 1848년의 1,000명으로부터 1850년에는 25,000명으로 폭발적으로 늘어났다. 같은 해 캘리포니아는 노예를 소유하는 주들과 그렇지 않은 자유 주들 사이의 타협의 일부로서 바로 주의 지위로 뛰어 들어갔다. 이 변화는 그 주에게 더 많은 권리와 자격을 주었고, 그것이 의심할 여지가 없이 주의 영향력을 키우는데 일조를 했다.

새 주에서의 들뜬 분위기와 기회를 본 마이그리지는 책 판매가 전망이 있는 일이 아니라고 결론지었음이 분명하다. 1859년 그는 사업을 몽땅 그의 동생에게 팔고 표면적으로는 더 많은 고서를 사들이기 위해서 미국을 가로질러 유럽으로 간다고 이야기했다.

그 여행은 마이그리지의 삶과 직업을 크게 변화시킨 재앙처럼 나쁜 선택이었다. 1860년 7월 2일 그는 세인트루이스를 향한 대륙 횡단 역마차를 탔다. 세인트루이스에서 그는 뉴욕으로 가는 기차를 잡을 참이었다. 첫 몇 주 동안은 모든 것이 일상적이었다. 그러나 텍사스에 한 번 정차한 후에, 달리던 마차의 브레이크가 작동하지 않았고, 말들은 속력을 줄이지 않았다. 공포에 빠진 마차몰이꾼은 마차를 나무를 향해 몰아서 중지시키려 했다. 그 결과 일어난 충돌로 한 사람이 죽고 승차한 모든 사람들이 다쳤다. 마이그리지는 머리에 중상을 입었다. 단기적으로 그는 이중 환상, 혼란스러운 사고, 기타 인식 장애에 시달렸고, 장기적으로는 그의 뇌손상이 그의 성격을 변화시켰다. 그는 더 변덕스럽고, 강박관념을 가진 위험한 성격을 가지게 되었다.

역마차 회사로부터 합의금을 받은 후, 마이그리지는 영국으로 돌아가 병 치료를 위해 최고의 의사들과 상의했다. 그리고 아마도 휴식, 기분 전환, 야외 활동 등을 처방으로 받은 듯하다. 이후 7년간 그가 무엇을 했는지에 대해서는 기록이 거의 없지만 사진 기술이 그의 기분 전환 요양법의 일부였음이 분명하다. 1867년 마이그리지는 샌프란시스코로 돌아갔다. 이제는 마이브리지라는 성과 직업 사진사로서의 새로운 직업을 가지고 간 것이다.

마이브리지는 풍경 사진 기술을 전문으로 했고, 샌프란시스코에서 그의 활동의 본거지는 미국에서 최고 촬영 대상 중의 하나인 요세미티 계곡 Yosemite Valley 이었다. 당시 그 계곡은 외지고 접근이 어려워 관광객은 극히 드물었다. 그러나 사람들 사이에 계곡의 아름다움에 대한 관심은 높았고 사진사들도 열광적인 모험을 위해 그곳으로 모여들었다. 마이브리지는 부피가 큰 자신의 장비를 위험한 관람 지점들까지 끌어 올리는 식으로 어느 정도 자신의 존재를 알릴 수 있었다. 그는 흔하지 않은 사진들을 촬영하기 위해 폭포 뒤에 서거나 바위투성이의 갈라진 틈 사이로 오르내리는 모험을 감행했다. 그는 또한 당시로서는 어려운 기술인 풍경 사진에 사납고 구름이 낀 하늘까지 담아내서 주목을 받기 시작했다. 지상 경치에 적당한 노출은 하늘에 대해서는 과도하고, 하늘에 적당한 노출은 지상 경치에게는 부족하여 어두운 상이 되게 하였다. 마이브리지는 처음에는 이 기술적 난점을 '조작'으로 해결했다. 즉 지상과 하늘의 사진들을 별도로 촬영한 뒤 그들을 최종 인화 단계에서 합친 것이다.

그러나 그는 곧 땅과 하늘을 함께 동시에 담아내는 장치를 고안했다. 이는 고속 사진 기술 분야에서 그의 성공적인 연구 개발을 예고하는 것이었다. 그가 사진술에서 헬리오스 Helios 라는 작가명을 사용하며 1869년 개발하여 발표한 '하늘 그림자 sky shade'는 사실 카메라 렌즈 앞에서 빠르게 제자리로 떨어지도록 홈에 끼워 넣은 목재 조각이었다. 위에서 떨어지므로 그 셔터는 하늘을 먼저 가리고, 지상 경치가 필름에 기록되는 시간이 더 길어지게 해 준다.[12] 마이브리지는 기발한 기계적 셔터를 사용해서 어떻게 사진 기술을 개량

할 수 있는지 일치감치 생각하고 있었던 것이다.

　　1869년은 또한 미국에서 기념비적이고 특별한 역사적 사업이 완성된 해였다. 바로 동쪽 해안과 서쪽 해안을 연결하는 최초의 대륙횡단 철도의 건설이 완공되었던 것이다. 오랫동안 유니언 퍼시픽 사Union Pacific Railroad Company 가 서쪽으로 철도를 건설하고 있었고, 센트럴 퍼시픽 철도 사Central Pacific Railroad Company는 동쪽으로 건설하고 있었다. 두 철로가 1869년 5월 10일 유타 땅의 프로몬터리 서밋Promontory Summit에서 만났다. 공사 완공을 기념하기 위해 센트럴 퍼시픽 사의 사장이자 회사의 원 투자자들 중의 하나인 스탠퍼드Leland Stanford(1824-1893)가 황금색 철도 못을 망치로 박아 넣었다.

　　스탠퍼드는 생애에 여러 지위, 신분, 관심을 가졌다. 그는 그의 젊은 시절에 변호사로 뉴욕과 위스콘신에서 일했으나, 그의 법률 사무소가 불에 탄 후 골드러시 속에 이동하던 다른 이들을 따라 서쪽 캘리포니아로 이사했다. 그는 광부들의 필수품을 판매하는 잡화점에 투자하여 성공했고, 그렇게 이룬 부를 철도에 투자하여 재산과 권력을 더욱 늘렸다. 1859년 주지사 선거에 출마하였다가 실패하였으나 1861년 재시도하여 당선되어 한 차례의 임기를 마쳤다. 1869년 금빛 못을 박은 그 해에 그는 알라미다 카운티Alameda County에 한 양조장을 차리기도 했다.

　　그러나 철도 업무의 스트레스와 과로, 그리고 사업상의 부패하고 냉혹한 일들이 스탠퍼드의 건강에 충격을 주었다. 그의 의사는 그에게 휴식을 위해 한가하게 여행을 즐길 것을 추천했지만 그는 캘리포니아를 떠날 수 없었거나 떠나려 하지 않았다. 타협책으로 그는 말을 사들여 양육하고 경주하는 일을 시작했고, 1870년에는 옥시던트Occident라는 속보마차 경주에서 우승한 말을 구입했다. 이 일이 낙하하는 고양이의 연구 조사에 있어서 중대한 전환

점이 되었다.

속보마차 경주마는 전형적으로 두 바퀴의 마차를 끌면서 질주보다는 느린 걸음걸이로 경주를 했다. 그래도 움직임이 너무 빨라 관객들은 운동 중의 말의 다리들을 볼 수 없었다. 경마의 세계에 살던 스탠퍼드는 부유한 말 소유자들 사이에 달아오르고 있던 한 논쟁에 개입했다. 그것은 마차 경주마의 네 다리 모두가 동시에 땅에서 떨어질 때가 있는가라는 의문에 관한 것이었다. 사진 기술의 많은 발전이 있었기 때문에 스탠퍼드가 사진이 딱 부러지게 그 의문에 대한 해답을 줄 수 있는지 알고 싶어 한 것은 자연스러운 일이었다. 그래서 1872년 그는 마이브리지를 고용하여 그 수수께끼를 풀도록 자금, 시설, 말들을 지원했다.

스탠퍼드가 왜 마이브리지를 선택했는지는 잘 알려져 있지 않다. 그것이 마이브리지가 "**헬리오스**는 개인의 주거지, 동물, 도시의 경관 혹은 해안의 어떤 부분이라도 촬영할 수 있는 준비가 되어 있다." 라고 하면서 자신의 역량을 광고한 덕분일 것이라고 여기는 사람도 있다.[13] 어쨌든 두 사람은 만났고, 스탠퍼드는 마이브리지가 큰 야심을 가진 용감하고 상상력이 풍부한 모험가와 같다는 점에서 그에게서 동류의 정신을 보았던 것 같다.

마이브리지를 선택한 것은 현명한 처사였다. 1873년 초까지 마이브리지는 네 다리가 모두 지면에서 떨어진 옥시던트의 사진을 성공적으로 찍었던 것이다. 그 일을 완수하기 위해 그는 노출을 짧게 해주는 고속 셔터를 고안했다. 그가 사용하고 있었던 습판wet-plate의 느린 화학반응 속도를 극복하기 위해, 그는 촬영할 영역을 하얀 천으로 덮어서 많은 양의 빛이 반사되도록 했다. 사진에서 옥시던트는 실루엣으로만 나타났지만, 그 실루엣은 속보마차 경주에 대한 의문에 답하는 데 충분했다.

마이브리지가 거둔 성과는 당시에는 사진 세계에서 지속적인 인상을 남기지 못했다. 상은 조악했고, 어떤 이는 그것을 심지어 조작이라고 생각했다. 비록 마이브리지가 그 말의 사진들을 여러 장 촬영해 냈지만, 그들을 순서대로 정렬하여 말의 실제의 동적인 운동을 보여줄 수는 없었다. 사진들은 논쟁에 대한 해답으로만 유용했을 뿐이었다. 마이브리지는 문제가 풀린 데 만족하고, 요세미티로 돌아가 종래의 사진 작업을 계속했으며, 1873년에는 아메리카 원주민들이 그들의 물려받은 땅으로부터 불공정한 퇴거에 항의하며 싸웠던, 이른바 모독 전쟁 Modoc War 을 사진으로 기록하는 의뢰를 받기도 했다.

마이브리지는 사진 기술에서 혼자 힘으로 이름을 날렸다. 그러나 한 장의 사진이 그를 광기와 살인으로 몰아갔다는 사실은 어둡고 얄궂은 일이 아닐 수 없다. 1874년 10월 17일 마이브리지는 자신의 집에서 우연히 어떤 충격적인 발견을 했다. 그가 7달 전에 그의 아내 플로라 Flora 에게서 태어난 그의 아들 플로라도 Florado 가 찍힌 사진을 보았던 것이다. 사진 자체에는 특별한 것이 없었다. 그러나 사진의 뒷면에서 그는 아내의 필적으로 "작은 해리 Little Harry"라고 적힌 문구를 발견했다.

마이브리지는 즉시 그 "해리"가 해리 라킨스 Harry Larkyns 임을 알아차렸다. 그는 1년 전쯤에 마이브리지 가족과 알게 된 잘생긴 건달이자 사기꾼이었다. 샌프란시스코에서 흔한 사회적 관습이었던 것처럼, 라킨스는 대중 이벤트에서 플로라의 사회적 동반자가 되어 극장과 파티에 그녀를 수행하고 다녔다. 마이브리지는 그러한 모임을 경멸했고 저녁 시간을 사진 작업에 보내는 것을 더 좋아했다. 플로라도 사진의 의미는 분명했다. 플로라와 해리는 친구 이상의 관계였고, 마이브리지의 아들은 실제 자신의 소생이 아닐 수도 있었다.

사진 발견 당일 마이브리지는 친구들에게 뒷정리를 부탁하면서 눈에 띌 정도의 고통 속에 동네를 방황했다. 그날 오후 그는 샌프란시스코에서 발레이호Vallejo로 가는 나룻배를 탔고 그곳에서 라킨스가 머물고 있는 휴양지인 칼리스토가Calistoga로 가는 기차를 탔다. 그곳에서 그는 길을 물어 라킨스가 손님으로 와 있던 한 가정까지 마차를 타고 가서는 거실에 모여 있던 사람들 사이로 들어가서 라킨스를 쏴 죽였다.

　　이어서 벌어진 재판은 지역의 이야깃거리였다. 마이브리지의 변호사는 정신이상을 방어 전략으로 삼았고, 놀랍게도 1875년 2월 5일 마이브리지는 무죄 판결을 받았다. 배심원들에게 당시 사회의 관습이 법적 보호 장치보다 더 많은 공감을 일으켰던 것 같다. 잔인한 계획적인 살인이 간통에 대한 타당한 반응으로 보였던 것이다. 마이브리지는 운이 좋았다. 그러나 그는 그 행운을 그의 아내에게는 전혀 넘겨주지 않았다. 가혹한 남편으로부터 경제적 지원과 이혼 둘 다 거부당한 플로라는 건강을 잃고 1875년 7월에 사망했다. 그녀의 아들은 오래지 않아 고아원으로 보내졌다. 두 가지 비극이 일어날 무렵 마이브리지는 촬영을 위해 과테말라에 출장 중이었다.

　　1877년 그는 샌프란시스코로 돌아왔다. 많은 사진 관련 과제들을 수행하면서 그는 다시 스탠퍼드와 협력하여 운동 중의 동물들을 연구하였다. 스탠퍼드는 자신의 여러 소유지에서 경마와 육종 경영을 확장했다. 새로운 연구의 목적은 신사들의 내기를 판정하는 것이 아니라 말의 속도와 효율의 개선을 위해 말의 운동을 연구하는 것이었다. 1877년 또다시 카메라 셔터와 화학적 공정을 개량하여 마이브리지는 경주중인 옥시던트의 개선된 순간 상을 만들어 냈다. 사진은 열악했지만, 그래도 기술에는 잠재력이 있음을 보여주었다.

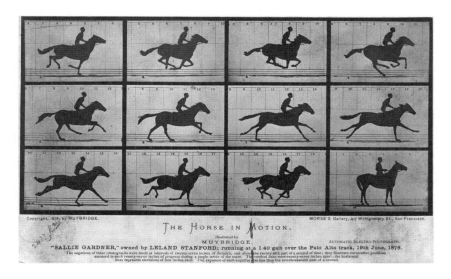

Figure 3.6
에드워드 마이브리지. 운동 중의 말*The Horse in motion*, 1878. 의회 도서관 인쇄물 및 사진국, 워싱턴 D.C.

　　마지막 돌파구는 스탠퍼드의 상당한 철도 자원의 지원에 있었다. 스탠 퍼드는 그의 철도 기술자들에게 필요한 모든 기술적 지원을 마이브리지에게 제공하여 작업을 도우라고 지시했다. 1877년 말경에 기술자들은 말과 같은 촬영 대상물이 지나가면서 전선을 끊을 때 작동하는 전기 셔터 시스템을 개 발했다. 이 새로운 셔터와 함께 마이브리지는 경주 트랙을 따라 일렬로 카메 라를 설치하였다. 카메라의 수는 마지막에는 24대까지 늘어났다. 그렇게 하 여 속보 혹은 질주하는 말의 일관된 시계열 사진들을 얻을 수 있었다.

　　당시에 대중 사이에서 가장 큰 공명을 일으킨 것으로 보인 것은 속보 하는 말의 사진들이었지만, 오늘날에는 스탠퍼드의 전속 질주하는 말 샐리 가드너Sallie Gardner 의 사진들이 최고로 여겨진다. 마이브리지가 거둔 성과는 그에게 거의 즉각적인 세계적 명성을 가져다주었다. 과학과 예술 두 분야 모두에서 그의 연구의 중요성을 의문시 하는 사람은 거의 없었다. 1878년 *사이언티픽 아메리칸 Scientific American*의 한 호에 그의 업적이 거의 현기증 날 정도의 용어로 묘사되어 있다.

이 상들을 보고 있는 관찰자가 아무리 부주의하더라도 운동 중에 있는 속보마의 종래의 모습이나 그와 비슷한 어떤 것이 상들의 어느 하나에도 나타나지 않음을 알아차리지 못하지는 않을 것이다. 이 사진들이 촬영되기 전에는 어떤 예술가도 말을 감히 정말로 운동중인 것처럼 그려내려고 하지 않았을 것이다. 비록 육안으로 말의 진짜 자세를 알아낼 수 있었음에도 불구하고 말이다. 어떤 화가는 보는 순간 이 많은 자세들에 '운동'이 전혀 없다고 말할 것이다. 그러나 조금 살펴보면 그 평범한 생각은 진실에 굴복한다, 모든 자세가 속보중인 말에 대해 종래의 그림이 보여줄 수 있던 것보다 더 큰 원동력으로 넘치고 있다. 그래서 운동하는 동물의 순간적인 자세를 포착하려는 마이브리지 씨의 천재적이고 성공적인 노력은 우리가 가진 확실한 지식의 저장고를 상당하게 채워줄 뿐만 아니라, 운동중인 말들을 묘사하는 미술에서 급진적인 변화가 일어나게 할 것임이 분명하다. 또한 화가들과 말 애호가들보다 적지 않은 수로 동물 행동 관련 생리학에 관심을 가진 모든 사람들이 마이브리지 씨의 사진들을 필수불가결하다고 여길 것이다.

마이브리지가 질주하는 말에 대한 의문을 푼 바람에, 화가들은 이 지식이 혜택인지 혹은 부담인지를 놓고 뜨거운 논쟁 속으로 빠져 들어갔다. 이에 관해 1913년 랭키스터가 쓴 것이 있다.

그러면 이제 우리는 화가가 질주하는 말을 어떻게 표현해야 하는가를 물어보기로 하자. 어떤 비평가는 화가는 그렇게 빠르게 동작하고 있는 것은 아예 표현해서는 안 된다고 말한다. 그러나 그 의견을 제쳐두면, 이는 화가가 살아서 질주하는 말이 자신에게 만들어 내는 마음, 느낌, 감정의 상태, 정서, 판단을 그림을 보는 다른 사람들에게 전달하기 위해 자신의 화폭에 무엇을 묘사해야 하는지를 묻는 흥미로운 질문이다.*

…

그러나 더 나아가 망막에 맺힌 상들에 주의를 기울인 심적 결과가, 이를테면 '본 것'으로 '통과되고', 수용되고, 등록되기 이전에, '보는 과정'에는 모두 비록 잠깐일 수는 있지만 추가적인 빠른 비판 혹은 판단이 작동한다. 우리는 우리의 눈을 사용하여 항상 부지불식간에 번개처럼 판단하여, 있음직하지 않고(우리가 생각하건데) 불합리한 것은 거부하며, 심지어 그곳에 없어도 우리의 판단이 승인한 것은 받아들여서 '보게 된다.' 우리는 50개의 살을 가진 채 윙윙거리며 도는 바퀴를 '본 것'으로 받아들인다. 하지만 우리는 8개 혹은 16개의 다리를 가진 말을 받아들일 수는 없다! 말의 다리가 4개라는 것은 아주 지배적인 선입관이므로, 말이 질주할 때 우리가 보는 것을 나타내려고 할 때 우리가 몇 개의 뚜렷하지 않은 흐

---

* 이 인용문은 1913년 랭키스터가 쓴 책 *More Science From an Easy Chair* 중의 "The problem of the galloping horse"라는 장의 일부다. 인용문은 사람의 눈으로는 정확한 동작을 파악할 수 없는 상황에서 작가는 질주하는 말을 어떻게 표현해야하는가라는 의문으로 시작한다. 원문에서는 이 질문이 심리학 및 생리학적 문제임을 밝힌다. 또한 '관심 혹은 주의'에 따라 보는 것이 달라지는 것도 말한다. 그러나 이 부분은 인용문에서 중략으로 처리되어 있다. 그 때문에 인용문의 후반부에 '주의'라는 용어가 등장하는데 급작스럽다는 인상을 지울 수 없다. 후반부는 '보는 과정'에 관련된 심리학적 인자 중의 '판단'에 대한 설명의 일부다.

Figure 3.7
기아코모 발라, 가죽 끈에 묶인 개의 활발한 움직임, 1912. 뉴욕 올브라이트-녹스 미술관
Albright-Knox Art Gallery.

릿한 다리를 가진 말을 용납하지 않게 한다.[15]

실제, 동물의 운동을 이런 식으로 정지한 형태로 표현하면 좀 별스럽게 보일 수 있다. 1932년 마이브리지 등의 운동 연구에 고무된 화가 발라Giacomo Balla는 *가죽 끈에 묶인 개의 활발한 움직임Dynamism of a Dog on a Leash*을 그렸다. 그림에서 작은 닥스훈트dachshund 한 마리가 마치 유령에 놀란 것처럼 미끄러운 표면 위를 달아나고 있는 모습이 만화같이 보인다. 화가들은 '사실주의realism'가 적어도 빠르게 운동 중인 물체의 그림에 관한 한, 종종 실제같이 보이지 않는다는 사실을 이해하기 시작했다.

마이브리지의 사진들이 처음으로 알려졌던 시기에 어떤 화가는 그 뜻밖의 사실을 다른 이들보다 훨씬 강하게 받아들였다는 전언이 있다. 프랑스 화가 메소니에Jean-louis Ernest Meissonier는 자신의 동물 묘사에 오래 동안 자부심을 느껴왔다. 특히 운동 중인 말에 대해서 그러했고, 마차 경주마에 대한 그의 묘사가 그림에서 표준적인 자세로 수용되는 과정에서 일어난 예술 세계의 소 전투에서 승리한 적도 있었다. 1879년 스탠퍼드가 메소니에를 방문하였다. 그 유명한 화가가 자신의 초상화를 그리도록 설득하기 위한 목적이었다. 메소니에는 스탠퍼드가 운동중인 말의 사진들을 꺼내놓기 전까지는 그 제안을 꺼려했다.

> 메소니에의 눈은 경이와 놀람으로 가득 찼다. "이런 일이!" 그는 말했다. "오랜 세월동안 내 눈이 나를 속였단 말인가!" "기계는 거짓말하지 않습니다." 스탠퍼드 지사가 대답했다. 화가는 자신을 믿으려고 하지 않았다. 그리고 다른 방으로 달려가서 자신의 손을 사용하여 왁스로 만든 작은 말과 기수의 상을 가져 왔다. 어떤 것도 그 작은 상보다 완벽하고 아름다울 수가 없었다.
>
> …
>
> 노인이 오랜 세월 동안 지켜왔던 확신을 슬프게 포기하고, 이제 너무 늙어 엉터리를 버리고 새롭게 시작할 수 없다고 외치면서, 두 눈을 눈물로 채우는 것을 보는 일은 비참할 정도였다.[16]

어느 '파리의 편지 작가'로만 정체를 밝힌 자료에서 가져온 이 인용문은 메소니에의 반응을 과장해서 말한 것일 수도 있다. 스탠퍼드와 메소니에 이외 그 방에 누가 있었는지 분명하지 않기 때문에, 그것은 스탠퍼드 자신이 자신의 업적을 홍보하기 위해 슬그머니 흘린 이야기일 가능성이 충분히 있다. 그러나 사진은 메소니에에게 그 능력을 발휘했다. 그는 동작중의 동물의 사진들을 더 받는 대신에 스탠퍼드의 초상화를 그려주는데 동의했다.

그렇게 마이브리지의 사진들에 의한 일차적인 충격은 미술계가 느낀 듯했다. 그러나 1878년 *사이언티픽 아메리칸*의 기사는 "동물 행동의 생리학에 관심을 가지고 있는 모든 사람은 … 마이브리지 씨의 사진을 필수불가결하다고 여길 것이다."라고 하는 선견지명을 보였다. 그 기사가 게재된 지 겨우 몇 달 후 프랑스 *라 나튜르*La Nature의 1878년 12월 28일 호에 그 점을 입증하는 편지가 게재되었다.

> 친애하는 벗에게,
>
> 나는 귀하가 *라 나튜르*의 지난 호에 게재했던 마이브리지 씨의 순간 사진들에 감탄하고 있습니다. 나를 그 작가와 연결시켜 주실 수 있습니까? 나는 다른 방법으로는 풀기가 몹시 어려운 생리학의 어떤 문제를 푸는데 그의 도움을 요청하고 싶습니다.[17]

이 편지는 프랑스 생리학자 마레로부터 온 것이었다. 그는 고속 사진 기술을 동물 운동의 연구에서 혁명적인 과학적 도구로 변모시키고, 그 도구를 사용하여 떨어지는 고양이의 문제를 풀려는 물리학자들을 혼란스럽게 만들었다.

사진 속의 고양이

예술가 마이브리지는 최초로 일련의 순간 사진들을 만들어 살아있는 생물의 운동을 보여주었다. 과학자 마레는 이 기술을 동물, 사람, 물체의 운동 연구를 위한 가장 엄밀한 과학적 도구로 발전시켰다. 그 과정에서 그는 영화 산업을 위한 기초를 마련했다. 그는 운동에 대해서 믿기 어려울 정도로 많은 과학적인 연구를 하였고, 떨어지는 고양이의 운동을 보여주어 온 세계의 물리학계를 놀라게 했다.

마레는 마이브리지와 같은 해인 1830년에 프랑스 본Beaune에서 마리-조세핀Marie-Joséphine과 클로드 마레Claude Marey의 독자로 태어났다. 그의 가족은 중산층이었다. 클로드가 주요 와인 생산 마을인 본에서 와인 담당자로서 일했던 것이다. 이 책에서 이미 몇 번 반복된 유형의 이야기지만, 마레도 어렸을 적에 총명했고 기계에 맞는 적성을 보여 주었으며 "손가락 끝에 두뇌가 있다"라는 평을 들을 정도였다.[1] 그는 18세에 지역의 어느 대학에 입학하였으며 학과 수업에서 뛰어났고 많은 상을 받았을 뿐만 아니라 그의 기계 기술을

Figure 4.1
*에티엔-쥘 마레의 맥박 기록기. 마레, 그림 방법*La Méthode
graphique, p560에서 가져옴.

이용하여 학교 친구들을 위한 장난감을 만들며 많은 친구들을 사귀었다.

마레는 기계를 향한 그의 열정과 그가 가진 기계 기술로 공학도로서 공부할 수 있는 학교에 입학하기를 원했다. 여기서 또다시 우리는 반복되는 이야기를 만난다. 그의 아버지는 그가 의사가 되기를 원했던 것이다. 그 때문에 마레는 1849년 파리에 있는 의학교에 입학했다. 원하는 진로 중에서는 차선이었지만 그는 의학 공부를 잘 해냈으며 진취적이고 상상력이 풍부한 사색가로 우뚝 섰다.

마레의 인생에서 한 전환점은 1854년 그가 생리학자 마그롱 박사Dr. Martin Magron의 실험실에서 한동안 일을 했던 때인 듯하다. 생리학은 살아있는 생물과 그 생물 내의 상호 연결된 부분들이 어떻게 작동하는지에 대한 연구라고 정의할 수도 있을 것이다. 생리학자는 살아있는 생물의 관절, 근육, 기관이 어떻게 그 기능을 수행하는지 연구 조사한다. 이 분야는 기계에 적성을 가진 마레와 궁합이 잘 맞았으며, 그는 결국 혈액 순환의 연구를 전공하게 되었다. 그는 1859년에 학위 논문 "정상 상태와 병리학적 상태에서 혈액의 순환 The Circulation of Blood in Normal and Pathological States"을 방어했고, 곧이어 사람의 맥박을 팔목에서 직접 측정하여 종이에 바로 그려낼 수 있는 최초의 진단 의료용 장치인 맥박 기록기 sphygmograph 를 개발했다.

　그 장치에서는 사람 맥박의 압력으로 아래위로 움직이는 펜이 태엽 장치에 의해 이동하는 검댕이 덮인 종이 위에 어떤 패턴을 그렸다. 다른 이들도 이전에 동물의 맥박을 측정했었지만 마레는 최초로 조사 대상 몸속으로 탐침을 삽입하지 않고도 펄스를 측정할 수 있는 장치를 설계하였던 것이다. 맥박 기록기는 곧 중요한 의료 도구로 인정되었고 널리 사용되기 시작했다. 그런데 다른 이의 불행이 마레에게 더 큰 행운을 가져다준 상당히 소름끼치는 사건이 있었다. 여기 그 이야기가 있다.

> 한번은 브루아르델 씨 M. Brouardel 가 나에게 말했다. 나폴레옹 3세 Napoleon III 가 맥박 측정기에 관한 이야기를 듣고 마레를 불러서 어떤 실험을 하도록 했다는 것이었다. 그는 약간의 실험을 했고, 참석자들에게 연결한 [맥박] 선들 중에서 현저한 대동맥 판막 부전aortic insufficiency 을 분명하게 지시하는 한 선을 지목했다. 며칠 후 이 병리학적 흔적을 나타냈던 그 환자는 침대에서 사망한 채 발견되었다. 마레가 맥박 기록기로 읽을 수 있을 정도로 심장병에서는 아주 흔한 실신 발작syncopal attack 중의 하나로 쓰러진 것이다.[2]

　대략 같은 시기에 마레는 그의 의학 이력에서 중대한 좌절을 맛보았다. 논문을 방어한 후, 그는 의사로 일할 수 있게 하는 자격을 주는 시험은 통과했다. 그러나 의학을 가르칠 수 있도록 허가하는 또 하나의 시험에서는 낙방했다. 결국 그는 파리에서 한 의료소를 개업했으나 같은 해에 문을 닫았다. 다른 가망성이 없자 그는 자비로 생리학을 연구하기 시작했다. 그 일은 맥박 측정기의 특허 사용료와 개인 교수의 대가로 받은 돈으로 운영했다. 주거 영역과 작업 영역이 합쳐진 그 곳에는 놀랍게도 운동 연구를 위해 차례를 기다리고 있는 야생 동물들이 있었다. 그를 1864년에 방문했던 한 동료는 그 공간을 이렇게 묘사했다.

실험실뿐만 아니라 야생 동물들 때문이라도 그 장소를 잊을 수 없다. 그곳을 처음 보았을 때 받은 강한 인상 때문에 그 기억은 불러 낼 때마다 언제든지 다시 나타나는 것 중의 하나가 되었다. 마치 방금 에칭etching으로 인쇄하여 아직도 젖어 있는 잉크처럼 말이다.

새로운 과학과 새로운 도구로 모든 긴급한 작업을 용이하게 할 수 있도록, 재래식이든 어제 갓 고안된 것이든 모든 종류의 과학적 장치와 장비들이 아름답고 나무랄 데 없는 질서 속에 있었고 새장들, 수족관들, 그리고 그것들을 채울 비둘기들, 말똥가리들, 물고기들, 도마뱀들, 뱀들, 개구리들도 있었다. 비둘기들은 구구 울었다. 말똥가리들은 한 마디도 내뱉지 않았는데 아마도 말똥가리로서의 품질 혹은 명성에 대한 질책을 들을까 두려워했기 때문일 것이다. 한 마리의 개구리가 갇혀 있던 병으로부터 탈출하는 엄청난 범죄를 저지르고 방문객 앞에서 놀라 신 바닥의 애무를 벗어나기 위해 뛰었다. 중력을 가득 받는 거북이 한 마리가 터벅터벅 걸었다. 허망한 열의가 아니라 불굴의 끈기로, 여러 장애물로 인해 이 방향 저 방향으로, 지칠 줄 모르고, 마치 어떤 문제를 풀어내는데 집착하는 듯, 또한 마음의 평화를 주는 보호가 있는 것처럼, 시험에서는 껍질의 도움을 받아가면서 걸어갔다.[3]

마레의 일거리로는 심혈관 계통에 대한 강의와 출판이 있었다. 그의 노력은 프랑스 과학계의 인정을 받았고, 곧 그는 학회 회원, 조수, 교수로 뽑혔다. 1870년경에는 그는 이탈리아 나폴리 교외에 집을 한 채 구입할 수 있을 정도로 부유해졌으며, 덕분에 그는 겨울 여러 달 동안 안락하게 그의 연구를 계속할 수 있었다. 세월이 흐르면서 그의 연구는 점점 더 인정을 받았고, 연구를 위한 지원도 더 많이 받게 되었다.

그런데 그 연구는 어떤 것이었는가? 마레는 운동을 자연을 이해하는 열쇠로 보았다. 원자, 행성, 말, 사람 등 모든 것들이 운동하고 있고, 같은 물리 법칙들의 지배를 받고 있었다. 생리학 분야의 그의 많은 동료와는 달리, 마레는 살아있는 생물들이 자연의 법칙들에 지배되지 않는 어떤 종류의 특별한 '생기력 vital force'을 소유한다고는 생각하지 않았다. 영원한 기계 공학자로서 마레는 살아있는 생물들도 물리 과학에서 사용되는 기법과 같은 식으로 이해될 수 있다고 생각했다. 그는 조심스러워 하면서 다음과 같이 썼다. "그러나 의심의 여지없이 생명 현상 사이에는 수많은 수치적 관계들이 있다. 그리고 우리가 이용하고 있는 조사 방법의 정확도에 따라 우리는 다소간 빠르게 그 것들을 발견하게 될 것이다."[4]

그 수치적 관계들을 찾기 위해 마레는 1860년에 제작한 그의 맥박 측정기와 유사한 장비를 개발했다. 그것은 시간에 따른 사람 혈압의 그래프를 그려낼 수 있었다. 마레는 동물의 외부적 운동과 내부적 활동 모두에 대한 운동의 그래프를 그려내고 측정하는 정밀한 방법을 찾으려 했다. 그 노력은 아주 성공적이었다. 우리의 관심사와 가장 가까운 것은 동물이 스스로 움직이는 방식에 대한 그의 연구다. 사람이 말에 타고 있을 때, 그는 달리는 말의 발의 충격에 의한 공기압을 휴대용 장치로 전달하는 일련의 공기 관들을 발에

Figure 4.2
감지기를 장착하고 속보 중인 말. 아래쪽의 표는 발굽의 충격을 시간에 따라 보여준다. 마레, 동물 메커니즘*Animal Mechanism*, p.8에서 가져옴.

연결했다. 그 장치는 각각의 발이 땅에 언제, 그리고 얼마나 오랫동안 머무는지 기록했다.

Figure 4.2의 아래쪽에 있는 마레의 데이터는 시간이 오른쪽으로 흐름에 따라 속보 중인 말발굽들의 충격을 보여준다. 충격과 충격 사이 수평 방향의 빈 간격은 속보하는 말의 네 발 모두가 동시에 땅에서 떨어져 있음을 보여준다. 이 결과에 대한 마레의 저서 동물 메커니즘*Animal Mechanism*의 프랑스어 판은 1872년에 나왔다. 마이브리지의 속보하는 옥시던트의 최초의 사진은 1873년에 나왔다. 마레는 마이브리지보다 먼저 말의 속보에 관련된 의문에 대답했었다! 그러나 그의 결론은 비-과학자들을 설득시키지 못했던 것 같다.

그것은 아마도 마레의 그래프 방법이 마이브리지의 사진만큼 시각적 호소력을 갖지 못했기 때문일 것이다.

마레는 그의 연구 방법에서 동물의 해부학과 기관의 기능을 이해하기 위한 생체 해부의 관례를 강력하게 반대했다는 점에서 그의 많은 동료들과는 달랐다. 그의 동시대인들은 살아있는 생물의 운동을 연구하기 위해 생물을 자르고 절개하기를 서슴지 않았지만, 마레는 그러한 기술로는 바르지 않은 과학적 결과를 얻게 된다는 것을 확고하게 믿었다. 그는 동물에 제약을 가하고 영향을 주는 행위는 그 동물의 자연스러운 동작을 변화시키기 때문에 그러한 연구로부터 도출한 결과를 의심스럽게 만든다고 생각했다. 마레는 가능한 강요하지 않는 방식으로 생명의 과정을 기록하려고 했다.

그는 비행하는 생물들을 연구하는데 이 철학을 적용했다. 곤충의 날개들을 조사하기 위해 그는 곤충을 붙잡아 놓고 검댕을 칠한 회전하는 원통에 대고 날개들을 펄럭이게 하였다. 그러면 날개 끝이 숯을 털어내면서 날개들이 시간에 따라 어떻게 움직이는지 보여주는 자취를 남겼다. 새들은 이 방식으로 붙잡아 놓고 연구할 수 없었다. 그래서 마레는 말들에 사용된 것과 유사한, 비행 중인 새가 아래위로 흔드는 날개 짓을 측정하기 위한 압력을 감지하는 도구를 개발했다. 새는 자유로이 날개 짓을 할 수 있었지만 묶여져 있었고, 아래로 늘어뜨려진 관들을 달고 있었다. 필연적으로 과학 장비가 새의 자연스런 운동에 간섭을 하면서 변화시키고 있었을 것이다. 마레가 정작 필요로 한 것은 새를 전혀 건드리지 않고 그 운동을 기록하는 방법이었다.

우리는 마이브리지가 찍은 1878년의 말 사진들과 기사를 읽은 마레가 놀라 그의 의자에서 넘어지는 모습을 상상해 볼 수 있다. 그 사진에서 마레는 자신이 풀려던 모든 문제에 대한 잠재적인 해답을 보았을 것이다. 우리가 앞 장의 끝에서 보았듯이, 그는 마이브리지의 사진들이 있는 *라 나튜르*의 그 호를 받고 흥분하여 4일 후 잡지사에 편지를 보냈다. 편지를 읽은 마이브리지는 마레가 운동 연구를 더 할 수 있도록 기꺼이 도와주려고 했다.

나는 깊은 관심을 가지고 그 편지를 읽었습니다... 말의 운동을 나타내는 사진들에 관련하여서, 귀하는 귀하의 존경스러운 잡지에 그것들을 게재할 수 있는 명예를 나에게 주었고, 그곳에 귀하가 쓴 칭찬의 평은 나에게 커다란 기쁨을 주었습니다. 부디 나의 긍정적인 의견을 마레 교수에게 전달해주시고, 동물의 운동 메커니즘에 대한 그의 유명한 연구 결과를 읽고서 스탠퍼드 지사가 행동 양식의 문제를 일차적으로 사진 기술로 푸는 가능성을 생각하게 되었다는 것도 전달해 주시면 감사하겠습니다. 스탠퍼드 씨는 이 주제에 관해 나에게 자문을 구했고, 그의 요청에 따라 나는 과제를 맡아 그에게 조력하기로 결정했습니다. 그는 보다 완전한 일련의 실험을 내가 맡아 수행하도록 했습니다.

...

처음에 우리는 비행 중의 새를 연구하지 않았습니다. 그러나 그 아이디어를 마레 교수가 제안한 연유로, 우리도 실험 방향을 그 쪽으로 잡을 것입니다.[5]

마이브리지는 마레가 고찰해 볼만한 동물들의 또 다른 사진 한 묶음을 보냈다. 그러나 이 희망적인 첫 연락 후에는 교신의 증거가 1년 이상 없다. 그들에게는 각자가 풀어야 할 과제들이 있었다. 그것들은 20세기 문명의 기초가 될 과제들이었다. 이제 명성의 최고조에 있었던 마이브리지는 자신의 연구를 확장하고 있었을 뿐만 아니라 강사로서 이곳저곳을 바쁘게 돌아다니고 있었다. 그는 열광적인 관중을 위해서 그의 운동 연구 결과물들을 활동사진으로 만들어 비출 수 있는 주프락시코프zoopraxicope 라는 장치를 개발했다.*
그것은 현대 영화의 선구적인 장치였다. 한편, 마레는 파리에서 새로운 연구 단지를 위한 정부와의 협상에 바빴다. 동시에 그는 그에게 가장 익숙한 방식, 즉 기계식 모형을 만들어서 비행의 메커니즘을 조사하고 있었다. 그는 동료와 함께 날개를 펄럭거릴 수 있는 새 모형뿐만 아니라 압축 공기를 사용하여 프로펠러를 돌리는 고정-날개 비행기 모형도 만들었다.

마침내 1881년에 마이브리지는 화가 메소니에의 강력한 요구와 자신의 후원자 스탠퍼드와의 협상 덕분에 짧은 유럽 여행을 할 수 있었다. 마레는 그 샌프란시스코 사진사를 크게 환영했다.

프랑스 대학의 교수 마레 씨는 어제 델레세르 대로Boulevard Delessert의 트로카데로Trocadero에 새로 지은 그의 집으로 그의 친한 친구이자 우리의 국장 빌보르 씨M. Vilbort와 함께 몇몇 외국 및 프랑스 학자들을 초청했다. 그날 저녁 눈길을 끈 것은 미국인 마이브리지 씨의 살아있는 생물의 운동을 촬영하는 흥미로운 실험이었다.

…

미국인 학자 마이브리지 씨는 파리의 전 대중에게 안겨 주어야할 어떤 최초의 경험을 우리가 하게 한다. 그는 하얀 커튼 위에 가장 빠른 걸음

---

* 활동사진motion picture은 대체로 영화의 초기 형태를 가리킨다.

으로 달리는 말들과 다른 동물들의 사진들을 비춘다. 그런데 그것이 전부가 아니다. 걸음걸이의 세부 움직임을 '날면서' 촬영한 그의 사진 기술은 단지 일반적인 총체만을 받아들이는 우리의 눈은 관찰하지 못할 위치에서 그 동물을 우리에게 보여준다. 마레 씨는 마이브리지 씨를 도와주었고 장면마다 그의 재치 있는 소견을 밝혔다.

…

모임은 늦게까지 이어졌다. 그러나 시간이 되어 우리는 그날 저녁을 아주 멋지고 명예롭게 만든 마레 씨와 빌보르 부인에게 작별 인사를 하게 된 것을 유감으로 생각했다. 마지막으로, 마레 씨와 마이브리지 씨에게 한 가지 질문을 해 볼까 합니다. 회전 요지경 zoetrope 을 이용해서 파리의 마차용 말들에게 약간의 속도를 더해 주는 것이 가능하지는 않을까요?* 우리가 운동의 우아함을 요구할 필요는 없겠지만, 성급한 언론인들은 발명가에게서 항상 그러한 발명품을 기대하는 의무감을 지니고 있을 테니까요.[6]

언론인들의 바람을 제외한다면, 가장 놀랍고 말초적인 이야기는 아마도 파티에서 마레와 빌보르 부인에게서 느껴진 친밀한 관계였을 것이다. 이것은 우연이 아니었다. 마이브리지의 삶에서 일어난 일이 흥미롭게도 뒤틀어진 거울상으로 나타난 것이었다. 마레는 신문 국장 빌보르의 아내와 불륜 관계를 맺고 있었다. 그것도 분명히 후자의 묵인 아래 말이다. 마레는 심지어 빌보르 부인에게서 프랑세스카라는 아이까지 낳게 했다. 그는 공식적으로는 그

---

* 회전 요지경은 일정한 간격으로 슬릿을 낸 원통에 움직이는 동물의 스냅 사진을 순서대로 붙여놓고, 원통을 돌리면서 바깥쪽에서 슬릿을 통해 사진을 보면 마치 동물이 움직이는 것처럼 보이게 하는 장치다.

아이를 자신의 딸로 인정하지는 않았고, 그녀를 그의 조카로 소개하면서 파리의 사교계로 데리고 왔었다. 나폴리에 마레가 구입한 집은 주로 빌보르 부인이 병 치료를 위해서 머물기 위한 것이었다.

　　마이브리지는 마레를 방문하여 요청받은 비행 중인 새들의 사진들을 가져다주었다. 하지만 그것들은 실망스럽고 마레의 목적에 적절하지 못한 것으로 판명되었다. 상이 잘 맺어지지 않았고, 날개의 운동 하나하나를 분간할 수도 없었던 것이다. 마레는 자신의 맞춤형 장비로 연구 조사를 계속하기로 결심했다. 그래서 그는 1882년 초에는 일련의 상들을 한 개의 필름 띠에 쏠 수 있는 사진 총fusil photographique을 개발했다.

　　마레는 '사진 사파리 photo safari'를 즐긴 최초의 인물 중의 하나였을 수도 있다. 물론 총이 아니라 카메라로 동물을 쏘았다. 다른 카메라 애호가들도 이전에 카메라 총들을 만든 적이 있었다. 그러나 그들의 총으로는 한 개의 상만을 촬영했지만 마레의 것은 연속된 상들을 촬영할 수 있었다. 마레의 소리 나지 않는 총 쏘기는 포실리포Posillipo에 있는 그의 이탈리아 저택 인근 주민들의 주목을 끌었다. 그들은 그를 'lo scemo di Posillipo', 즉 '포실리포의 멍청이'로 불렀다고 한다.[7]

　　사진 총은 활동사진 분야에서는 아주 편리하고 발전한 작품이었다. 그러나 그것은 필름 촬영에는 불안정한 시스템이었고 원판 주위를 따라가며 찍힌 사진들을 만들어 냈다. 그래서 나중에 그것을 제대로 보기 위해서는 촬영된 사진들을 자르고 정돈해야 했다. 1882년 중반이 되자 마레는 한 자리에 고정되어 있으면서 동물 운동의 모든 단계들을 하나의 필름 상에 담아낼 수 있는 카메라를 개발하였다. 이 카메라는 한 개의 움직이지 않는 사진판을 사용했고, 사진판은 회전하는 원판에 만들어져 있는 슬롯slot을 통해 표적에 순차적으로 노출되었다. 마레는 한 개의 상에 달리는 사람의 운동 모습을 단계별로 나타낸 이 새로운 카메라를 사용한 첫 결과를 1882년 7월에 보여주었다. 마레는 생리학에 적용된 그의 새 사진 기술을 크로노포토그래피 chronophotography라고 불렀다.

이러한 연구와 관련 장치들을 수용하는 시설은 마레가 혼자 감당할 수 있는 이상의 많은 돈이 들었다. 다행히도 1880년 그는 드메니 Georges Demeny라는 한 애국적인 청년을 알게 되었는데, 그는 동료들의 체격을 개선하려는 생각을 하고 있었다. 프랑스는 프랑스-프로이센 전쟁(1870-1871)에서 프로이센에게 큰 패배를 맛보았다. 전후에 나라의 출산율이 곤두박질 쳤으며, 프랑스 국민이 신체적 그리고 도덕적으로 쇠퇴하고 있다는 현실적인 공포가 대두되었다. 추후의 패배를 피하기 위해서도 신체 교육과 운동이 결정적으로 중요하다고 생각되었고, 그에 따라 군부는 이 분야들에 많은 투자를 했다. 전쟁 담당 부서가 이미 마레와 접촉을 하여 운동 연구 결과를 활용하여 군인들의 보건과 건강을 개선해 줄 것을 요청하고 있었다. 드메니가 그러한 일을 도와달라고 요청했을 때, 마레는 그가 재능을 가진 공동 연구자일 뿐만 아니라 생리학의 흔하고 잡다한 일까지 감당할 수 있는 사람이라고 보았다. 그가 그런 일을 모두 처리해 주면 마레 자신은 자유롭게 순수한 과학에 매진할 수 있게 되는 것이다.

많은 행정적 문제를 해결한 뒤, 마침내 마레는 1882년 말에 파리의 서쪽 변두리에 영구적인 생리학 기지 Station Physiologique을 설립하였다. 이제 그는 자신이 관심을 가진 문제라면 거의 어떠한 것이라도 해결할 수 있을 정도로 인력, 땅, 재원을 가지고 있었다. 마레의 가장 최신작인 크로노포토그래피의 한 가지 제약은 느리게 운동하는 물체의 상이 겹치는 것이었다. 이를 테

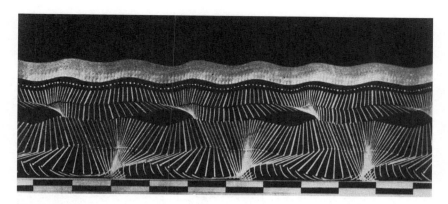

Figure 4.3
1883년 마레가 찍은 걷고 있는 한 군인의 순차적인 모습. Iconotheque de la Cinematheque의 허가에 의해 전재.

면, 사람이 한 걸음을 걷는다면 이동한 거리는 얼마 되지 않는다. 이 경우 크로노포토그래피를 통해 그 걸음걸이를 분석하면 구분이 불가능한 상들이 얼룩처럼 나오게 된다. 마레는 자신이 모든 상에서 사람 전체를 볼 필요가 있다거나 심지어 원하는 것도 아니라는 기발한 착상을 하게 되었다. 그런 경우 사람에게 검은 옷을 입히고 팔과 다리에 간단한 흰 선들을 그리면 운동 과정을 혼란 없이 볼 수 있었다. 마레의 아이디어는 오늘날 사용되는 디지털 모션 캡처digital motion capture와 유사하다. 배우의 몸에 전략적인 점들을 정한다. 촬영된 이 점들을 후처리 과정에서 사용하면 배우의 공간적 위치와 방향을 결정할 수 있다.

평생을 바쁘게 지낸 마레는 1884년 프랑스 전역에 걸쳐 횡행하던 콜레라 발생에 대한 조사를 위해 잠깐 사진 기술에서 벗어나 휴식을 취했다. 마레와 미생물학자 파스퇴르Louis Pasteur가 그 유행병의 근원을 추적하고 종식시키기 위한 위원회를 이끌었다. 통계학을 이용하고 지도를 꼼꼼하게 그려서,

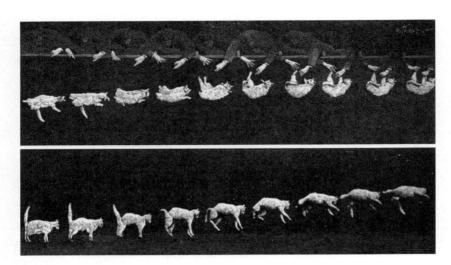

Figure 4.4
떨어지는 정원사의 고양이의 측면도, 1894. 상들은 오른쪽에서 왼쪽, 위에서 아래의 순서로 보아야 한다. 떨어지는 고양이, 마레의 한 짧은 필름에서 가져옴. *Wikimedia Commons.*

마레와 파스퇴르는 위원들에게 오염된 물이 그 전염병이 확산하게 된 원인임을 입증했다.

　　마레는 드메니의 관리 하에 남겨둔 생리학 기지로 돌아와서 동물 연구를 재개했다. 느리게 운동하는 물체들을 포착하기 위한 그의 '막대기-그림 stick-figure' 해법은 관심을 두고 있는 여러 상황에서 대해서는 아직도 완전하지 않았다.* 운동하는 동물의 앞이나 뒤에서 촬영한 것도 중요한 정보를 제공할 수 있겠지만 문제는 그 동물이 카메라의 앵글에서는 항상 같은 위치에 나타나기 때문에 결과적으로 흐릿한 상이 나왔다. 더구나 펀치를 날리는 권투

＊　막대기 그림은 사람을 간단히 직선으로 나타낸 그림.

90

선수, 바이올린을 연주하는 음악가, 무거운 것을 들어 올리는 군인과 같이 마레가 연구하고자 한 활동들도 있었지만, 이 모든 경우 촬영 대상은 걷거나 달리지 않았으므로 기존 카메라는 효율적이지 못했다. 대상물이 움직이지 않기 때문에 자명한 해법은 카메라 내의 필름을 움직이게 하는 것이었다. 그러나 마레는 그때까지 사용되고 있는 유리 필름 판은 연속적으로 촬영하면서 쉽게 그리고 신뢰성 있게 움직이게 할 수 없고, 결과물들은 그의 고품질 기준에 부합하지 않는다는 점을 깨달았다.

　　이번에는 해결책이 외부로부터 왔다. 늦은 1888년 종이 사진 필름이 미국으로부터 프랑스에 도착했다. 그 필름은 미국 뉴욕 주 로체스터Rochester에 있는 조지 이스트만George Eastman 사에서 개발되었다. 이제 마레는 카메라 렌즈 뒤에서 감겨져 있는 필름을 풀 수 있도록 그의 카메라를 재설계했고, 그 결과 그 띠 필름을 따라가며 시간적으로 연속된 상들이 맺어졌다. 이는 영화 카메라의 구조와 아주 가까웠다. 이 개량된 카메라로 촬영할 수 없는 운동중인 대상은 거의 없었다. 1892년까지 마레는 염소, 개, 곤충, 오리, 말 등 그가 가까이 할 수 있는 모든 종류의 동물 행동을 촬영할 수 있었다.

　　떨어지는 고양이는 그러한 연구 중에 우연히 떠오른 생각이었던 것으로 보인다. 고양이는 군인의 운동 연구와 같은 군사적 중요성도 없었고, 운동하는 말의 연구와 같이 경제적 중요성도 없었다(모든 사람이 니에프스의 내연기관을 무시한 덕분에 자동차가 대중적으로 사용하기까지 몇 년 더 걸렸었다). 생리학 기지에서 정원사의 고양이가 1894년 과학의 이름으로 징발되었고 카메라 앞에서 떨어지게 되었다. 떨어지는 모습을 연속적으로 촬영한 사진은 마레가 1894년 10월 22일 프랑스 과학 아카데미에서 발표하였다.[8]

　　만일 마레가 이 떨어지는 고양이의 사진들이 단순히 그의 새로운 사진 기술 능력을 입증하는 것이라고 생각했다면, 터져 나온 반응과는 너무 어울리지 않았다고 할 수 있다. 그의 상들은 세계적으로 인쇄되어 알려졌고, 나중에 보고된 바에 따르면 그가 프랑스 아카데미 회의에서 그것들을 발표하자 물리학자들이 화를 냈다고 한다.

왜 고양이는 항상 발로만 착지하는가? 이것은 최근에 프랑스 과학 아카데미에서 진지하게 주목을 받은 의문이다. 그 문제는 분명 어렵다. 저 학식 있는 사람들의 집단도 아직까지 최종적인 해답을 주지 못하고 있기 때문이다.

…

마레 씨가 과학 아카데미 앞에 그의 조사 결과를 보여 주자, 활발한 토론이 전개되었다. 난관은 어떻게 해서 고양이가 동작 중에 자신을 도울 지레 받침[point of leverage] 없이 몸을 뒤집을 수 있는지 설명하는 것이었다. 한 위원은 마레 씨가 가장 기초적인 역학의 원리를 직접적으로 위배하는 과학적 역설을 자신들에게 발표했다고 단언했다.[9]

빙글빙글 돌기

1700년 파렝의 연구와 1894년 마레의 사진들이 나온 시점 사이 언젠가, 이전까지는 기초 물리학 교재에서 해결된 문제로 설명되어왔던 떨어지는 고양이의 물리학이 '과학적 역설'로 변했다. 그러나 이 200여 년 동안에 물리학은 크게 변해서 이제 무엇이 가능한가를 규정하는 만큼 무엇이 가능하지 않은가를 규정하게도 되었다.

이 변화가 일어난 데에는 어떤 물리량은 고립된 계에서 변하지 않는다는 보존 법칙들의 발견과 그들에 대한 보편적인 수용이 있었다. 그중 가장 유명한 것이 *에너지 보존 법칙* law of conservation of energy 으로, 그 법칙은 에너지는 창조되거나 파괴될 수 없고 단순히 한 형태로부터 다른 형태로 바꾸어지는 것일 뿐이라고 언명한다. 에너지의 형태로는 운동하는 물체의 에너지(운동 에너지), 중력장에 저장된 에너지(중력적 퍼텐셜 에너지), 열(기체 속에서와 같이 무작위로 운동하는 많은 수의 입자들의 에너지), 화학적 에너지(분자와 원자의 화학적 결합에 저장된 에너지), 전자기적 에너지(빛, 자외선, 적외

선, 라디오파, X선에 들어 있는 에너지)가 있다. 더 나아가 아인슈타인의 특수 상대성 이론에서는 질량 그 자체를 에너지의 한 형태라고 인정한다.

에너지 보존의 한 예를 자동차의 구동 과정에서 볼 수 있다. 자동차는 화학적 에너지(휘발유에서 나오는)를 운동 에너지로 변환시켜 작동한다. 이 때 화학적 에너지의 일부는 반드시 열로 변환된다. 자동차가 언덕을 올라가면 운동 에너지가 중력적 퍼텐셜 에너지로 변환되면서 느려진다. 반면 내리막에서 내려가면 반대 과정이 일어난다. 또한 운전자가 브레이크를 밟으면 바퀴와 브레이크 패드 사이의 마찰 때문에 자동차의 운동 에너지는 열로 변환된다.

어떤 종류의 에너지 보존 원리가 존재한다는 암시는 고대 그리스 시대까지 거슬러 올라가지만, 그 아이디어가 실질적으로 정식화된 것은 뉴턴의 시대가 되어서였다.[1] 뉴턴의 경쟁자 라이프니츠Gottfried Leibniz는 운동하는 물체의 에너지를 최초로 정량화하려고 했다. 그는 운동 에너지를 계의 *vis viva* 혹은 '살아있는 힘'이라고 불렀다. 그러나 그의 '살아있는 힘'은 운동 중의 행성과 같은 천체에 대해서만 보존되는 듯했고, 지구상에서 운동 중인 물체에 대해서는 그렇게 보이지 않았다. 과학자들은 아직도 열을 운동의 한 형태로 인식하지 못했던 것이다.

현대적인 에너지 보존 법칙은 1880년 중반에 공통점이 별로 없는 두 연구자의 연구를 통해 소개되었다. 그들은 독일 의사 마이어Julius von Mayer (1814-1878)와 영국 양조업자 줄James Prescott Joule (1818-1889)이었다. 마이어는 1840년 동인도 제도로 항해한 네덜란드 선박의 의사로 일하면서 그의 통찰력을 발휘했다. 마이어는 일부 병든 선원들에게 사혈bloodletting을 시술하면서 환자의 정맥으로부터 나오는 피가 기대했던 것보다는 훨씬 붉다는 것을 알았다.* 그 피가 마치 동맥으로부터 나오는 산소가 많이 포함된 피처럼 보였던 것이다. 그는 높은 기온의 열대 지방에서는 인체가 정상 체온을 유지하기 위해 혈액 속의 산소를 그렇게 많이 소비할 필요가 없고, 그에 따라 정맥혈이 낮은 기온에서보다 붉고 더 많은 산소를 포함하기 때문이라고 생각했다. 마이어는 인체와 그 주위의 환경 사이에 어떤 종류의 '에너지'의 균형이 있음을 깨달았다. 그리고 그는 그의 통찰력으로 이 원리가 모든 종류의 물리적 과정에도 적용될 수 있음을 알게 되었다. 현지 선원들은 폭풍 후 대양의 온도가 그 이전보다 높다는 것을 주목하고 그의 가설을 지지했다. 바람 때문에 일어난 물의 운동이 열로 변환되었던 것이다.

줄은 자신의 양조장 운영을 최적화하려고 연구를 하는 중에 뜻밖의 발견을 했다. 그의 원래 목적은 몇 가지 유형의 엔진들을 비교하는 것이었다. 그는 그의 양조장에서 증기 기관을 사용하고 있었다. 그러나 새로이 개발된 전기 모터가 더 효율적이고 따라서 비용 면에서 더 경제적인지 판단해 보려 했다. 이처럼 비록 줄의 연구 조사는 순전히 현실적인 문제로 시작했지만, 그는 어떻게 해서 에너지가 한 형태로부터 다른 형태로 변환될 수 있는가에 관한 문제에 매료되기 시작했다. 그는 열의 일 당량*mechanical equivalent of heat*, 즉 주어진 양의 열을 만들기 위해 얼마나 많은 기계적 일이 필요한 지 알아 내었다. 그가 그 결과를 1843년 과학 증진을 위한 영국 협회British Association for the Advancement of Science에 발표하였지만 특별한 반응을 얻지는 못했다. 한편 1841년과 1842년에 연구 결과를 발표한 마이어는 그의 아이디어에 대해서

---

* 사혈은 중세 이래로 환자의 정맥에서 피를 뽑아 병을 치료하는 방법이었다.

더 심한 저항을 받았다. 그러나 몇 년 이내에 물리학자들은 여러 형태의 에너지 사이의 관계와 상호 가변성을 입증하는데 성공했다. 그렇게 해서 1847년 이래로 에너지 보존은 대체로 인정되는 추세였다.

에너지 보존 법칙의 이론적인 결과 중의 하나가 운동을 시작하기만 하면 영구히 작동하는 기관인 '영구 운동 기계'의 사망이었다. 적어도 과학계에서는 그랬다. 에너지 보존은 아무 고립된 기계에게는 유한한 에너지의 '샘'이 존재할 뿐만 아니라, 이 기계가 필연적으로 그 에너지의 일부를 쓸모없는 열로 변환시킨다는 것을 말한다. 이 결론을 보고 1897년 어느 작가는 반 농담 혹은 그 이상으로 고양이를 영구 운동을 만들어내는데 사용할 수 있다고 제안하기까지 했다.

어떤 새로운 산업이 일리노이 주의 프리포트Freeport에 있는 1쿼터 섹션 quater section의 부지 위에서 시작하게 될 것이라고 한 주식 거래소는 말한다.* 한 진취적인 농부가 1천 마리의 검은 고양이들과 이들의 먹이로 5천 마리의 쥐들을 확보하면 고양이들은 2년 동안에 1만5천 마리로 늘 것으로 추산한다. 고양이 가죽은 마리당 1달러의 가치가 있다. 쥐는 고양이의 5배만큼 빠르게 증식할 것이며, 이들은 고양이들을 먹이는데 사용될 것이다. 반면에 가죽이 벗겨진 고양이들은 쥐들에게 먹이로 공급될 것이다. 이렇게 마침내 영구적 운동이 발견되었다. *-리핀콧의 잡지Lippincott's Magazine*

아무 것도 새로이 발견된 것은 없다! 자연에는 노아Noah가 배를 탔던

---

* 쿼터 섹션은 미국의 토지 면적 단위로서, 사방이 1/4마일인 정사각형의 면적을 말한다.

이래로 지금껏 동일한 전매특허 방식의 먹고 먹히는 쥐와 고양이 영구 운동이 꾸준히 존재해 왔다.[2]*

우리는 이 계획이 실패할 것이라는 것을 에너지 보존을 그렇게 고차원적으로 생각하지 않고서도 쉽게 알 수 있다. 비록 쥐의 모든 부분을 고양이가 먹는다고 하더라도, 고양이의 모든 부분을 쥐가 먹는 것은 아니다. 즉 이 계에는 필연적으로 질량의 손실이 있다. 농부가 물리학을 조금 배우는 것이 현명한 일로 보인다.

에너지 보존이 수용되기까지 상당한 시간이 걸렸지만, 또 하나의 법칙인 운동량 보존conservation of momentum은 뉴턴의 유명한 운동 법칙에서 바로 찾아낼 수 있다. 우리는 이 법칙들을 다음과 같이 요약한다. 참고로 뉴턴의 프린키피아에 처음으로 나타난 형태는 약간 다르다.

1. 물체는 외부의 힘이 작용하지 않으면 정지해 있거나 일정한 운동 상태를 유지한다. 이를 관성의 법칙이라고 한다.
2. 물체에 작용하는 외력의 합은 그 물체의 질량과 가속도를 곱한 것과 같다. 즉 (힘) = (질량) × (가속도)이다.
3. 첫 번째 물체가 두 번째 물체에 힘을 작용할 때, 두 번째 물체는 첫 번

---

* 노아는 구약성경의 대홍수에 살아남은 그 사람을 말한다. 그는 모든 생물의 암수 한 쌍을 방주에 태워 홍수에 살아남게 했다. 고양이와 쥐도 그 중에 포함되었을 것이다. 여기서는 그들이 공멸하지 않고 살아남은 것은 서로 먹이를 제공하는 관계를 유지했기 때문이며, 자연계에는 이런 관계가 이미 옛날부터 존재해 왔다고 억지 주장을 하고 있다.

째 물체에 크기는 같고 방향이 반대인 힘을 작용한다. 즉 모든 작용에 대해 크기가 같고 방향이 반대인 반작용이 있다.

물체의 (질량) × (속도)로 정의되는 운동량 *momentum* 은 대략적으로 그 물체가 얼마나 많은 파괴력 oomph 을 가지는지를 묘사한다고 볼 수 있다. 만일 두 물체가 같은 속도와 다른 질량을 가진다면, 큰 질량의 물체가 더 큰 운동량을 가진다. 반면 두 물체가 같은 질량을 가지고 다른 속도를 가진다면, 큰 속도의 물체가 더 큰 운동량을 가진다. 승용차와 트럭이 길에서 충돌할 때, 보통은 트럭이 승용차를 찌그러뜨린다. 트럭이 더 큰 질량을 가지고 그에 따라 대체로 큰 운동량을 가지기 때문이다.*

뉴턴의 법칙들은 고립된 물리계의 운동량이 보존됨을 간접적인 방식으로 시사한다. 먼저 한 개의 물체만 있는 경우를 고려하자. 뉴턴의 제1법칙은 물체가 외부의 힘을 받지 않는 한, 그 속도가 변하지 않는다는 것을 말한다. 따라서 고립된 물체의 운동량은 저절로 변하지 않을 것이다. 다음으로 2개의 물체로 구성된 계를 고찰해 보자. 먼저, 물체의 가속도는 속도의 변화율이므로 뉴턴의 제2법칙은 힘이 운동량의 변화를 나타낸다고 우리에게 알려준다. 그런데 뉴턴의 제3법칙은 만일 한 물체의 운동량이 변하면, 다른 물체의 운동량이 정확하게 같은 크기로 반대 방향으로 변해야 함을 말한다. 그

---

* 　사실은, 이 언명에 대한 진위는 간단하게 판단되지 않는다. 충돌 상황이 다양하기 때문이다. 같은 속력으로 달리던 소형 승용차와 대형 트럭이 정면 충돌하는 경우, 물론 트럭의 운동량이 더 크다. 그러나 한 자동차가 다른 자동차에게 작용하는 힘의 크기는 대략 같다. 그럼에도 소형차가 더 많이 파손되는 것은 대형차에 비해 구조적으로 취약하기 때문이다.

러면 총운동량은 처음과 똑같이 유지된다.

운동량 보존을 예시하는데 흔히 당구공을 사용한다. 만일 큐 공이 정면으로 8번 공에 충돌하여 정지한다면, 8번 공은 큐 공의 속도를 그대로 가지고 같은 방향으로 진행할 것이다. 이 경우 큐 공의 운동량 전부가 8번 공에 전달된다.

운동량은 종종 선운동량*linear momentum*이라고 불린다. 이것은 보존 법칙을 만족하는 세 번째 양인 *회전 운동량momentum of rotation* 혹은 *각운동량angular momentum*으로부터 구분하기 위한 이름이다. 대충 말해서 회전 운동량은 물체가 회전 운동에 관련된 파괴력을 얼마나 가지고 있는지 나타낸다. 회전 운동을 하는 물체의 예로는 자전거 바퀴와 같이 자전하고 있는 물체, 지구처럼 태양 주위의 궤도를 따라 운동하는 물체가 있다. 점과 같은 물체에 대해서 각운동량은 '각운동량 = (반지름) × (질량) × (속도)'의 공식으로 주어진다. 여기서 *반지름*은 궤도 운동하고 있는 물체와 회전 중심 사이의 거리다. 이로부터 만일 두 물체가 같은 질량과 속도를 가지나 반지름이 다른 궤도를 따라 운동한다면, 큰 원을 그리는 것이 큰 각운동량을 가질 것이다.

점이 아니라 크기를 가지고 자전하고 있는 물체에 대해서는 그 공식은 각운동량이 물체의 질량뿐만 아니라 물체 안에서 질량이 어떻게 분포되어 있는가에 따라 달라진다는 것도 말해준다. 질량의 분포와 크기의 두 가지가 함께 *관성 모멘트moment of inertia*라고 하는 회전에 대한 저항을 만든다.

같은 질량을 가지는 세 종류의 바퀴 중에서 지름이 큰 바퀴(그리고 회전축으로부터 멀리 떨어져 있는 질량)가 가장 큰 관성 모멘트를 가지게 될 것이다. 그것이 왜 롤러 블레이드 보다 자전거로 장거리를 이동하는 것이 더 쉬운지 말해준다. 롤러 블레이드의 작고 가벼운 바퀴들은 마찰로 자전거의 크

같은 질량을 가진 세 개의 바퀴

가장 큰 관성 모멘트:
큰 바퀴의 가장자리를 따라
분포된 질량

작은 관성 모멘트:
작은 바퀴의 가장자리를
따라 분포된 질량

가장 작은 관성 모멘트:
바퀴면 전체에 분포된 질량

Figure 5.1
서로 다른 관성 모멘트를 가진 세 바퀴의 비교. 나의 그림

고 무거운 바퀴들보다 훨씬 더 빨리 가지고 있던 각운동량을 잃기 때문이다.*
관성 모멘트를 사용하면 자전하는 물체의 각운동량은 '각운동량 = (관성 모
멘트) × (분당 회전수)'이다.

앞에서 말했듯이 각운동량은 보존되는 양이다. 만일 우리가 정지한 바
퀴를 시계 방향으로 돌게 한다면, 알짜 각운동량이 영으로 유지되기 위해서
는 무언가 다른 것이 반시계 방향으로 돌아야 한다. 이를 가장 쉽게 예증하기
위해 보통의 회전의자를 사용해서 간단한 실험을 해 볼 수 있다. 만일 의자에
앉은 당신이 몸을 갑자기 왼쪽으로 비틀어 돌리면, 의자는 오른쪽으로 돌 것
이다. 그렇게 함으로써 각운동량이 보존된다.

각운동량의 보존은 얼핏 보면 좀 이해하기 어려운 측면이 있기도 하

---

* 롤러 블레이드의 바퀴가 작고 가볍다고 해서 자전거 바퀴의 마찰보다 반드시 크다고는 할 수 없다. 장거
리 운동에서 롤러 블레이드가 불리한 것은 바퀴의 크기가 작아 높낮이가 고르지 못한 도로면과 자주 충
돌하면서 선운동량을 잃는 것이 더 큰 이유라고 생각된다.

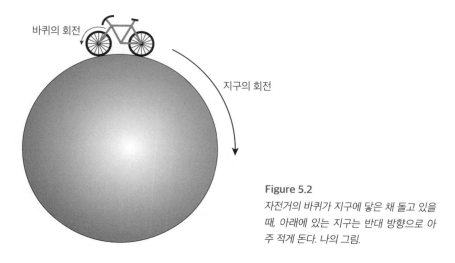

바퀴의 회전

지구의 회전

Figure 5.2
자전거의 바퀴가 지구에 닿은 채 돌고 있을
때, 아래에 있는 지구는 반대 방향으로 아
주 적게 돈다. 나의 그림.

다. 자전거를 탄 사람이 페달을 밟을 때, 바퀴가 갖는 각운동량은 지구 자체가 갖는 크기는 같고 방향이 반대인 각운동량으로 상쇄된다. 자전거를 탄 사람이 지구를 약간 회전하게 만든 것이다! 그러나 지구는 엄청 크고 질량이 커서 (지구는 그에 상응하는 매우 큰 관성 모멘트를 가진다.) 지구가 얻은 실질적인 회전은 무시할 수 있다. 더구나 지구상에는 다양한 방향으로 자전거를 타는 많은 사람들이 있기 때문에, 평균적으로는 그러한 작은 규모의 회전들은 서로서로 상쇄해서 전체적인 효과는 없어진다.

각운동량의 아이디어는 이미 뉴턴의 *프린키피아*에 암시되어 있다. 그 책에서 그는 운동의 제1법칙에서 묘사된 관성과 비슷한 어떤 종류의 '회전 관성'이 있음을 인정했다. 그는 제1법칙의 서론에서 이렇게 말했다. "팽이의 구성 부분들이 서로의 응집력으로 끌려 직선 운동에서 벗어난다면, 팽이는 회전을 멈추지 않는다. 공기의 방해와 같은 것이 없는 경우만이다. 덩치가 큰 행성들과 혜성들은 보다 자유로운 공간에서 더 적은 저항을 받기 때문에 훨씬 더 긴 시간 동안 지속되는 원형 운동을 유지한다."[3]

　　뉴턴 이전에 천문학자 케플러Johannes Kepler가 행성의 관측을 통해 *면적 정리 Theorem of Areas*라고 하는 것을 입증했다.* 그에 따르면 행성은 태양 가까이에서 궤도 운동을 할 때 더 빠른 속도로 운동하고, 멀리서 궤도 운동을 할 때는 느린 속도로 운동한다. 여기서 '각운동량 = (반지름) × (질량) × (속도)'임을 상기하면, 반지름이 작아지면 속도가 증가한다는 것이 각운동량의 보존 때문이 아닐까 생각해 볼 수도 있다. 이렇게 뉴턴 이후 한 세기 반에 걸쳐 많은 물리학자들은 면적 정리가 '회전 운동량'의 보존에 관한 어떤 일반적인 법칙의 존재를 의미한다는 것을 점차 깨닫게 되었다. 그리하여 1800년 까지는 대체로 '회전 운동량'이 보존된다고 인식하기에 이르렀다. 마침내 랭킨William J. M. Rankine은 1858년 그의 *응용 역학의 매뉴얼 Manual of Applied Mechanics*에 *각운동량 angular momentum*라는 용어를 소개하였다.[4]

　　그러나 곧 알게 되겠지만, 앞의 논의로부터 간단히 각운동량과 회전이 서로 직접 연관되어 있다고 생각하는 것은 잘못 이해한 것이다.** 우리가 자전거 바퀴와 같은 물체를 고려할 때, 만일 그것이 회전하고 있다면 우리는 그것이 각운동량을 가지고, 만일 회전하지 않는다면 각운동량을 가지지 않는다고 말할 수 있다. 각운동량은 보존되므로, 이는 처음에 회전이 없던 물체는 자발적으로 회전을 시작할 수 없음을 의미하는 것처럼 들린다. 이 추리에 의하

---

*　　물리학에서는 면적 정리라고 부르기 보다는 흔히 면적 속도의 일정 법칙이라고 부른다.

**　회전과 각운동량 사이에 직접 연관이 없다는 표현은 의미가 분명하지 않다. 이 문장은 저자가 나중에 점이 아닌 (고양이처럼)크기를 가지는 물체의 경우, 비록 총 각운동량은 불변하지만 물체의 각 부분의 회전은 변화될 수 있다는 것을 말하기 위해 운을 띄우는 문장으로 보인다.

면, 특히 처음에 아무런 회전 없이 떨어지기 시작한 고양이는 스스로 뒤집을 수 없다. 뒤집는다는 것이 각운동량 보존 법칙을 위배하기 때문이다. 비록 스테이블스와 같은 고양이 광들이 떨어지는 고양이에 대해서 1700년에 나온 파렝의 설명을 계속 사용하고 있었지만, 1800년대 후기의 물리학자들은 파렝이 틀렸다는 것을 알고 있었다. 고양이는 스스로 뒤집지 못하기 때문이다. 그들은 고양이가 회전하기 위한 어떤 각운동량을 얻기 위해서는 고양이가 떨어지는 순간 서 있었던 발판이나 매달려 있던 사람의 손과 같이 무엇이든 가까이 있는 고형의 물체를 밀었음이 분명하다고 결론지었다.

그러나 마레의 사진은 이 가설이 사실이 아님을 분명하게 보여주었다. 그에 관한 열띤 논쟁을 묘사하는 기사가 프랑스 잡지 *라 조아 드 라 메종*La Joie de la Maison 에 "과학적 사고의 온상The HotBed of Scientific Thought"이라는 제목으로 게재되었다.[5] 그 전체를 여기에 전재한다.

과학 아카데미는 최근의 대중 강연 중의 하나를 왜 고양이는, 많은 정치인들처럼, 항상 발로 착지하는가라는 흥미로운 의문에 할당했다.

이 의문은, 제대로 설명하지 못한 채로 있기 때문에 실망스러운 자연현상에 비교하여, 짜릿한 흥분을 주었다.

이런 현상의 다른 예로는 왜 닭은 이빨이 없는가하는 까다로운 문제, 크고 작은 두 사람이 비오는 날 지나칠 때 왜 항상 작은 사람이 큰 사람 위로 자신의 우산을 들어 올리려 하는가 하는 문제를 들 수 있다.

그러한 탐구 정신으로, 마레 씨는 아카데미의 정밀한 학술적 검증을 위해 5피트의 높이에서 떨어뜨린 사진에 담긴 고양이의 상 60개를 제출했다. 상들은 발과 함께 공중에 떠 있는 고양이가 떨어지는 모습과 곧 이어 네 발 모두로 내리기 위해 몸을 비트는 모습을 보여준다.

당신은 "아주 놀라운 일이다!"라고 말할지 모른지만, 세상 모든 사람들은 고양이가 떨어질 때 항상 발이 먼저 착지한다는 것을 오랫동안 알고 있었다.

분명 모든 사람들이 이를 안다, 그러나 일반인들은 그것을 아는 것에 만족하고 보다 더 깊은 조사에 대한 욕구를 별로 갖지 않는다. 반면 마레 씨와 아카데미는 더 많은 것을 알고 싶어 했으며, 그들은 다음 식으로 의문을 제기하였다.

"왜 떨어지는 고양이는 항상 발로 착지하는가?"

글쓴이가 빈정거리며 즐거워하는 모습이 실제로 느껴진다, 떨어지는 고양이라는 단순한 문제가 권위 있는 아카데미를 혼란 속으로 빠지게 했으니 이유는 충분한 셈이다.

문제가 그렇게 제기되자, 내가 소중하게 여기는 학자들이 전장으로 달려 갔다. 마르셀 드프레 씨Mr. Marcel Deprez는 떨어지는 물체는 외부 힘의 작용이 없이는 돌 수 없음을 지적했다. 그 주제에 의견을 개진한 사람으로는 떨어지는 고양이들보다는 떨어지는 별들을 관측하는 것이 더 나을 듯싶은 천문대 국장 로위 씨Mr. Loewy, 광산 감독관(주: 고양이 감독관이 아닌) 모리스 레뷔 씨Mr. Maurice Lévy, 과학 아카데미의 종신 비서인 베르트랑 씨Mr. Bertrand가 있었다.

이 구절에는 멋진 프랑스어 말장난이 포함되어 있다. 즉 mines는 프

104

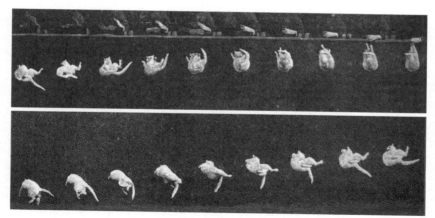

Figure 5.3
떨어지는 정원사의 고양이의 후방 사진, 1894. 마레의 다른 사진들처럼, 이 일련의 사진들은 오른쪽에서
왼쪽, 위에서 아래로 읽는다. *Wilimedia Commons.*

랑스어로 '광산들'이다, 반면에 minets는 '고양이류'이다.* 독자는 '광산 감독
관' 레뷔 씨를 '고양이류 감독관'으로 생각해서는 안 된다.

모두가 드프레의 의견에 공감했다. 즉 그들은 고양이가 공중에서 그 고양
이를 쥐고 있다가 놓아서 떨어지게 만든 손을 밀면서 안정한 자세를 취하
기 때문에 회전한다고 주장했다.

마레 씨가 떨어지는 동안에 촬영한 그의 순간 사진들을 제공한 것이
그때였다. 상들은 고양이가 떨어지기 시작할 때 원 자세 그대로 있었음을
분명히 보여준다. 고양이는 정신을 차리고 아래로 떨어지고 있음을 알아

* 프랑스 어로 mines광산들와 minets고양이류는 발음이 같다.

차리고 난 뒤에야 몸을 바른 자세로 만든다.

여기에 보인 마레의 낙하하는 고양이의 후면도가 이것을 가장 분명하게 보여준다. 예를 들면, 고양이를 막 놓았을 때인 위쪽 줄의 오른쪽 세 개의 상들에서 고양이는 아예 돌지 않거나 그렇게 많이 돌고 있지는 않다. 고양이의 방향 변화는, 빠르긴 하지만, 고양이가 혹시나 밀었을 수도 있는 물체로부터 확실하게 떨어져서 정말로 자유낙하 중일 때에야 시작된다.

회의에 참석한 물리학자들은 자신의 눈으로 본 그 증거를 받아들이려 하지 않았다. 적어도 그들 중 하나는 무언가 아주 이상한 일이 일어났다고 판단했다.

당황은 했으나 패배를 인정하지 않은 마르셀 드프레 씨는 고양이가 자신의 중력 중심을 변경하기 위해 내장의 위치를 바뀌게 하였을 수도 있다고 제안했다. 그것이 어느 기자로 하여금 마레 씨에게 한 섬뜩한 질문을 하게 만들었다. "당신은 고양이의 배 속에 어떤 일이 일어나는지 찾아낼 것을 제안합니까?"

그것은 경솔한 발언이었다, 마레 씨에게서 위험한 규모의 호기심을 깨웠기 때문이다. 이 학자는 그의 일상적인 불굴의 정신으로 그 질문을 공략하면서, 어떤 수의 고양이들의 배를 갈라서라도 안에 무엇이 있는지 알아내려 할 것임을 알아야 한다.

이 걱정은 사실 별로 진지하게 보이지 않지만 근거도 없었다. 우리가 보았듯이, 마레는 생리학의 도구로 생체 해부에 반대하였기 때문이다.

그러나 그 마지막 발언은 아카데미의 회원 한 사람만의 말이 아니었다. 아카데미의 회원들은 전적으로 그 요청에 목을 매달면서 한 목소리로 마레 씨에게 그의 사진 실험을 반복해 줄 것을 간청했다 ... 이번 한 번만이라도, 그는 고양이를 줄로 묶어야 했다. 마레 씨는 그렇게 하는 것을 잊지 않겠다고 약속했다.

여러분도 알 수 있겠지만, 아카데미의 사람들은 결코 지겨워할 줄 모른다. 그러나 어느 고양이 아카데미가 학자 혹은 정치인을 줄에 매달아 떨어지는 방식을 관찰하기 위해 모였다고 가정한다면 어떻게 될까? 우리는 고양이들이 영리하나 사나운 종류의 동물이라고 결론짓는데 주저하지 않을 것이다.

나로 말하자면, 나는 그러한 실험 과정에서 배로 먼저 착지할 제법 많은 학자 혹은 정치인들을 알고 있다, 그들의 올챙이배가 그들의 발보다 땅에 먼저 닿을 것이기 때문이다. 예를 들어, ... 씨를 보라, 아니 잊어 시라. 나는 인격이 아니라 똥배를 말하려고 했다.

그러나 나는 원 질문으로부터 멀어졌고, 여기는 철학적으로 사색할 곳이 아니다. 우리 앞에 놓여 있는 문제를 해결하는 것이 훨씬 쉽다. 그래서 나는 일반인이 만족할 답을 제시해 보겠다.

나는 떨어지는 고양이가 왜 항상 발로 착지하는지 마레 씨, 마르셀 드 프레 씨, 로위 씨, 또한 과학 아카데미 전체보다 훨씬 더 잘 안다.

그렇게 하는 것이 덜 아프기 때문이다!

기자에게는 그렇게 저명한 과학자들의 집단이 너무나 익숙하여 심지어 속담 같은 떨어지는 고양이로 회의에서 쩔쩔매는 광경을 보는 것이 분명 어떤 즐거움이었다. 아카데미 회원들이 자신들이 알고 있던 기존 설명에 그렇게 집착한 것도 놀라운 일이다. 그런데 그 설명은 어디서 온 것인가? 힌트 하나가 거의 10년 후 발표된 한 회고 논문에 발견된다. 논문은 고양이가 떨어질 때 무언가를 밀면서 떨어진다는 옳지 않은 이론을 소개한 다음에 마레의 설명을 논의한다.

> 과학계의 환한 빛이 이것은 일반 상식과 역학의 법칙에 반한다고 선언했다. 그는 공기 중을 자유로이 떨어지는 어떤 동물도 도움을 받지 않는 한, 그것 자체의 노력으로는 뒤집을 수 없다고 단언했다. 그러한 설득력 있는 이유를 그가 제시하자, 프랑스 과학 아카데미의 그의 동료들은 마지못해 그 견해를 받아들일 수밖에 없었다.[6]

여기서 "환한 빛"은 프랑스 천문학자이자 수학자인 들로네Charles-Eugène Delaunay(1816-1872)였다. 그는 달의 자세한 운동 연구를 수행하고 1870년 파리 천문대의 대장이 된 것으로 가장 잘 알려져 있다. 그는 운동의 물리학에 관한 책, 합리적 역학에 대한 논문Traité de Mécanique Rationnelle을 썼다. 그 책에서 그는 지레 받침 없이 고양이가 뒤집을 수 있다고 하는 생각에 사실상 반대하는 주장을 했다.

> 우리가 이미 가정한 것처럼, 살아있는 존재가 공간의 한가운데에서 고립되어 있고, 외부의 힘이 그것에 작용하지 않고, 그것이 처음부터 움직이지 않는다고 가정한다면, 이 살아있는 존재는 자신의 중력의 중심을 이동시킬 수 없을 뿐만 아니라 이 점 주위로 운동하는 것도 가능하지 않을 것이

다. 실제로 그 존재가 자신의 근육을 어떤 식으로 사용하더라도, 그는 내부의 힘만을 일으킬 수 있을 뿐이다. 아무런 외부의 힘이 없으므로 그 존재의 중력 중심을 지나는 어느 한 평면상에, 이 점으로부터 나오는 벡터 광선들이 사영되어 그리는 면적들의 합이 일정하게 같은 값을 유지하게 된다.* 그래서 무엇보다 먼저 고찰 중인 그 살아있는 존재가 원래 움직이지 않는다는 우리의 가정에 따라 면적의 합은 0으로 일정하게 유지되어야 한다.[7]

들로네는 면적 정리가 공간에서 고립된 한 생물이 그 중력 중심을 '도는 운동', 즉 회전을 하지 못하게 한다고 주장한다. 그는 드러내고 고양이를 언급하지는 않는다, 그러나 떨어지는 고양이는 그의 논증이 적용될 일차적인 예가 될 것이다. 나중에 알게 되겠지만, 이 논증은 틀렸다. 그러나 들로네의 동료들은 들로네를 너무 존경한 바람에, 마레의 사진들이 그들의 코 바로 앞에 놓이기 전까지는 아무래도 그 문제를 그렇게 깊이 들여다보지 않았던 것 같다.**

* 인용문은 몇 페이지 걸쳐 기술한 면적 정리에 관한 내용의 일부. 인용문에서 말하는 면적 정리가 현대의 역학에서 다루는 케플러의 면적 속도의 일정 법칙과는 상황이나 취급 방식이 다르기 때문에 주어진 몇 줄의 인용문으로는 이해하기가 쉽지 않다. 그러나 여기서 필요한 것만 개략적으로 말하자면, 외부의 힘이 없는 물체의 일부가 회전한다면 다른 부분은 반대로 회전하여 서로의 각운동량을 상쇄해야한다는 것이다.

** 여기서 말하는 회전은 몸 전체의 회전을 말한다. 다시 말해 알짜 각운동량이 0이 아닌 경우를 말한다. 인용문의 바로 다음에 들로네는 몇 가지 상황에서 사람의 경우에도 몸의 일부가 어느 방향으로 회전하고 다른 부분이 반대 방향으로 회전하여 서로의 각운동량을 상쇄하는 것은 가능하다는 것을 분명히 말한다. 실제로 고양이의 몸 뒤집기도 이를 따른다. 따라서 들로네는 각운동량의 보존을 원칙적으로 지적했을 뿐이며 그 논증이 틀렸다고 할 수는 없다.

같은 논증을 지지했다고 기록에 남은 탁월한 물리학자는 들로네 만이 아니었다. 프랑스 아카데미는 우리의 옛 친구 맥스웰도 그들의 주장을 지지한 것으로 지목했다.

우리가 알다시피, 맥스웰은 그 이전 1850년대에 일시적으로 고양이 뒤집기 실험에 관여했었다, 비록 어떠한 과학 저널에도 공식적으로 어떤 가설이나 관찰 결과를 발표한 적은 없지만 말이다.

그러나 그는 자신의 아이디어를 그의 평생 친구이자 동료 스코틀랜드 물리학자 테이트Peter Guthrie Tait와 오랫동안 논의한 듯하다. 맥스웰이 1879년 뜻밖에 48세의 나이로 죽었을 때, 테이트는 권위 있는 저널 *네이처 Nature* 의 지면에 그를 위해 과학적 부고를 쓰도록 요청을 받았다. 그는 전자기학, 열역학, 천문학, 색채, 역학에서 맥스웰의 괄목할 만한 업적을 언급한 다음, 맥스웰의 고양이-회전하기에 대해서 개인적인 생각을 덧붙이지 않을 수 없다고 느꼈다.

학부 시절 그는 한 가지 실험을 했다. 그것은 비록 어느 정도까지는 생리학적이었지만, 물리학과 밀접하게 연관되어 있었다. 그 목적은 고양이를 어떤 식으로 떨어뜨리더라도 고양이가 왜 항상 발로 착지하는가를 알아내는 것이었다. 그는 마루에 펼쳐진 매트래스 위에 고양이를 매번 다른 양의 회전을 주면서 가볍게 던진 후 관찰하여 고양이가 본능적으로 운동량 회전의 보존conservation of Moment of Momentum을 이용하는 것을 알아냈다. 고양이는 만일 자신이 아주 빠르게 회전하여 머리가 먼저 떨어지게 될 지경이라면 몸을 폈고, 너무 느리게 회전하고 있다면 몸을 끌어당겼던 것이다.[8]

테이트의 서술은 고양이가 어떤 고정된 물체를 밀기 때문에 뒤집을 수 있다는 설명이 얼마나 가능한가와 관련된 한 질문에 답을 한다. 그 질문은 고양이가 적정 양만큼 몸을 돌리기 위해 얼마나 세게 밀어야 할지 어떻게 알 수 있을까라는 것이다. 맥스웰에 따르면, 답은 '고양이는 그렇게 하지 않는다.'이다. 고양이는 발로 착지하기 위해서 다리를 사용하여 회전 속력을 조절하고 있다. 이것은 빙상장의 스케이트 선수가 자전 속력을 조절하는 방식과 비슷하게 작동한다. 즉 선수는 빨리 돌기 위해서 팔을 안으로 오므리고, 느리게 돌기 위해서는 팔을 뻗는다. 이와 비슷하게 맥스웰은 고양이가 회전 속력을 조절하기 위해 다리를 뻗거나 오므려서 관성 모멘트를 변화시킨다고 추정했다.

마레의 사진이 보여주었듯이 이 설명 또한 옳지 않았다. 맥스웰을 변호하자면, 그가 스스로 자신의 아이디어를 발표하지는 않았던 것을 지적할 수 있다. 그것은 그가 자신의 설명이 대중에게 발표할 정도로 충분히 확실하지 않다고 생각했음을 시사한다. 그것은 테이트의 글에만 나타났다. 그러나 맥스웰과 들로네 두 사람의 명성이 더해진 결과는 프랑스 아카데미 회원들의 마음에 '지레 받침'의 가설을 확고하게 심어두는데 충분했고, 1894년 10월의 숙명적인 회의에서 논쟁이 일어나게 했다.

다행히 마레의 '과학적인 역설'을 본 첫 충격 이후, 프랑스 아카데미 회원들은 다시 대오를 가다듬었다. 물리학과 수학에 관해 생각할 약간의 시간을 가진 끝에, 콧대가 꺾였던 아카데미 회원들은 그들의 다음 회동에 준비를 하고 왔다.

다음의 회의에서, 모리스 레뷔 씨M. Maurice Lévy가 일어나더니, 자신의 견해

Figure 5.4
고양이 몸의 비-강성을 입증하는 일을 도와주는 나의 고양이 쿠키.

로는 사건의 모든 문제가 역학의 어떤 기초 원리의 부정확한 해석으로부터 발생했다고 말했다. 그런 다음 그는 칠판으로 다가가서는, 고양이가 떨어지는 중에 어떤 수학적 법칙도 위배하지 않았다는 것을 가장 철저하게 이해될 때까지 명확하게 증명하는 그림들로 칠판을 빠른 속도로 채웠다. 아카데미에 평화가 정착되었다. *Causa finita est.* [사건이 종결되었다.][9]

레뷔는 혼란의 근원을 정확하게 묘사했다. 물리학자들이 "약간의 지식이란 위험한 것이다"라고 하는 자주 인용되는 문제의 제물이 되었던 것이다. 이 경우의 문제는, 이 장 전체에서 우리가 그러해 왔듯이, 모든 물리학자들이 다소간 강성rigid의 회전하는 물체들을 고려해 왔던 것이다. 팔은 펼치거나 옴츠려도 됐지만 몸의 구부림과 비틀림은 고려하지 않았다는 말이다. 회전하는 물체에 대한 그들의 피상적인 이해와 각운동량의 보존은 그러한 강성

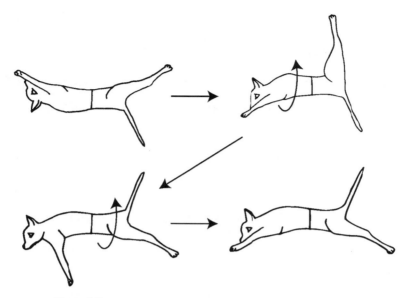

Figure 5.5
고양이 뒤집기의 접고-돌기 모형. 새라 애디의 그림.

의 회전체에 근거를 두고 있었다. 그러나 고양이는 어떻게 보아도 강체로 생각될 수는 없다.

프랑스 수학자 귀유Émile Guyou가 고양이-회전하기에 대한 새로운 가설을 제안하여 대부분의 아카데미 회원들을 만족시킨 듯했다. 그는, 지금은 귀유 사영Guyou projection이라고 불리는, 평면 지도 상에 지구의 한 특정한 사영을 개발한 것으로 더 많은 인정을 받고 있다.[10] 귀유의 가설을 이해하기 위해 우리는 먼저 사무실 의자에 앉아서 몸을 돌려 비트는 사람의 예를 다시 생각해 보자. 피겨 스케이트 선수처럼, 의자에 앉은 사람은 상체를 비트는 동안에 팔들을 뻗거나 오므려서 의자의 회전 정도를 제어할 수 있다. 만일 사람의 팔이 (위가 아닌 앞으로) 뻗어 있으면, 그 사람은 큰 관성 모멘트를 가지며, 의자는 반대 방향으로 많이 돌아갈 것이다. 만일 사람의 팔이 오므려져 있다면, 그는 작은 관성 모멘트를 가지며, 의자는 비교적 적게 반대 방향으로 돌아갈 것이다. 앉아 있는 사람은 의자에 상대적으로 자신의 관성 모멘트를 조절하여, 얼마나 많이 혹은 적게 의자를 반대로 돌아가게 할 것인지 제어할 수 있게 된다.

귀유는 고양이가 이와 비슷하게 앞발과 뒷발을 사용하여 몸의 앞부분과 뒷부분의 관성 모멘트를 제어할 수 있다고 생각했다. 귀유는 고양이가 떨어지기 시작할 때 뒷발을 뻗고 앞발을 접어 넣는다고 추정했다. 그러면 고양이는 하체의 큰 상쇄-비틀림이 없이 상체가 땅을 향하도록 돌려 비틀 수 있게 된다. 그다음에 고양이는 뒷발을 접어 넣고 앞발을 뻗는다. 이번에는 상체의 큰 상쇄-비틀림 없이 하체가 아래로 방향을 향하도록 돌려 비튼다.

이 설명은 마레의 지지를 받았고, 나중에 고양이-회전하기에 대한 접고-돌기 모형 tuck-and-turn model 으로 알려지게 되었다. 귀유의 정성적인 설명은 레뷔에 의해 더 보강되었으며, 그는 면적 정리에 근거를 둔 엄격한 수학적 분석으로, 그 설명이 적어도 물리적으로는 문제가 없다는 것을 보여 주었다. 들로네의 가장 열광적인 지지자들 중의 하나인 드프레 조차도 이 면적 정리의 새로운 적용을 수용하였고, 흥미롭게도 자신이 마레의 독창적인 고양이 사진이 나오는데 동기를 부여한 사람이었다고 공표하는 반전을 보였다.

이 특별한 결과를 위해 동물이 사용한 수단은, 위에서 인용된 정리[들로네의 정리]의 관점에서 아주 중요한 듯하다. 그러나 나에게는 마음대로 사용할 수 있는 순간 사진 기술을 위한 어떤 장치도 없었기 때문에, 나는 이 주제와 관해 마레 씨와 연락하는 것 이상으로 잘할 수 있는 일이 없다고 생각했다. 그는 나에게는 없는 모든 조사 수단을 소유하고 있었고, 나는 몇 번에 걸쳐 그가 이 문제를 순간 사진술로 조사해 주기를 바란다고 표현했다. 오늘 나는 내가 내세운 주장에 기뻐한다. 내가 그에게 시킨 대로 그는 아카데미와 교신을 함으로써 면적 정리의 결과에 대한 관심을 끌어내고 들로네뿐만 아니라 이론 역학에 관한 논문들을 쓴 모든 저자들까지 저지른 잘못을 들추어내는 결과를 낳았기 때문이다.[11]

귀유와 레뷔 두 사람의 설명은 마레가 그의 사진들에 관한 논문을 저널 콩프 랑듀Comptes Rendus에 발표한 직후에 나왔다. 아카데미의 회원들은 아마도 매체에서 그들이 받은 조롱을 변론하느라 바빴을 것이다. 과학 출판물도 그 사건과 관련하여 약간의 재미를 보았다. 저널 네이처에 실린 마레의 사진들에 관한 기사에는 고양이의 관점에서 본 분석이 포함되었다. "첫 시리즈의 마지막에 고양이가 표현한 상처받은 존엄성은 과학적 조사에 대한 관심의 부족을 지적한다."[12]*

그러나 아카데미의 논의에서 분명하지 않은 것은 귀유의 방법이 실제로 고양이들이 스스로 회전하는 방법을 묘사하는지의 여부였다. 그럼에도 불구하고 설명은 사실로 받아들여졌고, 심지어 몇 년 이내에 그것은 물리학 책으로도 만들어졌다. '강체계의 동력학'에 관한 1897년의 어떤 책에 이 예제가 포함되어 있다.

---

*   네이처 1894년 권51에 논설로 실려 있는 마레의 떨어지는 고양이의 두 사진 시리즈 중의 첫 번째(p64)의 마지막 사진에 고양이가 똑바로 위엄 있게 서서 무언가를 표현하는 듯하다. 이를 두고 저널의 편집자는 고양이가 어떤 의견을 표현한다고 썼다.

예제 3 위로 향한 발을 잡고 있다가 놓아준 고양이가 충분한 거리를 떨어진 후 어떻게 해서 발로 내려서는지 설명하라.

낙하의 첫 단계 동안 고양이는 자신의 뒷다리는 몸의 축에 거의 수직으로 뻗고 앞다리는 목에 가까이 끌어당긴다. 이 위치에서 고양이는 최대한 큰 각으로 몸의 앞부분을 비튼다. 그러면 뒷부분은 반대 방향으로 작은 각만큼 돈다. 따라서 보존되는, 축에 관한 전체 면적은 0이다... 낙하의 두 번째 단계에서 발의 모양은 역으로 된다, 즉 뒷다리는 몸에 가깝고 앞다리가 밖으로 밀려 나간다. 고양이는 이제 몸의 뒷부분을 큰 각으로 돌린다. 그러면 앞부분은 작은 각만큼 돈다. 전체 결과는 고양이의 앞뒤 두 부분이 거의 같은 각으로 축 주위로 회전한 것이 된다.[13]

겉보기에 문제가 해결된 것 같지만, 우리는 떨어지는 고양이와 관련된 뜻밖의 사실이 당시의 물리학자들의 생각에 가한 충격을 과대평가해서는 안 된다. 작은 수의 사진들로, 마레는 두 가지 중요한 사실을 입증했었다. 첫 번째는 비록 각운동량 보존과 같은 물리학의 법칙은 위배될 수 없지만, 그들은 놀라운 방식으로 '휘어져서' 표면적으로는 불가능한 일이 일어나게 한다는 것이다. 두 번째 진실은 자연은 이러한 '휨'을 이미 많이 발견했고, 자연에 대한 보다 자세한 조사가 과학자들의 기를 꺾고 있는 문제들을 잠재적으로 해결할 수 있다는 것이다.

마레의 연구가 발표된 이후 몇 달 동안, 떨어지는 고양이 문제에 관한 논문들이 콩프 랑듀에 계속 게재되어 그 의미에 대해 더 많은 고찰을 했다. 특별한 주석 중의 하나가 1894년 의 후기에 르코르뉘 Léon Lecornu가 쓴 것

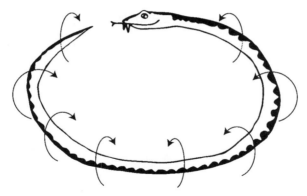

Figure 5.6
자유낙하하는 뱀의 뒤집기에 대한 레옹 르코르뉘의 모형.
새라 애디의 그림.

이다. 그 글에서 그는 다른 동물들은 다른 전략으로 뒤집기를 할 수도 있음을
지적했다.

> 내부의 힘으로 뒤집기를 하는 한 가지 더 단순한 예로 한 평면에서 토러
> 스torus의 형태로 굽어 있고, 그 단면들이 각자의 평면에서 같은 각속도로
> 회전하는 뱀을 들 수 있다. 면적 정리는 분명히 지켜지고 외형은 변하지
> 않을 뿐만 아니라 공간적으로 움직임 없는 것으로 나타날 것이다, 등이
> 배의 자리를 대신 차지하게 되는 동안에도 말이다. 그리고 역도 마찬가지
> 다. 어떤 수생 동물이 그러한 방법을 사용하는 것도 불가능하지는 않다.[14]

본질적으로 르코르뉘는 도넛이나 우로보로스Ouroboros와 같이 자신의
몸을 둥글게 말아 원을 만든 후 자신을 몸의 중심축 주위로 굴리는 뱀을 상상

했던 것이다.* 회전하고 있는 도넛 모양의 뱀 몸의 한 분절의 각운동량은 뱀 몸의 반대편에서 반대 방향으로 회전하는 분절의 각운동량으로 상쇄된다.

르코르뉘의 모형은 뱀의 운동을 진지하게 묘사하는 것으로 받아들여지지는 않았다, 그러나 역설적으로 우리는 그것이 귀유의 모형보다 고양이가 재주를 부리는 방법에 더 가깝다는 것을 알게 될 것이다. 이차적인 관심 때문이긴 하지만, 나뭇가지로부터 땅으로 활공하는 능력과 경향 때문에 나르는 뱀으로 불리는 동남아시아 뱀의 한 속인 크리소필리아*Chrysopelea*를 주목할 필요도 있다. 그 뱀은 자신의 배를 납작하게 만들고 몸을 물결치듯 운동하며 활공한다. 비행하는 뱀의 영상을 찾아보기를 권한다.**

적어도 한동안은 모든 사람이 만족할 정도로 떨어지는 고양이의 의문이 해결되었기 때문에, 마레는 고양이를 떨어뜨리기 전에 그것을 줄로 묶겠다는 그의 약속을 지키지 않은 것 같다. 그러나 그는 닭, 토끼, 강아지가 바로서기 반사 능력을 가지는지 시험을 했다. 개와 닭은 실패했으나 놀랍게도 토끼는 필름 상에서 또렷하게 고양이에 유사한 방식으로 뒤집을 수 있었다.

떨어지는 고양이와 관련된 뜻밖의 사실은 마레의 명성을 굳혔다. 비록 그는 고양이 운동 연구를 계속하지는 않았으나 다른 운동 연구는 계속했다. 그리고 끝없는 수상과 명예가 따라 왔다. 그는 연설의 역학, 자전거 주자의 동역학, 올림픽 체조 선수의 동작을 연구했다. 또한 그는 인간의 비행에 관한 여러 조사에서 상담역을 맡았고, 자신의 고속 카메라로 물체 주위의 기류의 운동을 연구할 풍동을 건설하였으며 유체의 운동을 관찰했다.

---

* 우로보로스는 자신의 꼬리를 물고 있는 모습의 뱀의 형상을 말한다.
** 유튜브에서 키워드 'flying snake'로 찾아볼 수 있다.

그가 낙하하는 고양이에 관한 그의 연구 결과를 프랑스 아카데미에 발표할 무렵, 그는 영화의 선구자들인 에디슨Thomas Edison과 뤼미에르Lumière 형제와 교신하고 있었다. 마레와 드메니는 자신들의 운동 연구 결과물들을 활동 버전으로 만들어 보여주었고, 이것들은 최초의 상업적 활동사진 장치들인 에디슨의 키네토스코프Kinetoscope와 뤼미에르 형제의 시네마토그라프Cinématographe에 영감을 주었다. 비록 마레 자신은 오락 목적의 활동사진에 관심이 없었지만, 그의 힘든 연구가 오늘날 우리가 알고 있는 거대 산업으로 가는 길을 닦았다.

1902년에 50년에 걸친 마레와 콜레주 드 프랑스Collège de France의 제휴를 기념하는 기념식이 있었다. 그때 한 쪽에는 마레의 옆모습이, 반대쪽에는 실험실에서 일하는 마레가 새겨진 메달이 그에게 증정되었다. 그해 연말에 마레 연구소L'institut Marey를 완성할 기금이 모아졌다. 국제 생리학자 협회가 만장일치로 그의 이름을 따서 명명하는데 동의한 생리학 연구소였다.

라이트Wright 형제가 1903년 12월 17일 노스캐롤라이나의 키티 호크Kitty Hawk에서 최초의 공기보다-무거운 동력 비행에 성공했을 때에도 약간의 공이 직접 마레에게 돌아갈 수 있었다. 1901년의 그 유명한 비행 이전, 윌버 라이트Wilbur Wright는 오하이오 데이톤Dayton의 서부 공학 학회Western Society of Engineers에 한 논문을 제출했다. 그 논문에서 그는 마레를 인용했던 것이다.

항공학의 문제에서 내 자신의 살아있는 관심은 1895년 릴리엔탈Lilienthal의 죽음으로 거슬러 올라간다. 당시의 전보 뉴스에 들어 있는 그의 죽음에 대한 짧은 부고는 나의 어린 시절부터 잠자고 있던 관심을 불러일으켰고, 나를 우리 집 도서관의 선반으로부터 마레 교수가 쓴 동물 메커니즘Animal

*Mechanism*이라는 책을 집어 내리게 했다. 그 책을 나는 이미 몇 번 읽은 터였다. 그 책은 내가 현대적인 연구물들을 읽도록 만들었다. 나의 형이 나 자신과 같이 똑같은 관심을 가지게 되자, 우리는 곧 독서로부터 생각으로 이동했고, 마침내 작업의 단계로 옮아갔다.[15]

마레가 라이트 형제의 획기적인 업적에 대해 알았는지는 불분명하다, 1903년 후기에 그는 중병에 걸려 있었기 때문이다. 1904년 5월 15일, 그는 간암으로 추정되는 병으로 사망했다.

마이브리지의 말년의 삶은 마레의 그것보다 다소간 험했다. 처음에는 모든 것이 굉장히 잘 되어갔다. 1881년 11월 26일 마레가 마이브리지를 파리 과학 학회에 소개한 뒤 10일 후, 또 하나의 사건이 마이브리지의 명예에 더해졌다. 이번에는 주최자가 화가 메소니에였다. 그는 처음에는 운동중의 말의 사진들로 그의 예술가적 감수성이 충격을 받았으나, 이제 그는 사진이 주는 아름다움과 뜻밖의 사실을 환영했다. 자신의 사진들을 연이어 보여준 마이브리지는 다시 한 번 황홀한 환영을 받았다. "가장 큰 찬사가 전시마다 따라왔다. 캔버스나 대리석 위에 인간의 모습으로 위대한 작품들을 만들어 온 많은 예술가들이, 과학과 예술에 아주 가치 있는 조력을 제공하게 될 환상적인 발견을 한데 대해서, 따뜻하게 마이브리지 씨를 축하했다."[16]

문자 그대로, 마이브리지의 야망은 끝이 없었던 것 같다. 그는 메소니에, 마레, 이름이 알려지지 않은 어떤 '자본가'와 함께 동물 운동에 관한 정확한 교과서를 만들기 위해서 공동 연구를 계획했다. 1882년 마이브리지는 런던 왕립 학회에 그의 사진 연구에 관한 단행본에 대한 발표를 위해 초대되었다. 그러면 그것은 의사록에 인쇄되어, 과학인으로 그의 명성이 공고해지는 성과가 되었을 것이다. 그러나 발표 3일전 그 초대는 취소되었다. 왕립 학회는 "르랜드 스탠퍼드의 후원으로 진행되고 출간된" 스틸만 J. D. B. Stillman 이 쓴 운동중의 말 The Horse in Motion 이라는 제목의 동물 운동 사진의 기술에 관한 책을 수령했던 것이다. 그 책은 "아주 능숙한 사진사"로서 이외에는 마이브리지의 공적을 거의 인정하지 않았다. 이기적인 스탠퍼드가 마이브리지가 떠난 후 사진 연구를 계속하기 위해 스틸만을 고용해서 그 교과서를 위해 공동 작업을 한 것 같다.

그 책은 마이브리지가 자신이 원천적인 연구자라고 하는 주장을 무시했다. 1883년 그는 그의 전문적인 명성을 해친데 대해 스탠퍼드를 고소했다. 그러나 원천 연구에 대한 가능한 증인의 대부분이 스탠퍼드의 고용인들이었음을 고려하면, 마이브리지가 소송에서 진 것은 놀라운 일이 아니다.

그러나 그는 다양한 재능의 사람이었고, 쉽게 꺾이지도 않았다. 1883년 그는 더 많은 운동 연구를 수행하기 위해 펜실베니아 대학교와 계약을 맺었다, 비록 그 연구가, 평범하게 육체적이거나 때로는 에로틱한 활동과 관련된 누드와 같은, 대체로 예술적인 것에 관심을 두었지만 말이다. 몇 년 후인 1888년, 마이브리지는 활동사진에 관해 의논하기 위해 에디슨을 만났다. 그러므로 그가 활동사진의 발전에 약간의 기여를 한 셈이다. 그러나 그의 위대한 아이디어와 사진 기술에서 인정되어야 할 힘으로서의 그의 영향력은 뒤쳐져 있었다. 1893년 시카고에서 열린 콜롬비아 엑스포 World's Columbian Exposition 에서, 마이브리지는 그의 반복적인 운동 looping motion 연구 결과를 전시하기 위해 "주프락시그래피컬 홀 Zoopraxigraphical hall"을 설치했지만 그 모험적 사업은 실패했다.

한때 에드워드 마거리지였던 애드워드 마이브리지는 말년에는 템즈

강변의 그의 고향 킹스턴으로 돌아왔다. 그곳에서 그는 그의 친척들과 조용한 삶을 살았던 것으로 보인다. 의심의 여지없이 친척들은 그 별스럽고 원기왕성한 사람으로 인해 약간은 당황했을 것이다. 그는 1904년 3월8일 사망했다. 마레보다 겨우 한 주일 먼저였다. 같은 해에 태어난 그 두 사람은 같은 해에 죽었고 이름의 첫 글자도 같았다. Edward James Muggeridge와 Etienne-Jules Marey는 둘 다 E로 시작한다. 그리고 둘 모두 활동사진과 사진 기술 전체에 걸쳐 기념비적인 발자취를 남겼다.

그들의 사망이 사진 기술에서 한 시대의 종말을 고했지만, 떨어지는 고양이에 대한 관심은 막 시작되었다. 프랑스 아카데미에서 그러한 동요를 일으켰던 고양이들은 훨씬 더 많은 불행한 일을 일으키려 하고 있었다.

고양이가 세상을 흔들다

고양이는 물론, 강체가 아닌 물체는 처음의 각운동량이 없어도 공간에서 방향을 바꿀 수 있다는 마레의 발견은 과학의 여러 분야에서 의미를 가진다. 그중에서 마레의 사진들이 가장 직접적으로 영향을 준 곳은 지구 물리학이었다. 그 사진들은 지구 물리학에서 지구의 자전 방식에 대한 연구에 통찰력을 주었다. 그러나 그 결과는 또한 19세기 후기의 가장 중요한 수학자들 중의 두 사람 페아노Giuseppe Peano와 볼테라Vito Voltera 사이의 유명한 그리고 오래 지속된 논쟁을 점화시키기도 했다. 그 논쟁에서 그 소박한 정원사의 고양이가 탁월한 역할을 했다.

　널리 알려졌던 이 싸움의 시작은 이탈리아의 저널 *리비스타 디 마테마티카 Rivista di Matematica*의 1895년 1월 호에 "면적의 원리와 고양이 이야기"라고 하는 제목으로 게재된 페아노의 한 논문으로 거슬러 올라갈 수 있다.[1] (면적의 원리는 면적의 정리다.) 페아노는 파리 아카데미의 혼란스런 회의와 참석자들이 발표한 떨어지는 고양이에 대한 설명을 요약하면서 시작한다. 그

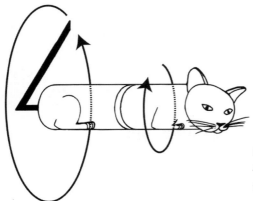

Figure 6.1
주세페 페아노의 회전하는 고양이에 대한
설명. 새라 애디의 그림.

런 후 그는 고양이가 어떻게 해서 그 믿기 어려운 재주를 부리는지에 대해서
자신의 새로운 설명을 제시한다.

그러나 고양이의 운동에 관한 설명은 나에게는 아주 단순한 것으로 보인
다. 이 동물은 혼자 있을 때 그 꼬리로 몸의 축에 수직한 평면에 원을 그린
다. 그 결과, 면적의 원리에 따라 고양이 몸의 나머지 부분은 꼬리의 운동
에 반대 방향으로 회전해야 한다. 고양이는 원하는 만큼 돌게 되면 그 꼬
리를 멈추어 동시에 회전 운동도 중지시킨다. 이 과정에서 면적의 핵심과
원리는 준수된다.

간단히 말해서 페아노는 만일 고양이가 꼬리를 한 방향으로 프로펠
러처럼 돌리면 몸은 반대 방향으로 돌아야 한다고 말한다.

그러나 고양이의 꼬리는 고양이 몸통보다는 훨씬 가볍다. 따라서 몸
전체가 완전히 돌아 뒤집히기 위해서는, 꼬리는 한 바퀴 이상 돌아야 한다. 페

아노는 이것을 알았던 것 같다. 그가 고양이가 운동에 보조적인 역할을 위해 뒷발 또한 흔들 수도 있다고 지적했기 때문이다.

이 꼬리의 운동은 육안으로 쉽게 볼 수 있고 촬영된 사진들에서도 그만큼 분명하다. 사진에서 앞발은 회전축에 접근하면서 운동에 영향을 주지 않는 것이 관찰된다. 회전축으로부터 밖으로 뻗은 뒷발은 아마도 꼬리와 같은 방향으로 원뿔을 그리기 때문에 반대 방향으로 도는 몸통의 회전에 기여할 것이다. 꼬리가 없는 고양이는 뒤집기가 훨씬 어려울 것이다. 특기 사항: 이 실험은 믿을 만한 고양이에게 하라!

페아노의 주장은 각운동량 보존의 입증을 위해 예로 든 사무실 의자 설명과 많이 비슷하다. 사실 그는 그의 논문의 말미에 거의 정확하게 이 아이디어를 묘사한다.

그리고 만일 당신이 기다란 막대기를 수평으로 돌린다면, 당신의 몸은 반대 방향으로 돌 것이다. 이 막대기가 고양이의 꼬리에 해당한다.

페아노의 설명은 간단하고 우아하다. 너무 그러하다보니 거의 한 세기가 지난 후인 1989년이 되어서야 프레드릭슨 J. E. Fredrickson 이 꼬리 없는 고양이도 문제없이 뒤집을 수 있음을 실험으로 입증하게 되었다, 꼬리를 가진 고양이들은 그 과정에서 꼬리를 보조적으로 사용하겠지만 말이다.[2] 그러나 '프로펠러 꼬리 설명'은 페아노와 같은 스타일, 정력, 관심을 가진 수학자에게 아주 잘 어울리는 것이었다.

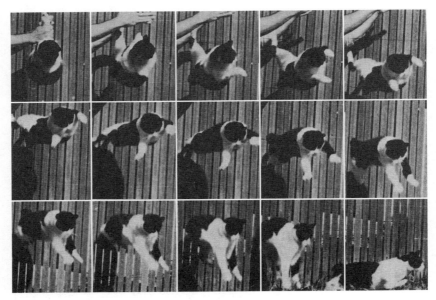

Figure 6.2

*J. E. 프레드릭슨이 입증한 꼬리 없는 고양이의 뒤집기. 프레드릭슨, "자유낙하 중인 꼬리 없는 고양이",
피직스 티쳐Physics Teacher, 27:620-625, 1989. 미국 물리학 교사 연합회American Association of Physics
Teachers의 허락으로 전재함.*

Figure 6.3
*주세페 페아노, 1910년 경. Wikimedia
Commons.*

수학자 페아노(1858-1932)는 200여권의 책과 논문을 발표한 엄청난 능력의 연구자였다. 그는 이탈리아의 스피네타 Spinetta 라는 마을에서 자랐고, 동네 학교에서 첫 공부를 시작했다. 추울 때는 학교의 난방을 위해 집에서 땔나무를 가져오는 일도 있었다.[3] 페아노는 공부를 아주 잘했고, 이를 인정한 그의 삼촌이 1870년경에 그를 토리노로 데려가서 함께 지냈다. 그곳에서 페아노는 어느 유명한 고등학교를 다녔으며, 1876년에 졸업한 후 토리노 대학에 입학하였다. 그곳에서 그는 끝까지 연구자의 삶을 살았다. 1880년 대학을 졸업한 후, 그는 계산학과의 학과장 제노키 Angelo Genocchi 의 조수가 되어 강의뿐만 아니라 자신의 수학 연구를 시작할 수 있게 되었다.

우리가 미래에 있을 어떤 큰 충돌을 예고하는 사건들을 보게 되는 때가 페아노가 제노키 밑에서 있던 동안이다. 페아노는 혼자 힘으로 이름을 떨치고자 간절히 바랬던 것 같다. 다음과 같은 사건을 그 예로 들 수 있다. 1882년 그가 처음으로 중요한 수학적 발견을 했다, 그것은 널리 사용되던 한 수학 교과서에 있는 어떤 중요한 공식의 오류였다. 페아노는 정정된 공식을 발표하고 싶어 했으나, 그 오류와 정정이 비록 발표는 되지 않았지만 이미 2년 전에 발견되었다는 것을 제노키로부터 듣게 되었다. 이후로 페아노, 제노키, 원 발견자인 슈바르츠 Hermann Schwarz 뿐만 아니라 다른 수학자들 사이에 몇 년간 연락이 오고갔으나 별다른 일은 일어나지 않았다. 그러다 결국 1890년, 최초의 인쇄물 발표는 슈바르츠가 아니라 야심찬 페아노가 하고 말았다.

또 다른 예는 제노키와 페아노 사이의 보다 직접적인 충돌이다. 제노키의 수학 강의는 명강으로 정평이 나 있었다. 1882년 페아노는 강의 내용을 책으로 편찬하라고 그 원로 수학자를 종용했다. 건강이 좋지 않았던 제노키는 거절했다, 그러나 페아노는 제노키의 이름으로 자기가 그 책을 쓰겠노라고 제안했다. 그리하여 제노키의 책, 미분 계산과 적분 계산의 원리Calcolo differenziale e principii di calcolo integrale가 1884년 말 경에 "주세페 페아노 박사의 추기addition와 함께 발행"되었다.

그 책은 첫 번째의 작은 사건이었다. 페아노는 제노키의 강의를 편집한 것으로 그치지 않고 그 책 속에다 그 자신의 이른바 '추기'를 포함시켰던 것이다. 이 표현은 이기적이고 표제 저자에게 실례되는 인상을 주었다. 젊은 신참내기가 어떻게 대가의 연구물을 개선할 수 있었다는 말인가? 제노키는 처음에는 화를 냈지만, 결국 그 책 전체를 인정하는 쪽으로 생각을 바꾼 듯하다. 돌이켜 보면 그 추기는 아주 중요했다.

페아노는 자신의 홍보를 위해 뻔뻔스러운 행동을 마다하지 않았으며, 부분적으로는 그것 때문에 빠르게 직위가 상승하고 중요한 인물이 되었다. 1886년 그는 왕립 군사 아카데미에서 교수에 임명되어 두 곳에서 강의를 했고, 1899년 토리노에서 정교수가 되었다. 페아노가 그의 가장 흥미롭고 중요한 연구의 일부를 발표한 것이 이 시기였다. 그의 훌륭한 업적 중의 하나는 지금 페아노 공리라고 불리는 자연수(0, 1, 2, 3, ...)의 모든 성질을 묘사하는, 많지 않은 간단한 언명의 집합을 형식화한 것이었다. 또한 그는 수학적 언명을 묘사하는데 사용될 수 있는 규격화 되고 표준화된 어떤 '언어'를 채택하여 적극 홍보했다. 이 언어는 종종 긴 수학적 증명을 극적으로 생략될 수 있도록 해준다. 이 페아노의 표기법은 오늘날까지 거의 같은 형태로 사용되고 있다. 1890년 그는 리비스타 디 마테마티카 저널을 공동 창간했다. 그 저널에서 그는 자신의 첫 고양이 논문 "면적의 원리와 고양이 이야기"를 발표했고, 1891년 그가 개발한 상징 언어symbolic language를 사용하여 표준화된 수학 백

과사전을 만드는 것을 목표로 하는 '형식 프로젝트Formulario project'를 시작했다.

페아노의 연구 중에서 주목 받을 가치가 있는 또 다른 것이 하나 있다. 바로 공간을 채우는 곡선의 개념으로, 그 아이디어를 "하나의 선으로 정사각형을 완전히 채우는 것이 가능한가?" 라는 질문으로 소개할 수도 있다. 펜과 종이로 우리는 정사각형을 항상 채울 수 있다. 펜 끝이 어떤 유한한 폭을 가지기 때문이다. 그러나 수학에서는 선이란 길이는 있으나 폭이 없는 것이지만, 정사각형은 길이와 폭을 가진다. 이 의미로 보면, 우리는 직관적으로 정사각형이 선보다 '크다'고 추측할 것이다. 우리는 이를 논의할 때 종종 기하학적 대상들의 *차원dimension*을 사용한다. 선은 1차원 대상이고, 정사각형은 2차원이다.

1800년대에 수학의 발전에 따라 선과 정사각형 속에 있는 수학적 점들의 수는 *정확하게 같다*는 것이 입증되었다. 그러면 원리상 정사각형을 한 개의 연속된 선으로 채우는 것이 가능해야 한다. 그것을 어떻게 하는지 최초로 확실하게 보여준 사람이 페아노였다. 그가 사용한 방법을 Figure 6.4가 보여준다. 그림에서는 선 하나가 단계적으로 점차 더 꼬이는 경로를 따라 오락가락하면서 정사각형을 채우는 것을 보여준다. 첫 번째 경로는 단순히 각진 S자 모양이다. 다음 차례에서는 원래의 경로 상에 S자 우회로들을 잡고, 그 다음 차례에서는 그 우회로 상에서 또 우회로들을 잡는다. 이런 식으로 우회로 잡기를 반복한다. 페아노는 이 과정을 무한 번 반복하면 정사각형의 모든 점을 지나가는 한 개의 끊어지지 않은 선이 된다는 것을 엄밀히 증명할 수 있었다. 사실을 말하자면, 선이 정사각형 내의 각 점을 여러 번 지나간다.[4]

훨씬 뒤 페아노는 아주 흥미로운 수학적 대상인 *프랙털fractal*의 발견을 인정받았다. 보통의 기하학적 대상은 분수가 아닌 정수의 차원을 가진다. 예

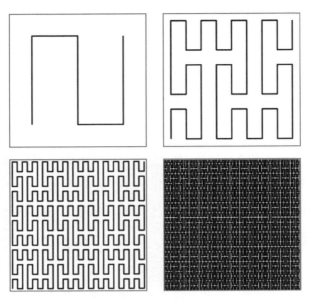

Figure 6.4
4회 되풀이한 페아노 곡선. 나의 그림.

를 들면 정사각형은 2차원인 반면, 선은 1차원이다. 그리고 이 수는 어떤 의미에서는 얼마나 많은 공간을 그 대상이 차지하는가를 나타내는 척도다. 그런데 프랙털은 분수 차원을 갖는 대상이므로, 한 프랙털이 차지한 공간의 양은 단순한 기하학적 대상들이 차지하는 공간의 양과는 현저하게 다를 것임을 예측할 수 있다. 예를 들어 1.5 차원의 프랙털은 선보다는 더 많은 공간을 차지하나 정사각형보다는 작은 공간을 차지한다. 프랙털은 종종 어떤 크기로 확대하더라도 형태가 본질적으로 같아 보이는 것으로 묘사된다. 흔히 이를 가는 가지의 일부와 멀리서 본 큰 가지의 형태가 비슷한 것에 비유한다. 이러한 자기-닮음self-similarity은 페아노의 곡선에도 존재한다. 페아노가 만든 그 특별한 기하학적 대상은 차원이 2인 특이한 프랙털, 즉 차원이 분수가 아닌 프

130

랙털이다.

이와 같이 페아노는 전형적으로 큰 그림을 그리는 과제에 관심을 가진 야심 많고 상상력이 풍부한 수학자였다. 그러나 그는 예리하게 자신이 사용하고 있었던 포괄적인 수학적 도구가 실세계 문제들에게 적용 가능하다는 것을 입증하기도 했다. 그는 떨어지는 고양이의 문제에 관해 한동안 생각한 뒤, 그 속에서 당시에 큰 관심거리였던 지구 물리학의 문제인 *챈들러 끄덕임* Chandler wobble에 대한 설명을 발견했다.

페아노의 시대에 이미 천문학자들은 지구 회전축의 방향이 고정되어 있지 않다는 것을 알고 있었다. 자전하는 팽이나 자이로스코프에서처럼 지구 회전축 자체는 원형의 경로를 그린다, 달리 말해 축돌기precession를 한다. 지구의 축돌기는 26,000년의 주기를 가진다. 게다가 축은 그 경로 상에서 18.6년의 주기로 작은 폭으로 끄덕거린다, 달리 말해 *회전축 진동*nutation을 한다. 이 축돌기와 회전축 진동은 지구와 태양 및 달 사이의 중력적 상호작용 때문에 일어난다.

회전축 진동의 또 다른 한 형태를 1765년 수학자 오일러 Leonhard Euler가 예측하였다. 그는 지구가 회전 타원체(구형에서 약간 벗어난)의 형태이기 때문에 '자유 회전축 진동free nutation'을 할 것이라고 했다. 이는 자기 충족적이고 외부의 힘으로 유도되지는 않지만, 지구가 고체라고 보았을 때의 회전축 운동에 추가되는 지축의 작은 끄덕임이다. 이 끄덕임은 지구의 대칭축과 실제로 지구가 중심에다 두고 도는 회전축이 다르기 때문에 일어난다. 놀랄 만한 수학적 훈련 끝에 오일러는 이 자유 회전축 진동이 306일의 주기를 가질 것이라고 예측했다.

이 끄덕임은 지축 방향의 극히 작은 변화를 일으킬 것으로 기대되며,

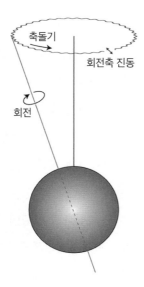

축돌기

회전축 진동

회전

Figure 6.5
축돌기와 회전축 진동의 예시. 나의 그림.

따라서 이를 측정하기 위해서는 지구에서 별들의 위치를 최소한 1년 동안 정밀하게 관측해야 한다. 과학자들은 그러한 엄청난 장애를 도전 대상으로 여겼고, 한 세기 이상 많은 연구자들이 오일러가 예측한 자유 회전축 돌기를 관찰하려는 노력을 했다. 그러나 그들은 성공하지 못했고, 1880년대까지 천문학자들은 기본적으로 그 효과를 탐색하려는 노력을 포기한 채 있었다.

생명 보험 회계사이자 아마추어 천문학자인 챈들러 Seth Carlo Chandler, Jr.(1846-1913)가 그렇게 많은 전문가들의 눈에 보이지 않았던 바로 그 현상을 우연히 발견한 것이 이 무렵이었다.[5] 매사추세츠 보스턴에서 태어난 챈들러는 고등학교 마지막 해에 하버드의 수학자 피어스Benjamin Pierce를 보조하는 일자리를 얻었을 때부터 과학에 끌리게 되었다. 하버드 대학 천문대의 동료들과 공동 연구를 했던 피어스는 챈들러에게 수학적 계산을 하게 했다. 챈들러는 졸업 후 그의 재주에 힘입어 미국 연안 조사국에서 천문학적으로 경도와 위도를 측정하는 일자리를 얻게 되었다. 그의 감독자가 조사국을 떠난 후, 챈들러는 보험 사업에 종사했지만 그의 진짜 사랑은 천문학이었다. 그의 하버드와의 연결 고리 덕분으로, 그는 하버드 천문대에서 측정 작업을 계속할 수 있게 되었다.

위도를 측정하기 위해, 챈들러는 하늘을 똑바로 향하도록 설계된 천정 망원경zenith telescope을 사용했다. 위도는 별들의 상대적 위치를 측정하여 결정할 수 있었다. 연안 조사국에 고용되어 있던 동안, 챈들러는 실제 측정을 하는데 필요한 시간의 거의 두 배가 소요될 정도로 망원경의 수평을 맞추는데 많은 노력이 필요함을 알게 되었다. 아마추어 천문학자로서의 첫 과제로 그는 스스로 수평을 맞출 수 있는 새로운 장치를 설계했다. 그것을 그는 알뮤캔타르Almucantar라고 불렀다. 1884년 중반부터 1885년 중반까지, 챈들러는 하버드 천문대에서 알뮤캔타르의 정확도를 시험했는데, 예기치 않게 그의 측정 결과는 천문대의 위도가 1년에 걸쳐 연속적인 계통 변화를 한다는 것을 뚜렷하게 나타냈다. 이것이 그가 최초로 측정한 끄덕임이었다. 챈들러 자신은 그 근원에 대해 깊이 생각해 보지 않았다. 그는 자신이 관측한 것을 설명할 수 있는 오류의 근원을 발견할 수 없다고 기록했을 뿐이다.

이 문제는 놀랄만할 우연의 일치가 없었더라면 오랫동안 그대로 묻혀 있을 뻔 했다. 챈들러가 측정 작업을 했던 거의 같은 시기에, 베를린 천문대의 독일 과학자 퀴스트너Friedrich Küstner도 위도의 변화를 목격했던 것이다. 퀴스트너도 챈들러처럼 무언가 색다른 것을 연구하려고 했다. 퀴스트너의 경우 그것은 먼 별들로부터 오는 빛의 속력의 차이였다. 나중에 이 시도는 실패할 수밖에 없는 것으로 판명된다. 아인슈타인의 특수 상대성 이론은 광속은 어느 관측자에게나 똑같다는 것을 말해주기 때문이다. 놀랍지도 않게 퀴스트너는 광속의 변화를 발견하지 못했고, 측정된 위도가 변화하는 것을 설명할 수도 없었다. 그는 연구 결과를 한쪽에 제쳐두고 있다가 거의 2년이 지난 1888년이 되자 비로소 그것을 발표하기에 이르렀다. 그렇게 한 것이 챈들러의 결과를 보고 자극을 받았기 때문일 수도 있다.

이번에는 챈들러가 퀴스트너의 결과물을 보았고 자신이 측정했던 위도의 변화가 실재하는 효과임을 깨달았다. 그는 알뮤캔타르로 그의 노력을 배가하였다. 그리고 1891년에 427년의 주기를 갖는 약 30피트(9미터)의 북극 축 위치의 변이를 보여주는 챈들러 끄덕임에 관한 그의 첫 논문 두 편을 발표했다.[6]

챈들러가 다른 사람들은 성공하지 못한 이 변이를 발견했었던 것은 단순하게 보면 그가 무엇을 찾고 있었는지 몰랐기 때문인 것 같다. 끄덕임을 찾아 헤맸던 이전의 천문학자들은 306일 주기의 오일러의 계산 결과에 초점을 맞추었고, 그보다 긴 주기의 변이들은 원리상 별들의 겉보기 위치를 변화시킬 수 있는 대기의 계절적 변화로 보고 무시했다. 반면에 오일러의 예측에 대해 잘 모르고 있던 챈들러는 어떠한 예상된 목표 없이 단순하게 데이터만을 측정했던 것이다.

챈들러의 결과물은 확실했다. 그는 끄덕임의 존재를 증명하기 위해 그 자신이 측정한 광범위한 데이터를 사용했을 뿐만 아니라, 퀴스트너의 데이터가 자신의 것과 일치하고 더 나아가 러시아 풀코브Pulkov와 워싱턴 D.C.에 있는 천문대들의 측정값들도 같은 변이를 나타낸다는 것도 보여주었다.

챈들러의 발견에 대한 반응은 나중에 불거진 마레의 고양이 사진들에 대한 논쟁에 필적했다, 즉 처음의 불신과 당혹, 그리고 빠르게 따라온 흥분과 수용이 있었다. 1893년 2월의 제73회 왕립 천문학회Royal Astronomical Society의 연례 회의에서 나온 보고서가 그 반응을 요약한다.

> 천문학자들은 427일 주기의 수용을 주저했다, 그것은 1860-1880년의
> 아주 강력한 증거를 마주하고서도 그것을 이론적으로 설명하기 어려웠기
> 때문이었다. 지구를 한 개의 강체로 취급하면 극의 회전 주기는 306일이
> 어야 한다고 오일러가 지적한 바 있었다. 그러나 다행히도 뉴컴Newcomb 교
> 수가 제한적인 강성(실제의 점성 혹은 해양에 의한 혼성적인 특성)이 그
> 보다 더 긴 주기를 설명할 수 있음을 지적했다. 이 제안이 있자, 챈들러 씨
> 의 427일 주기는 충분히 그리고 따뜻하게까지 받아들여졌다.[7]

간단히 말해, 오일러는 지구가 완벽한 강체라고 가정했었다. 그러나
우리 행성의 외부에 있는 대기와 해양과 같은 유체가 오일러의 계산으로부터
상당히 벗어나게 할 수 있었던 것이다.

새로운 물리적 현상에 대해 말로 설명을 제공하는 것과 그 설명을 뒷
받침하는 정량적인 이론을 제공하는 것은 별개의 일이다. 페아노가 1894년
낙하하는 고양이 문제와 마주쳤을 때, 그는 즉시 그것을 끄덕이는 지구 문제
와 동류로 보았고 후자를 설명하기 위해 수학적 연구를 시작했다. 두 문제 모
두가 공간에서 외부의 힘이 부재한 상태에서도 방향을 바꾸는 대상을 포함하
고 있고, 고찰 중인 대상의 내부 운동으로 정성적으로 설명될 수 있기 때문이
었다.

페아노가 떨어지는 고양이에게서 힌트를 얻었다는 것은 역설적이다.
1700년에 파렝이 고양이를 한 개의 구로 보는 모형을 상상했었는데, 우리
는 1895년 구형의 지구를 한 마리의 고양이로 보는 모형을 만들고 있는 페

아노를 발견하게 된다. 페아노는 1895년 5월 5일 "지구의 극이동에 관해서Concerning the Pole Shift of the Earth" 라는 제목의 논문에서 토리노 과학 아카데미 Academy of Science in Turin에 그 현상에 관한 자신의 수학적 이론을 발표하면서 고양이에게 마땅한 감사를 표시했다.

지난 연말 파리 과학 아카데미에서 실험에 의해 고양이와 같은 동물들은 떨어질 때 내부적인 작용을 통해 자신의 방향을 바꾼다는 것이 증명되었다. 이 운동의 가능성은 역학적으로 즉시 설명된다. *리비스타 디 마테마티카*에 발표된 한 짧은 논문(1895년 1월 초)에서 나는 그 의문에 대해 간단히 논의했다. 나는 고양이를 실제로 바로 서도록 해주는 그 주기적인 운동을 묘사하려 했고 다른 예들도 덧붙였다.

이는 자연히 다음 의문으로 이어진다. 지구는 모든 살아있는 것들처럼 내부의 힘만 사용하여 공간에서 그 방향을 바꿀 수 있는가? 역학적으로 이 질문은 같은 것이다. 그러나 최초 제안의 공로는 볼테라 교수에게 돌아간다. 그는 그것을 이 아카데미에서 발표한 일부 발표문들의 주제로 삼았는데, 그중 첫 번째가 2월 3일에 있었다.

페아노는 자신의 논문의 다음 단락에서 운동량과 각운동량 보존의 개념을 요약하면서 물리적 개념들을 확실하고 재미있게 설명하는 능력도 입증했다.

한 물체가 지구로 떨어질 때, 지구가 그 물체에게 다가가고 있다고 말할 수 있는 것처럼 지구상에 있는 물체의 변위는 지구가 반대 방향으로 운동하게 만든다고 말할 수 있다. 그래서 만일 모하메드가 산으로 간다면, 그 산이 모하메드에게 접근하는 것이다. 그리고 만일 어떤 말이 경주 코스를 따라 한 바퀴 돈다면, 그 말은 땅을 밀어 반대 방향으로 돌게 한다. 그러나 차이가 있다. 만일 말이 원을 그린 후 출발한 지점으로 되돌아오더라도, 지구는 아주 작은 각도로만 돌기 때문에 말이 움직이지 않았을 때와는 다른 방향을 향하게 된다.

뉴컴Simon Newcomb은 이미 지구의 비-강체성이 챈들러의 끄덕임을 설명할 수 있다고 제안했었다. 페아노의 연구는 그 끄덕임에 기여할 수 있는 구체적인 메커니즘들을 계산한 점에서 참신했다.

땅위 바다의 물은 해류의 형태로 운동하고 있다. 대기 중에 물은 수증기의 형태로 바람에 의해 운반되어 상승하였다가 비나 눈으로 떨어져서 들판을 적신다. 그리고 하상을 지나 바다로 돌아간다.
이 발표문의 목적은 우리가 지구를 이루는 부분들의 상대적인 운동이 일으키는 지구의 변위들을 어떻게 계산할 수 있는지 설명하고 수치적인 추산을 하는 것이다.[8]

예를 들어, 멕시코만류Gulf Stream는 반시계 방향으로 돌아 극지방으로부터 온수를 위쪽 유럽으로 운반해 간다. 페아노에 따른다면, 이 연속적인 물의 순환은 각운동량 보존 때문에 그 순환을 상쇄하기 위해 지구 자체에 그에 상응하는, 작지만, 시계 방향으로의 회전을 일으킨다. 본질적으로, 페아노는 순환하는 멕시코만류를 자신의 떨어지는 고양이의 설명에서 고양이의 꼬리와 같이 작용하는 것으로 상상했던 것이다.

　　페아노는 서문에서 "그러나 최초 제안의 공로는 볼테라 교수에게 돌아간다. 그는 그것을 이 아카데미에서 발표한 일부 발표문들의 주제로 삼았는데, 그중 첫 번째가 2월 3일에 있었다."라고 쓰기는 했으나 볼테라 교수의 연구를 정중하게 감사한 것은 아니었다. 실제로 볼테라는 챈들러의 끄덕임에 대한 자신의 수학적 분석을 발표했었고, 해류들이 비정상적인 주기의 원인일 수 있다고 주장도 했었다.[9] 그래서 페아노는 그 주제를 연구한 첫 번째 사람이 볼테라라고 인정한다고 하는 듯했지만, 실제로 페아노가 한 일은 도전장을 던진 것이었다. 그것이 볼테라를 분노하게 만들었고, 1년에 걸친 싸움을 점화시켰다.

　　볼테라Vito Voltera(1860-1940)는 페아노처럼 빈한한 가문 출신이었으나 어릴 적부터 명석했다.[10] 이탈리아 안코나Ancona의 항구 도시에서 태어난 볼테라는 그의 아버지가 그와 그의 어머니를 외삼촌에게 맡기고 죽었을 때

Figure 6.6
비토 볼테라, 1910년경.
Wikimedia Commons.

겨우 2살이었다. 그들은 피렌체에 정착했고, 그곳에서 볼테라는 그의 어린 시절의 대부분을 지냈다.

볼테라는 11살 때 산술과 기하학에 관한 책을 읽으면서 일찌감치 수학에 대한 남다른 관심을 보여주었다. 13세에 그는 베른Jules Verne의 고전적인 소설 달 주위 돌기Around the Moon를 읽고, 지구와 달에 의한 합성 중력장에서 운동하는 포사체의 궤도를 계산하려는 생각을 했다. 40년이 지나서야 그는 자신의 풀이 방법을 일련의 강의에서 발표했다. 14세까지 그는 가르쳐 주는 사람 없이 혼자서 계산법을 공부했다.

가난한 볼테라의 가족은 그가 돈을 많이 버는 직업을 선택하기를 원했지만, 그가 과학 방면으로 진출하려는 고집을 부리는 바람에 그들을 실망시켰다. 어쩔 수 없이 가족은 부유하고 성공한 사촌 알마지아Edoardo Almagià에게 그 철없는 아이가 분별 있는 행동을 하도록 설득해 달라고 부탁했다. 그러나 비토와 대화한 금융업자 알마지아는 그에게 크게 감동하여, 자신의 생각을 바꾸어 오히려 진심으로 비토가 그의 꿈을 추구하도록 용기를 주었다. 볼테라는 피렌체 대학교에서 공부를 시작한 후, 피사 대학교에서 여러 과정을 수료하여 1882년 물리학 박사로 졸업했다. 23세의 나이에 그는 피사 대학교의 정교수가 되었다. 약 10년 후인 1892년에 그는 페아노가 이미 자리를 잡고 있는 토리노 대학교로 옮겨 역학 교수가 되었다.

왜 볼테라가 페아노의 겉으로는 친절하게 보이는 감사 문구에 분노했는지를 이해하기 위해서 우리는 언급된 날짜를 보아야 한다. 페아노는 고양이 물리학에 대한 자신의 논문이 1895년 1월에 게재되었다고 한 반면, 챈들러 끄덕임의 주제에 관한 볼테라의 최초의 발표는 2월에 있었다고 지적한다. 달리 말해, 페아노는 볼테라가 페아노의 고양이 논문으로부터 챈들러 끄덕임의 근원에 대한 아이디어를 슬쩍 가져갔음을 의미했던 것이다. 만일 우리가 챈들러 끄덕임에 대한 연구를 한 무인도로 상상한다면, 페아노의 언명인즉 자신이 이미 서 있는 땅에 볼테라가 커다란 깃발을 꽂고서는 그 영토가 제 것이라고 주장하는 것과 같았다.

　과학 사회에는 많은 유형의 싸움들이 있다. 그러나 그중 최초 발견, 즉 누가 최초로 무엇을 발견하였는가에 대한 싸움보다 더 화를 내고 비생산적인 것은 별로 없다. 어떤 현상이나 어떤 현상의 설명을 최초로 발견하는 것은 경력을 쌓게 하거나 단절하게 할 수 있다. 최초 발견은 놀랍게도 종종 겨우 몇 주일 혹은 심지어 며칠의 차이로 결정된다. 볼테라의 입장에서는 그의 분노가 정당했다. 그는 페아노가 인정하려 했던 것보다 더 오랫동안 그 문제를 연구해 오고 있었다. 비록 그 주제에 대한 그의 최초의 논문이 저널 아스트로노미쉬 나흐리흐텐Astronomische Nachrichten에 1895년 2월에 게재되었지만, 그는 게재를 위해 몇 달 먼저 제출했었다.[11] 볼테라의 관점에서는, 페아노가 마지막 순간에 급습하여 볼테라가 1년간 연구해 오고 있던 공적을 마치 자신의 것인 양 우기고 있는 것으로 보였다. 설상가상으로 페아노는 자신의 고양이 논문의 공적을 볼테르가 인정하지도 않고 오히려 아이디어를 훔쳤다면서 볼테라를 비난하고 있었던 셈이었다.

　5월 5일 페아노의 발표 현장에 있었던 볼테라는 즉각 이의를 제기했다. 볼테라는 참석한 아카데미 회원들에게 자신이 그 문제에 대해 상당히 오랫동안 연구를 해오고 있었지만, 자신이 챈들러의 데이터를 적절히 연구할 시간이 날 때까지 그 데이터에 바탕을 둔 보다 자세한 계산은 보류하고 있었다고 말했다. 아카데미가 허락하면, 그는 그의 연구 증거를 보여주기 위해 그의 논문을 가져오려고 했다. 이 요청이 허락되었고, 그는 자신의 논문을 가져

와서 제시했다.[12]

이 치고받기가 결국 두 수학자들 사이에 전쟁을 시작하게 했다. 우리가 앞에서 보았듯이, 페아노는 최초 발견 자격에 대한 싸움에서 물러설 사람이 아니었다. 그는 또 하나의 논문을 5월 19일에 토리노 아카데미에 제출했다. 그러나 그는 그 발표문에서 어떤 오류를 발견하는 바람에 출판 이전에 회수했다. 그러는 동안 볼테라는 보다 자세한 계산을 담은 두 편의 추가적인 논문들을 6월 9일과 23일에 토리노 아카데미에 제출하느라 바빴다.

과학의 연구자들은 자신들의 연구를 인정받기 위해 다른 사람들의 업적에 의존하는 경우가 많다. 그래서 새로운 논문을 쓸 때 이전의 발표물을 이용한다면 그것을 인용했다고 제대로 표시하는 것이 예의이고 관례다. 볼테라는 두 편의 6월 논문들에서 자신의 연구만 언급했을 뿐이다. 그는 페아노의 최근의 기여를 전혀 언급하지 않았다. 페아노가 이것을 알았던 것 같다. 역시 6월 23일에 발표된 그의 다음 논문에서 그는 볼테라만 제외하고 이전에 위도 끄덕임을 연구했던 모든 사람들 자노티-비앙코Zanotti-Bianco, 이에네스트룀 Eneström, 베셀Bessel, 글리덴Glydén, 레살Resal, 톰슨Thomson, 다윈Darwin, 스키아파렐리Schiaparelli의 업적을 언급했다.[14]

이 후로 볼테라는 토리노에서의 언쟁에 식상했던 것 같다. 그는 그 주제에 대한 그의 다음 발표문들을 로마의 아카데미아 데이 린체이Accademia dei Lincei로 보냈다. 문자 그대로 번역하자면, 이 학회는 '스라소니 눈의 아카데미'이고 날카로운 눈의 스라소니를 과학적 연구가 요구하는 밝은 지각의 상징으로 나타내고 있었다. 아마도 볼테라는, 페아노의 고양이에게 시달린 끝에, 그와 페아노 사이의 전쟁을 위해 린체이를 다음 전장으로 삼는 역설적인 행동을 한 것 같다. 어쨌든 아카데미아 데이 린체이는 권위 있는 기관이었으며,

1603년에 창설되었다가 1870년대에 부활하여 이탈리아에서 최고의 과학 기관이 되었다. 볼테라는 본질적으로 자신의 문제를 국가 최고 권위의 과학 기관에 호소하고 있었던 것이다.

볼테라는 린체이의 저널에 두 편의 논문들을 발표했다. 첫 번째는 '1895년 9월 1일 이전에 접수'한 것으로서, 끄덕임 문제에 대한 그의 풀이에서 사용한 수학의 일반적인 논의였고, 그 주제에 대한 그의 지식을 입증하기 위해 쓴 것으로 보인다.[15] 9월 15일 이전에 접수한 두 번째 논문은 페아노를 찍어서 가리킨다.

> 페아노 교수는, 올해 6월 23일의 회기에서 토리노 아카데미에 발표하였으며 방금 인쇄되어 나온 한 발표문에서, 한 축에 대칭적이고 일정하게 그 형태와 밀도 분포를 유지하는 시스템에서는 회전하는 극이 관성의 극으로부터 계속적으로 점점 멀어지게 하는 어떤 법칙을 따르는 가변적인 내부 운동이 가능할 수도 있음을 보여준다.
>
> 이 결과는 내가 몇몇 이전의 논문집들에서 고찰하고 설명한 공식들의 자명하고 즉각적인 귀결로서 얻어질 수 있음을 알 수 있고, 이들이 올해 토리노 아카데미의 같은 논문 구술에서 발표되었음에도 불구하고 페아노 교수는 인용하는 것을 잊었다. 나는 방금 언급한 그 저자가 만든 일반적으로 수용되지 않는 방법들과 표기법들, 그리고 선택한 경로와 도달한 결과를 분명하게 하는데 별로 적절하지 못한 과정을 피해서 여기에 그것을 보여주고자 한다.[16]

여기서 볼테라는 페아노가 자신의 업적을 인용하지 않았다는 점에 대해 그의 불편함을 명시적으로 드러내었다. 그러나 그는 또한 두 저자들 사이의 논쟁에 한 가지 중요한 점이 있음을 암시한다. 바로 "일반적으로 수용되지 않는 방법들과 표기법들"이다. 우리가 보았듯이 페아노는 새로운 수학적 기술과 새로운 표기법들을 도입한 사람이었다. 페아노는 지구의 끄덕임 수수께끼에서 그의 새로운 방법론을 실질적으로 적용할 수 있는 기회를 포착하였던 것이다. 이와 대조적으로 볼테라는 계산에서 전통적인 기법을 훨씬 선호하였고 페아노의 새로운 아이디어를 조롱하고자 했다.

페아노는 볼테라에 대응 이상의 도전을 하려 했고, 그의 경쟁자에게 더욱 강하게 적개심을 품는데 아무 거리낌이 없었다. 1895년 12월 1일자의 한 논문에서, 페아노는 볼테라의 비판에 대응한다.

> 볼테라 교수는 9월 15일 아카데미아 데이 린체이의 회의록에 발간된 한 논문에서, 이미 5월5일과 6월23일 토리노 아카데미의 논문집들에 발표된 나의 두 발표문들 중의 하나인 "지구 극의 이동에 관해서Sullo spostamento del polo terrestre"와 같은 제목으로, 그 결과들을 자신이 계산해 보고 확인한다. 이제 극 운동의 문제는 아주 흥미롭기 때문에, 어느 한 방법으로도 발견될 수 있는 것이긴 하지만, 내가 우연히 찾아낸 결과들을 몇 마디로 설명하는 것이 좋겠다고 나는 생각한다.[17]

페아노는 심리전을 시작한 듯하다. 그는 그의 논문 제목을 볼테라의 것과 같게 하였다, 그리고 이것을 대놓고 언급함으로써 마치 볼테라가 무슨 방법으로 그로부터 그 제목을 훔쳐간 것처럼 들리게 했던 것이다. 더구나 페아노는 자신의 결과들을 볼테라가 "확인한다"고 말하면서, 볼테라가 단순히 페아노의 획기적인 연구를 따라가고 있음에 그친다는 것을 표명한다.

　그런 후 그는 그 대논쟁을 시작하게 만든 고양이 문제의 논의로 돌아간다.

　약 1년 전(1894년 10월 29일과 11월 5일)의 파리 과학 아카데미에서, 어떻게 떨어뜨렸던지 간에 고양이는 항상 자신의 발로 착지한다는 것이 공통된 언명이었음은 잘 알려져 있다. 한동안 이것이 면적의 원리를 위배한다고 여겨졌다가, 이 원리를 제대로 이해하게 되자, 그 현상이 완전하게 설명되는 것으로 인정되었던 것이다. 나도 *리비스타 디 마테마티카*(1895년 1월)에서 그 문제를 간단히 다루었다.
…

　나중에 해류와 같은 지구의 구성부들의 운동에 의해서 야기되는 지구의 극 이동의 문제를 논의하면서 나는 일부 사람들에게 두 문제의 동일성을 지적했다, 왜냐하면 우리는 고양이와 그 꼬리 대신에 지구와 대양을 논해도 되기 때문이다.

　페아노가 애매하게 "일부 사람들"이라고 쓴 것이 독자들로 하여금 볼테라가 그들 중 하나였고 볼테라가 챈들러 끄덕임에 대한 자신의 설명을 페아노와 논의하는 과정에서 얻었다고 상상하게끔 할 목적이었다는 것이 아주 그럴싸하다. 만일 사실이거나, 혹은 만일 적어도 대다수의 과학자들이 믿는다면, 이것은 페아노에게 최초 발견의 권리를 주게 된다.

　페아노의 논문은 볼테라에게는 더 이상 참을 수 없는 한계였던 것 같다. 격분한 그는 1896년 1월1일 린체이 학회장에게 한 통의 편지를 썼다. 편지에서 그는 페아노를 공격한다.

친애하는 회장님,

저는 귀하에게 페아노 교수의 발표문에 대한 간단한 답변을 보내드리고자 합니다…

그의 발표문의 시작부에서 말한 내용에 관해서, 저에게는 그것이 한마디의 말조차 할 가치가 없는 것으로 보입니다, 그 의문을 다루는 것에 대해서나 그것의 출발점을 형성하는 기초적인 아이디어에 대해서나 어느 누구도 저의 최초 발견 권리를 의심할 수 없음을 알기 때문입니다. 지난해 저의 강의에서 제가 설명한 것과 같이 제 아이디어의 독창성에 관한 어떤 의심도 생길 수가 없습니다. 본인은 그것을 자연현상의 연구 조사에서 힘을 고려하는 대신에 드러나지 않는 운동을 대입하는 헤르츠Hertz의 개념을 예시하기 위한 적절한 예를 찾고 있던 중에 발견한 것입니다. 그리고 저는 그 고양이 의문에 관련해서는 저 자신의 정당성을 말할 필요는 없습니다. 페아노가 시사한 것처럼 이 문제에 관련해서는 그것은 한 의문에 지나지 않으며, 그나마 그는 그것에 관해 그의 저널에서 다른 이들의 연구에 대해 간단하고 짤막한 평론을 쓰는 것으로 마무리하고 말았습니다…

그리하여 저의 고찰로부터 즉각적이고 자명한 결론을, 페아노는 본인을 인용함이 없이 단지 벡터를 사용하는 언어로 그것을 치장하여 발표함으로써, 지난 9월 아카데미에 제가 발표한 발표문에 포함된 비난을 받아 마땅합니다. 그래서 저는 페아노의 어떤 결과에도 동의할 필요가 없습니다.

…

그렇게 페아노가 저에게 가한 어떠한 비판도 헛되고 근거가 없음을 보여주었고, 그의 주장이 독창적이지도 정확하지도 않음을 보여주었고, 그 자신이 그것들을 그대로 인정함에 비추어, 본인으로서는 이 논쟁이 확실하게 종결되었다고 주장합니다.[18]

무언가 분명한 발언을 해야 했지만, 페아노 또한 논쟁에 물렸던 것 같다. 린체이에 제출한 1896년 5월1일 최종 논문에서, 그는 보다 명백한 형태로 그의 이전의 공식들을 다시 유도했다. 그것은 본질적으로 '그의 연구를 보여주는 것'으로 그의 이전 논문들에서 그가 주장한 결과를 얻었음에 독자들이 의심하지 않도록 하기 위이었다.[19] 그가 볼테라를 전혀 언급하지 않았던 일은 십중팔구 현명했다, 이 조용한 논의로 페아노와 볼테라 사이의 전쟁이 마무리되었기 때문이다.

비교적 자그마한 과학적 발견으로 보였던 것에 비해 그것은 놀랍게도 격렬한 싸움이었다. 페아노와 볼테라는 약 1년 동안에 챈들러 끄덕임에 대해 14편의 논문들을 발표했다. 그것은 단일 특정한 문제에 관해 엄청난 출력률이었다. 페아노의 동기는, 적어도 부분적으로는, 그 기회에 그가 옹호했던 새로운 수학적 기교의 현실성을 입증하려 시작된 것 같다. 볼테라도 페아노가 주장하는 수학적 형식 때문에 자극을 받았을 수도 있지만, 그것은 페아노가 원하는 방향과는 반대였다. 두 수학자들 모두 토리노 대학교에서 일했다, 그리고 페아노는 모든 교수들에게 강의실에서 그의 새로운 방법을 사용하라고 종용했다. 전통주의자 볼테라는 이것을 유감으로 여겼을 수도 있으며, 그 방법을 그의 연구 과제들에게까지도 밀어붙이는 페아노의 시도에 진짜로 화를 낸 것인지도 모른다.

챈들러 끄덕임 그 자체는 어떻게 되었을까? 페아노와 볼테라 양자가 지지한 대양의 운동에 의한 개략적인 설명은 오랫동안 살아 있었지만, 챈들러 끄덕임에 대한 세부적인 이해는 다소 알려지지 않은 상태로 남아 있었다. 20세기 초에 연구자들은 그 끄덕임이 페아노나 볼테라가 상상한 것보다는 복잡하다는 것을 발견했다. 예를 들면 끄덕임의 규모는 수십 년의 시간에 걸쳐 변화할 수 있고, 때로 극적으로 '점프'를 하는 거동을 보여 주기도 했다. 또한 끄덕임에는 다수의 원인이 있다. 2000년에 캘리포니아 공과 대학교의 제트 추진 연구소Jet Propulsion Laboratory의 그로스Richard Gross는 모의실험을 통해서 1985-1996년에 걸친 끄덕임의 주원인이 대양저에 있는 압력의 요동임을 보여 주었다. 또한 그것과는 다른 대양과 대기압의 효과들도 작은 기여를 하였다.[20]

결국 페아노와 볼테라의 싸움은 그들이 바랐던 만큼 중요한 것은 아니었다. 그러나 만일 마레의 정원사의 고양이를 찍은 일련의 사진들이 없었더라면 그 싸움은 일어나지 않았을 것이다. 이 측면에서 고양이들은 적어도 불행의 창조자들로서의 명성은 얻었다.

고양이—바로서기 반사

떨어지는 고양이에 대한 마레의 사진들은 물리학자들을 충격에 빠뜨렸고 공간에서 물체들이 어떻게 운동하고 회전하는지에 대한 그들의 기존 개념을 다시 생각하게 만들었다. 그러나 이것은 1905년 과학 사회를 관통하면서 물리학에 대한 우리의 이해를 영구히 변화시킨 지진파와 같은 충격에 비하면 아무것도 아니었다. 그해, 당시에는 무명인 아인슈타인Albert Einstein 이라고 하는 특허국 직원이 독일 저널 *아날렌 데아 퓌지크Annalen der Physik* (물리학 연보)에 세 논문을 발표했는데 그 하나하나가 물리학의 새로운 분야의 기초가 되었다. 이 논문 트리오는 오늘날 *아누스 미라빌리스annus mirabilis* (기적의 해) 논문으로 회자된다.

첫 번째 논문, "빛의 생성과 변환에 관한 어느 발견적 관점에 관해서On a Heuristic Viewpoint Concerning the Production and Transformation of Light"는 6월 9일에 발표되었다. 그 논문에서 아인슈타인은 *광전 효과photoelectric effect* 를 설명하려 했다. 금속판에 빛을 비추면 왜 그 판은 전자를 방출하게 될까? 비록 이전에 이미 빛이 파동으로 작용하는 것으로 입증된 적이 있었지만, 아인슈타인은 그 효과는 빛을 입자들의 흐름으로 고찰해야만 설명될 수 있다고 주장했다. 이 파동-입자 이중성*wave-particle duality*은 이제 양자 역학의 기본 모습이다. 아인슈타인은 1921년에 이 주제에 관한 연구 공로로 노벨 물리학상을 수상했다.

그의 1905년 논문들 중 두 번째, "열의 분자 운동론이 요구하는 정지한 액체 속에서 부유하는 작은 입자들의 운동에 관해서On the Motion of Small Particles Suspended in a Stationary Liquid, as Required by the Molecular Kinetic Theory of Heat"는 7월 18에 발표되었으며 브라운 운동*Brownian motion* 현상을 설명했다. 브라운 운동은 뜨거운 물속의 작은 입자들의 무작위적이고 되튀는 듯이 보이는 운동이다. 아인슈타인은 이 기이한 운동이 그 입자들과 그들을 둘러싸고 있는 딱히 구분이 가능하지 않은 물 분자들 사이의 충돌로 일어나는 현상이라고 설명했다. 이 설명은 물질이 이산적인 원자와 분자들로 구성된다는 것을 최종적으로 확인한 것이었다. 사실은 놀랍게도 20세기 초까지도 이에 관한 의심이 얼마간 남아 있었다.

아인슈타인의 1905년 논문들 중 세 번째, "운동하는 물체들의 전기동역학에 관해서On the Electrodynamics of Moving Bodies"는 9월 26일에 발표되었다. 이 논문이 셋 중에 가장 유명한 것으로 아인슈타인의 특수 상대성 이론*special theory of relativity*의 첫 언명이었다. 이 이론은 공간과 시간에 관한 우리의 관점에 혁명을 일으켰다. 이 연구의 중요성을 이해하자면 우리에게 약간의 배경이 필요하다.

물리학의 기본 원리들 중의 하나는 갈릴레오Galileo Galilei에게로 거슬러 올라가는 상대성 원리*principle of relativity*로, 이를 간단히 '물리학의 법칙들은 어떤 관측자에게나 그 관측자의 운동에 관계없이 같다.'라고 말할 수 있다. 1632년의 *두 주요 우주 체계들에 관한 대화*Dialogue Concerning the Two Chief World Systems라는 책에서 갈릴레오는 그것을 이렇게 설명한다.

당신이 친구들과 함께 큰 배의 갑판 아래 주 선실 속에 머문다고 하자. 그리고 그곳에 파리들, 나비들, 그리고 다른 날아다니는 작은 동물들이 좀 있다고 하자. 약간의 물고기가 담겨 있는 커다란 물그릇 하나를 준비하고, 병 하나를 매달아 아래에 있는 어떤 넓은 용기 속으로 한 방울씩 물을 떨어뜨리게 하라. 배가 꼼짝하지 않고 정지해 있을 때, 작은 동물들이 같은 속력으로 선실의 모든 변을 향해 날아다니고 있는지 조심스레 관찰하라. 물고기는 방향을 구별하지 않고 헤엄치고, 물방울은 아래에 있는 용기 안으로 떨어진다. 그리고 당신의 친구에게 무엇을 던질 때, 만일 거리가 같다면, 당신은 그것을 다른 방향에 비해 어느 한 방향으로 더 세게 던질 필요가 없다. 당신의 발로 넓이 뛰기를 한다면, 당신은 모든 방향으로 같은 거리를 뛴다. 당신이 이 모두를 조심스레 관찰했다면(배가 정지해 있을 때에는, 모든 것이 이런 식으로 일어나야 한다는 데에 의심이 없다고 하더라도), 배를 당신이 좋아하는 어느 속력으로 진행하게 하라. 다만 배의 운동은 균일하고 이쪽저쪽으로 들쑥날쑥 하지 않아야 한다. 당신은 모든 효과들에서 조금도 변화를 발견하지 못할 것이고, 그중 어느 것으로부터도 배가 움직이는지 정지해 있는지 말할 수 없을 것이다. 넓이 뛰기를 하면, 당신은 이전과 마찬가지로 같은 간격만큼 바닥을 지나갈 것이다. 비록 배가 상당히 빨리 움직이고 있더라도, 이물로 향한 것보다 고물로 향한 넓이 뛰기에서 더 나은 효과를 볼 수 없을 것이다, 당신이 공중에 있는 시간 동안 당신 아래의 바닥이 당신의 넓이 뛰기 방향과 반대로 가고 있음에도 불구하고 말이다. 당신의 동료에게 무언가를 던질 때, 그가 당신에 비해 이물 쪽에 있더라도 그 물건이 그에게 도달하도록 하기 위해 당신은 더 많은 힘을 필요로 하지 않는다. 물방울은 고물을 향해 떨어지지 않고 전과 같이 아래에 있는 용기 속으로 떨어질 것이다, 비록 물방울이 공중에 있는 동안 배가 상당한 거리를 달려가더라도 말이다.[1]

갈릴레오는 배 안 깊숙이 앉아 있을 때 배가 정지해 있는지 어떤 일정한 속력으로 움직이는지를 어떠한 실험으로도 알아내는 것은 불가능하다는 것을 깨달았다. 살아있는 생물들이 걷거나, 헤엄치거나, 혹은 날아가도 어떤 운동을 검출해 낼 수가 없다는 것이다. 예를 들어 움직이는 배 안에서 일어나는 탁구 시합을 상상해 보자. 많은 사람들은 배가 앞으로 가면, 탁구공은 고물 쪽으로 밀려가는 경향을 보일 것이고, 그래서 이물에 가까운 선수가 유리할

Figure 7.1
'갈릴레오의 탁구' 시합. 배가 오른쪽으로 움직인다고 하더라도, 어느 한 선수에게 유리한 것은 없다. 이는 공이 배의 후미 방향으로 더 빠르게 운동할 것이라는 흔하고 잘못된 직관과는 반대다. 새라 애디의 그림.

것이라고 짐작할 것이다. 그러나 이 직관은 틀렸다. 공은 모든 점에서 마치 배가 항구에 닻을 내리고 움직이지 않을 때처럼 거동할 것이다. 만일 어떤 물리학 실험도 배의 운동을 결정할 수 없다면, 일정한 속력으로 운동하는 어느 관측자에게나 물리학의 법칙들은 같다는 것이 분명하다.

갈릴레오의 생각을 따라 뉴턴은 이 원리를 그의 유명한 운동 법칙에 훌륭하게 적용하여 상대성을 모든 물체의 운동에 명문화했다. 예를 들어 당구대 옆에 서 있는 관측자와 당구대를 지나쳐 걸어가는 관측자 둘 다 뉴턴의 법칙들을 사용하여 게임 중에 일어난 모든 일을 서술할 수 있다, 비록 그들이 공들이 얼마나 빠르게 운동하는지에 대해서는 생각이 다를 수 있지만 말이다.

맥스웰이 1860년대에 빛이 전자기파라고 주장했으나, 뉴턴이 생각한 상대성의 형태는 이 파동에게는 적용되지 않는다는 것이 즉시 감지되었다. 특히 뉴턴의 공식들은 서로 다른 속력으로 운동하는 관측자들이 측정한 광속이 일반적으로 다를 것이라는 점을 시사했다. 이를 테면 광자에 평행하게 운동하는 사람은 자신이 측정한 광속이 반 평행하게 운동하는 사람이 측정한 같은 광자의 속력보다 느리다고 할 것이다. 그런데 광속이 맥스웰의 방정식들에 붙박이처럼 들어가 있기 때문에 방정식들은 관측자마다 약간씩 달라질 것이다. 그에 따라 물리학자들은 광파의 물리학이 관측자마다 다르게 작동해야 한다고 결론을 내렸다. 그러나 맥스웰의 시대로부터 아인슈타인의 시대까지 많은 실험들이 예상한 광속의 변이를 측정하기 위해 수행되었지만 어느 것도 성공하지 못했다. 그중 가장 유명한 것이 1887년 마이켈슨Albert A. Michelson과 몰리Edward W. Morley의 실험이었다. 그들은 광속의 변이를 측정하기 위해 광파의 간섭을 이용했지만 어떠한 변이도 검출하지 못했다, 태양 주위의 지속적인 지구의 운동이 측정 가능한 효과를 낳았어야 함에도 불구하고 말이다.

아인슈타인은 다른 방향에서 그 문제를 공략했다. 그는 이렇게 물었다. 만일 전기와 자기의 법칙들이 운동하는 모든 관측자들에게 같다면 상대성의 원리는 어떻게 보일까? 그는 그의 계산에서 두 가지 가정을 했다. (1) 물리학의 모든 법칙들은 일정한 속력으로 운동하는 모든 관측자들에게는 같다, 그리고 (2) 광속은 모든 관측자들에게 같다. 이 두 가정들로부터 좀 황당하게 보이는 기괴한 결론들이 따라왔다. 그중에는 다음과 같은 것들이 있다.

- (우리가 아는)어떤 것도 광속보다 빠르게 운동할 수 없다
- 질량과 에너지는 등가다, 그리고 어느 하나는 다른 것으로 변환될 수 있다(이것은 그 유명한 방정식 $E = mc^2$으로 표현될 수 있다)
- 운동하는 물체들에게는 시간이 느리게 간다
- 운동하는 물체들은 운동 방향으로 그 길이가 줄어든다
- 시간과 공간은 어떤 의미에서는 구별 불가능하고, *시공간*spacetime이라고 알려진 어떤 4차원적 존재를 형성한다

아인슈타인의 발표가 있었던 같은 세기에 특수 상대성 이론의 이상한 예측들은 모두 다양한 방식의 실험들에 의해 확인되었다.

상대성은 우리의 떨어지는 고양이들에 관한 논의와는 동떨어져 있는 듯하다. 그러나 아인슈타인의 다음 과제가 그 문제에 큰 관련성이 있음이 드러났다. 아인슈타인은 특수 상대성 이론이 성공적임을 알게 된 후, 곧바로 그것에 포함된 커다란 제약에 관해 생각하기 시작했다. 그것은 물리학의 법칙

들이 일정한 속도로 운동하는 관측자들에게만 같은 것으로 나타난다는 전제 조건이었다. 전문적인 용어로, 일정한 속도의 운동 즉 뉴턴의 관성의 법칙에 부합하는 운동을 관성 운동inertial motion이라고 한다. 이 조건의 한 가지 실망스러운 측면은 진정한 관성 운동의 예를 발견하기가 거의 불가능하다는 점이다. 예를 들어, 지상의 모든 것은 어느 정도 가속도 운동 중에 있다. 즉 지구는 표면에 있는 모든 것을 실은 채 자전축 주위로 돈다, 게다가 지구는 태양 주위로 원에 가까운 궤도를 따라 운동한다. 아인슈타인은 상대성의 원리가, 엄격하게 보자면, 실제로는 결코 일어나지 않는 운동 상태의 물체들에게만 적용될 것이라는 데 불만스러워했다.

1907년에도 아인슈타인은 계속 특허국에서 일하고 있었다. 그의 명성이 그때까지도 과학 분야의 직업으로 변환되지 않았던 것이다. 어느 날 그는 비관성 운동의 문제를 골똘히 생각하는 중에, '내 인생에서 가장 행복한 생각'을 하게 되었다.

전기장이 전자기 유도에 의해서 생성되는 것과 똑 같이, 중력장도 마찬가지로 상대적일 뿐이다. 그래서 어느 집의 지붕으로부터 자유낙하 하는 관측자에게는 중력장은 없다, 적어도 그의 인접한 주변에는 그러하다. 그때 만일 그 관측자가 어떤 물체를 놓는다면, 물체는 그에게 상대적으로 정지 상태 혹은 균일한 운동 상태를 유지할 것이다, 물체의 개별적인 화학 및 물리학적 본성에 무관하게 말이다. 그래서 이 관측자가 자신의 상태를 '정지' 중의 하나로 생각하는 것은 정당하다.[2]

우리가 중력의 영향으로 떨어지고 있는 물체를 상상할 때, 우리는 중력을 그 물체를 끌어당기는 힘으로 생각하는 경향이 있다. 아인슈타인이 깨달은 것은 이 그림이 옳지 않다는 것이다. 사람 혹은 물체 혹은 고양이는 중력 하에서 자유낙하 중에는 무중력weightless 상태다. 그 물체는 어떠한 중력적 힘을 느끼지 못한다.[3] 지구 주위 궤도상의 우주 비행사들도 무중력 상태다, 왜냐하면 그들은 지구를 향해 끊임없이 떨어지고 있기 때문이다. 그들은 우연히 지면에 평행하게 운동하고 있기 때문에 영구적으로 떨어지면서도 땅에 부닥치지 않는 상태에 있는 것이다.

아인슈타인은 자신의 가장 행복한 생각을 한 직후, 등가 원리equivalence principle를 도입하여 중력을 포함하는 새로운 상대성 이론에 대한 기초를 놓았다. 우리에게 등가 원리는 다음과 같이 요약될 수 있다.

가속 운동과 균일한 중력장 내에 있는 것은 물리적으로 구별 불가능하다.

이것의 이면에 있는 아이디어를 이해하기 위해 창문이 없는 폐쇄된 로켓 우주선에 승선한 사람을 상상하자. 갈릴레오의 배에 있는 사람과 같이, 그 사람에게는 운동을 알아낼 수 있는 방법이 없다. 만일 배가 지구의 표면 위에 있다면, 그 사람은 아래로 당기는 중력적인 힘을 느낄 것이다. 만일 같은 로켓 우주선이 우주에서 모든 중력체로부터 멀리 떨어진 상태에서 위로 가속된다면, 그 사람은 아래로 당기는 힘을 느낄 것이다, 마치 아래에 한 중력체가 있는 것처럼 말이다. 사실 아래쪽으로 향하는 그 힘은 가속에 대한 물체의 관성 저항이다. 아인슈타인은 로켓 우주선 속의 사람이 자신이 처해 있는 상황을 판단할 수 있는 실험은 전혀 없다고 주장했다. 즉 두 상황은 물리적으로 동등하다는 것이다. 승강기를 타본 적이 있는 사람은 누구든지 이를 경험했

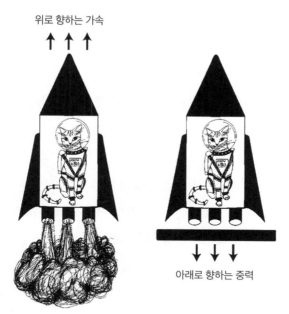

위로 향하는 가속

아래로 향하는 중력

Figure 7.2

등가 원리. 위로 가속되는 로켓 우주선 속의 사람이 느끼는 힘은 같은 사람이 정지 상태에서 아래로 잡아당기는 중력장 속에서 느끼는 힘으로부터 물리적으로 구별 불가능하다. 새라 애디의 그림.

을 것이다. 승강기가 위로 가속될 때, 승강기 속의 사람은 마치 몸무게 늘어난 것처럼 느낀다. 승강기가 최고층에 가까워지면서 감속할 때, 그 사람은 가벼워진 것처럼 느낀다.

이것은 가속과 중력의 본성에 대한 심원한 통찰력이었다, 그러나 그것을 엄격한 수학 및 물리적인 이론으로 성문화하기 위해 아인슈타인은 수학자들로부터 상당한 조력을 받아가면서 거의 10여년의 연구를 해야 했다. 마침내 1915년 11월, 그는 나중에 *일반 상대성 이론*general theory of relativity 으로 불리게 되는 것의 수학적 기초를 프로이센 과학 아카데미Prussian Academy of Sciences 의

한 회의에서 발표했다. 그 새로운 이론의 기발하고 심지어 믿기 어려운 내포들 중에는 질량이 공간과 시간 둘 모두를 휘게 한다는 아이디어가 있다. 그에 따라 지구 특히 블랙홀과 같이 무거운 물체는 '우물'과 같이 휘어진 시공간 속의 바닥에 놓여 있다.* 그리고 중력체에 다가가면 시간은 느리게 간다. 그래서 지구 표면 가까이에 있는 시계는 비행기에 있는 시계보다 약간 느리게 간다.

이 새 이론의 관점으로 보면, 시공간 속을 최단 경로를 따라 운동하는 물체는, 직선이던 곡선 경로이던 간에, 힘을 전혀 느끼지 않고, 무게가 없고, 관성 운동 중이라고 생각해도 좋다. 지구 표면에서 우리가 경험하는 무게란, 우리가 최단 경로를 따라가며 운동하지 못하게 막고 있다는 사실 때문에 생기는 것으로 재해석되어도 좋다. 여기서 말하는 최단 경로는 지구의 중심을 향하는 자유낙하다. 그래서 아인슈타인의 가장 행복한 생각은 휘어진 공간과 시간의 우주로 쉽게 해석될 수 있다.

이것이 마침내 우리를 다시 떨어지는 고양이에 관한 의문으로 데려다 준다. 고양이가 떨어질 때 고양이는 자유낙하 중에 있고, 반사적으로 등이 위로 가도록 뒤집는다. 그러나 아인슈타인의 생각에 따르면, 자유낙하 중의 고양이는 무게가 전혀 없어 어떤 방향으로도 힘을 경험하지 않을 것이다. 그러면 고양이는 똑바로 선 채로 착지하기 위해 어느 쪽으로 회전해야 할지 어떻

* 일상적인 공간에 세워진 좌표축들은 마치 바둑판에서처럼 직선으로 일정한 간격을 유지한다. 그러나 일반 상대성 이론에서는 중력을 내는 물체가 있는 주변은 공간 축과 시간 축이 휘어지기 때문에 시간과 공간을 함께 나타낸 시공간 그림에서는 축들이 곡선으로 표시된다. 특히 블랙홀이 있는 곳에서는 그 휘어짐이 심해서 마치 축들이 블랙홀 속으로 빨려 들어가듯 그려지고 전체적으로 '우물'처럼 보이게 된다.

게 알 수 있을까? 이 의문은 20세기 초에 생리학자들에게 중요한 의문들 중 하나가 되었고, 결국 그들이 아인슈타인의 심원한 이론에 접하는 계기를 마련해 주었다.

마레의 생리학 연구는 주로 동물이 어느 특별한 목표를 달성하기 위해서 하는 운동과 관련되었다. 그는 고양이가 뒤집기 위해 어떻게 운동을 하는가, 새가 비행을 위해 날개를 어떻게 펄럭거리는가와 같은 의문에 관심을 가졌다. 그러나 연구자들이 같은 비중으로 중요하고 흥미롭다고 생각한 것은 이러한 효과를 만들어 내기 위해 동물의 뇌가 어떻게 신체의 근육을 제어하고 조정하는가하는 의문이었다.

뇌와 신경계가 어떻게 기능하는가에 대한 연구인 신경 과학neuroscience은 19세기에 마레와 다른 여러 사람들의 생리학 연구와 별도로, 때로는 협력하면서, 극적으로 발전하였다. 그런데 연구 대상인 피조물들에 대해서 생체 해부를 거부한 마레의 자세는 불행히도 수많은 다른 신경 과학 연구에서는 지켜지지 않았다. 당시 신경계 여러 부위들의 기능을 시험하기 위한 유일한 길은 그들 부위를 선택적으로 훼손하고 동물에게서 그 효과를 조사하는 것이었다. 불행하게도, 이 접근법은 고양이-바로서기 행동에 대한 신경 과학자들의 연구에서도 지속되었다.

고양이는 자유낙하 하는 중에 영점 몇 초 이내에 바로 서기를 할 수 있다. 이 반응 속도로 보아 그것이 최소한 부분적으로는 반사 반응이라는 것을 분명히 알 수 있다. 반사reflex라는 용어는 외부 자극에 대한 살아있는 생물의 무의식적인 반응을 가리킨다. 흔한 예가 무릎 힘줄 반사로, 의사들은 고무망치로 무릎 아래를 톡 쳐서 무릎의 급작스런 움직임을 일으키게 하여 이를 시험한다. 반사를 연구한 연구자들의 긴 역사를 따라가 봄으로써 우리는 그것이 어떻게 필연적으로 떨어지는 고양이에게로 귀착하는지 알게 된다.

반사에 대한 연구는 데카르트René Descartes(1596-1650)의 연구에 그 기원을 두고 있다. 앞에서 보았다시피, 소문으로는 그가 창문 너머로 고양이들을 던졌다고 한다. 만일 그가 정말 그러한 실험을 했다면, 그의 목적은 동물이 외부 자극을 행동으로 변환시키는 영혼이 없는 기계임을 증명하려함이었을 것이다. 즉 그는 동물의 행동이 단순히 어떤 자동화된 반응들의 집합체임을 입증하려 했다. 데카르트는 그의 연구에서 마음은 물질적인 신체로부터 분리된 존재이지, 그 육체를 지배하는 물리적 법칙들에 종속하지 않는다는 마음-육체 이원론mind-body dualism의 아이디어를 옹호했다. 데카르트는 인간의 마음(혹은 영혼)이 뇌 속의 솔방울샘pineal gland을 통해 신체를 제어한다고 보았다. 현대 과학은 이원설의 아이디어를 불인정하고, 인간과 동물의 사고 과정을 똑같이 전적으로 뇌 속에서 일어나는 것으로 취급한다.

반사라는 용어 자체는 옥스퍼드의 교수이자 나중에 런던 왕립 학회 Royal Society of London가 될 모임의 창립 회원인 윌리스Thomas Willis(1621-1675)에게로 거슬러 올라갈 수 있다. 1664년 윌리스는 뇌 해부학 Cerebri Anatome이라는 제목으로 뇌 기능에 관한 중요한 책을 출간했다. 그 책에서 그는 빛과 소리와 같은 감각성 입력들은 뇌의 대뇌 겉질cerebral cortex로 전달되어 지각과 기억을 낳는다고 생각했다. 그러나 그는 그 입력들의 일부는 소뇌cerebellum를 통해 근육들에게로 도로 '반사되어' 자동화된 운동인 '반사'를 일으킨다고 추정했다.

영국 의사 윌리스는 셀 수도 없이 많은 부검을 했다. 그로 인해 그는 뇌의 해부학에 대해 많은 것을 설명할 수 있었다. 뇌는 대뇌cerebrum, 소뇌cerebellum, 뇌 줄기brain stem의 세 주요 부분들로 나누어질 수 있다. 대뇌의 외부는 대뇌 겉질cerebral cortex, 혹은 간단하게 겉질이라고 불리며, 고도의 뇌 활동과 연관

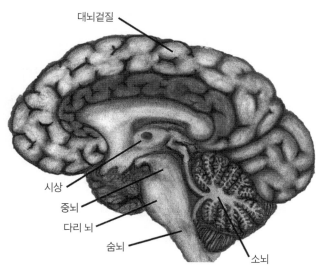

Figure 7.3
뇌의 주요 해부학적 구조. 새라 애디의 그림.

된 모든 신경 세포들인 뉴런들neurons을 포함하고 있는 뇌의 '회색 물질'이다. 피라미드로pyramidal tracts는 겉질로부터 뇌 줄기와 척수spinal cord로 신호를 보내는 신경 섬유들이다, 그리고 시상thalamus은 감각 기관들로부터 겉질로 정보를 중계한다. 대뇌의 아래와 뒤에 놓여 있는 소뇌는 근육 운동과 자세와 균형과 같은 특정 행동들의 조정에 관련한다. 뇌 줄기는 세부적으로 중뇌midbrain, 다리 뇌pons, 숨뇌medula로 나누어지며 호흡과 심장 기능과 같은 신체의 자동적인 기능을 담당한다.

반사 행동에 대한 연구는 초창기에게는 느리게 발전하였다. 연구자들은 윌리스의 견해에 따라, 한 세기 이상 뇌가 반사 행동의 제어 센터이고, 척수는 단지 정보의 운반체일 뿐이라고 믿고 있었다. 이 가정이 틀렸음을 증명한 사람은 스코틀랜드 물리학자 와이트Robert Whytt(1714-1766)였다. 그는

1765년 머리가 없는 개구리가 외부 자극에 반사적으로 반응할 수 있음을 보여 주었던 것이다. 와이트의 관찰은 척수가 진정한 반사의 중개자임을 가리켰다. 와이트는 더 나아가 많은 반사 반응이 척수의 특정한 마디에서 유래됨을 보여주었다. 즉 각 반사 행동을 통제하는 척수의 부분이 다르다는 것이었다. 와이트의 연구에 영향을 받아 과학자들은 의식적 행동은 뇌가 통제하고 반사 행동은 척수가 통제한다고 결론지었다.

충분히 상상할 수 있듯이 반사의 실상은 상당히 복잡하며, 19세기의 연구가 반사 작용에 대한 우리의 이해를 크게 개선하고 정제하였다. 금세기의 시작에 즈음하여, 스코틀랜드 외과 의사 벨Charles Bell (1774-1842)은 몸속으로 정보를 이동시키는 신경들에는 두 가지 다른 유형들이 있음을 입증했다. 그는 중추 신경계central nerve system로 감각 정보를 전달하는 감각 신경들sensory nerves과, 중추 신경계로부터 근육들과 기관들에게로 명령을 전달하는 운동 신경들motor nerves을 구별했다. 벨은 1811년 그의 통찰력을 *새로운 뇌 해부학의 아이디어*An Idea of a New Anatomy of the Brain라는 제목의 책으로 발표했다.

영국의 생리학자 홀Marshall Hall (1790-1857)은 벨의 관찰에 의거하여 반사 운동에 대한 최초의 완전한 이론을 만들었다. 여기에는 반사가 실행되는 완전한 과정을 묘사하기 위해 *반사 활*reflex arc이라는 용어를 도입한 것도 포함된다.[4] 개략적으로 옳은 홀의 이론은 무릎 힘줄 반사patellar tendon reflex를 예로 들어 설명될 수 있다. 의사가 망치로 무릎 힘줄에 *자극*stimulus을 주면, 자극은 감각 신경을 흥분시키고, 감각 신경은 척수의 어떤 마디로 신호를 전달하고, 척수는 운동 신경을 통해 적절한 네갈래근quadriceps muscle에게 명령을 되돌려 보내서 반사 운동을 하도록 한다.

무릎의 반사는 벨이 발견한 *상반 억제*reciprocal inhibition로 알려진 반사 운동의 중요한 성질 하나를 나타내는 훌륭한 예이기도 하다. 무릎 반사 운동이 유발될 때, 척수로부터 오는 신호는 넓다리 네갈래근이 반사 운동을 하도록 지시하는 신호뿐만 아니라 *대항근*antagonist muscle의 하나로 맞버티는 넓다리 뒤근육hamstring muscle에게 이완을 지시하는 신호가 있다. 이 대항근의 억제 때문에 맞버티는 근육들은 서로 다투지 않는다, 그렇지 않으면 에너지를 낭비할 뿐만 아니라 잠재적으로 근육 손상을 일으킬 수 있다. 곧 알게 될 것이지만, 근육 운동의 억제는 신경계에서 아주 큰 역할을 한다. 눈을 움직이게 하는 근육에 관한 1823년의 논문에서 벨은 그러한 반응에 대해 기술했다.

> 우리는 신경들이 근육들을 자극하기 위한 아주 일반적인 도구라고 간주해 왔으나, 그들이 그 반대로 작용한다고 생각하지는 않았다. 그 바람에 여기서 부가적인 설명이 필요한 듯하다. 신경들을 통해 근육들이 연결되는데, 여기에는 근육들이 협력하여 한 가지 효과를 낳도록 하는 연결 관계뿐만 아니라, 하나가 수축하는 동안 다른 것은 이완하는 근육 집단들 사이의 관계도 있다.[5]

벨이 반사의 복잡성을 지적한 그 시대에 한 가지 다른 핵심적인 발견이 이루어졌다. 연구자들은 단일의 반사 반응이 그 반사의 강도와 성격을 바꿀 수 있는 복수의 자극 입력들에 의존하고, 이 입력들에는 의식적인 뇌의 통제뿐만 아니라 여러 가지 감각들이 있음을 발견했다. 이 형태의 한 고전적 반사 행동이 뜨거운 표면이나 타고 있는 불꽃으로부터 손을 재빨리 물러나게 하는 통증 금단 반사pain withdrawal reflex이다. 그런데 간혹 액션 영화에서 모진 악당들이 과시하듯이, 이 반사에 저항하고 심지어 엄청난 고통 속에서도 손을 불 위에 그대로 놔두는 것도 가능하다.[6] 이와 대조적으로 무릎 힘줄 반사는 의식적으로 통제 혹은 저항할 수 없는 단순한 반사다.

그 후 1800년대 후기까지, 좁게는 반사와 넓게는 신경계의 기능에 관한 혼란스러운 정보들이 있었지만 분리된 부분들을 연결시키는 아무런 통일적인 이론은 없었다. 반사 작용에 더하여 연구자들은 뇌의 해부학을 상술했었고, 보다 높은 인식 기능들이 어떤 식으로 뇌의 특정 영역에 국한되어 있는지 알게 되었으며, 전체 신경계를 이루는 기본 단위가 신경 세포 혹은 뉴런 neuron임을 알게 되었다.

이런 상태에서 영국 생리학자 및 병리학자 찰스 스코트 셰링턴Charles Scott Sherrington(1857-1952)이 등장했다.[7] 뛰어난 학문적 이력을 가지게 될 셰링턴은 남보다 특이한 방식으로 삶을 시작했다. 기록은 그가 그의 공식적인 아버지 제임스 노턴 셰링턴 James Norton Sherrington 이 사망하고 약 9개월 지나 태어났음을 암시한다. 그의 진짜 아버지는 로즈Caleb Rose라고 하는 유부남 외과 의사였던 것 같다. 그가 셰링턴의 과부 어머니와 관계를 가져왔던 것이다. 추문을 피하기 위해 로즈는 서류상의 아버지를 고 제임스로 하였고, 자신은 셰링턴의 집에서 형식적으로는 '방문자'의 역할을 하면서, 적어도 1880년 그의 진짜 아내가 사망할 때까지 그런 식으로 지낸 것으로 보인다.[8]

로즈는 그의 공식적인 양자를 격려했었고, 셰링턴은 그의 영향으로 의학에 첫 관심을 가지게 되었다. 그러나 가족의 경제 문제로 그가 바랐던 캠브리지에서의 연구는 시작하지 못했다. 그러나 그는 입스위크 중등 학교Ipswich Grammar School에서 뛰어난 학생으로 두각을 나타냈고, 1875년까지 영국 왕립 외과 의사 대학Royal College of Surgeons of England에서 치른 일반 교육 분야의 예비 고사를 통과했다. 1879년까지 그는 비기숙 학생으로 캠브리지를 다녔다. 그는 1884년 왕립 외과 의사 대학에서 회원 자격을 받았고 1885년 약학과 외과학에서 학사 학위를 받았다.

셰링턴이 신경 과학으로 이끌린 것은 1881년 제7회 국제 의학 의회 International Medical Congress에서 일어난 사건들의 결과였다. 그 회의에서 뇌 기능의 국지화localization에 관해 격렬한 논쟁이 일어났으며, 그로 인해 제기된 의문을 해결하기 위한 몇몇 실험들이 진행되었다. 셰링턴은 그 회의에 참석하지 않았으나, 후속 실험들에서 보조역으로 고용되었고, 그 경험이 그에게 깊은 인상을 남겼다.

신경 과학에 관한 그의 관심에도 불구하고, 셰링턴의 초기 연구는 생리학과 병리학(질병과 그 원인 사이의 연구) 사이에서 왔다 갔다 했다. 그는 1880년대 유럽 대륙의 콜레라 출현을 연구하기 위해 많은 여행을 했다. 그러나 1887년 그는 런던의 성 토마스 병원St. Thomas' Hospital에서 계통 생리학 강사로 직업을 얻었고, 그곳에서 그의 기본 직업을 신경 생리학의 연구로 바꾸었다.

그의 초기 연구는 무릎 반사 행동에 초점이 맞추어졌고, 1893년에 그는 연구 조사 결과를 발표했다.[9] 이 연구에서 셰링턴은 상반 억제에서 핵심적인 역할을 하며, 지금은 고유 감각 반사proprioceptive reflexes로 불리는 중요한 것을 발견했다. 벨의 연구로부터 대항근을 포함하는 반사가 상반 억제를 이행한다는 것은 이미 알려져 있던 터였다. 그러나 셰링턴은 이 반사들을 보다 자세히 조사했고, 억제의 정도degree가 대항근이 초기에 수축해 있느냐 아니냐에 의존한다는 것을 발견했다. 예를 들면, 수축한 넙다리 뒤근육은 강력한 억제를 받는 반면, 이완된 넙다리 뒤근육은 약한 억제를 받게 된다는 것이다. 그렇다면 명백히, 무릎 반사에서는 무릎 힘줄에서 오는 신호만을 보내는 것이 아니라, 그 안에 있는 감각 신경들로부터 넙다리 뒤근육의 현 상태에 관한 정보도 보낸다. 근육, 관절, 힘줄 안에 묻혀 있는 이 감각 신경들을 고유 감각기들proprioceptors로 부르게 되었다. 그것들은 살아있는 신체에 만들어진 압력과 장력에 관한 정보를 중추 신경계에게 제공한다.

이렇게 셰링턴은 반사가 작동하도록 해주는 통신선들이 이전에 생각되어 왔던 것보다는 훨씬 복잡함을 입증했다. 반사 작용에 관한 초창기의 관점과 새로운 관점을 화재 경보에 대한 서로 다른 반응들로 생각하고 비교해 볼 수 있다. 첫 번째 관점은, 단순히 화재 경보가 울려 소방서가 반응하도록 했지만 그 긴급 상황에 관한 세부 정보가 없어서 소방서가 효율적으로 대응하지 못하는 것에 비유된다. 두 번째 관점에서, 셰링턴은 반사 작용들이 소방서가 적절한 반응을 결정하기 전에 화재에 관한 많은 정보가 전달되도록 소방서에 거는 119 전화와 같이 작용함을 보여주었다.

대항근들에 대한 추후 연구에서, 셰링턴은 신경계를 이해하는데 아주 큰 의미를 지닌 또 하나의 기이한 현상을 보았다. 대뇌 반구가 완전히 제거된 동물에서 폄근들extensor muscles(예를 들어, 네갈래근들)이 경직된 채 신장하였던 것이다. 이 현상은 곧 "대뇌 제거 경축decerebrate rigidity"이라는 이름이 붙여졌다. 셰링턴은 이 경직성이 근육은, 비록 휴식 중에 있더라도, 지속적으로 중추 신경계의 한 부분에 의해 흥분되어 있음과 동시에 대뇌 반구로부터 오는 신호에 의해 억제되어 있음을 암시한다고 보았다. 결국 이것은 이전에 추정해왔던 것보다 억제가 신경계와 반사 반응에서 훨씬 큰 역할을 한다는 것을 그에게 암시했다.[10] 1932년 셰링턴은 이 발견에 대해 생리 의학 부문에서 노벨상을 공동 수상했고, 그의 노벨 강의Nobel lecture에서 그 현상을 이렇게 설명했다.

그러므로 얼핏 보기에 순전히 흥분 반응처럼 보이는 반사는, 보다 자세히 조사해 보면, 실제로 흥분과 억제가 혼합된 것으로 밝혀진다. 이 복잡한 특성은 보통 간단하게는 척추 조작 조건하의 반사로부터 분명하게 입증되나 대뇌가 제거된 조건에서 훨씬 더 분명하다.[11]*

1906년 셰링턴은 *신경계의 통합적 작용* The integrative Action of the Nervous system 이라는 책을 출간하여 신경 과학에서 그의 명성을 더욱 굳혔다. 그 책에서 그는 반사들이 세포 수준에서 시작하여 뇌의 수준까지 어떻게 작동하는지 최초로 통일적으로 묘사했다.[12] 그는 신경 세포들 사이의 핵심 연결점으로, 그리고 흥분 및 억제 반사 신호들이 상호 작용하여 전체 반응을 결정하는 위치로서 *시냅스* synapse 의 개념을 도입했다.

셰링턴은 반사 반응에 관한 그의 시냅스 관점을 진화론과 결부시켜, 어떻게 그리고 왜 대뇌와 소뇌와 같은 주요 뇌 구조들이 존재하게 되었는지 설명했다. 셰링턴의 반사와 뇌 기능의 참신한 관점들은 많은 생리학자들과 신경 과학자들을 고무시켜 그의 다양한 아이디어들을 검증하게 했다. 그러한 연구자들 중의 한 사람인 하버드 의과 대학의 위드 Lewis Weed 는 1914년 "대뇌 제거 경축에 관한 관찰 observations upon decerebrate rigidity"이라는 논문을 발표하였다.[13]

셰링턴은 대뇌 반구들이 근육들에 억제 효과를 생성하고 그 반구들의 제거가 경직성을 낳는다는 것을 보여 주었다. 위드는 역으로 근육들에 나타

---

*   셰링턴은 크게는 원숭이와 같은 동물의 척추를 절단하거나 뇌를 제거하여 반사의 메커니즘을 시험했다.

난 흥분excitatory 효과가 기원한 뇌 혹은 척수의 특정 부위를 찾아내는데 관심이 있었다. 고양이들에 대한 광범위한 시험을 통해, 그는 뇌의 두 부위들인 소뇌와 중뇌가 경직성을 유지하는데 핵심적인 역할을 한다고 결론지었다. 소뇌는 경직 반응을 요청하는 사지에서 오는 충격들을 받는다, 그러나 그것은 동시에 대뇌 겉질로부터 사지로 가는 억제 신호를 연결해주는 연결 고리로서도 작용한다. 위드는 중뇌가 경직을 일으키도록 사지에게 보내진 신호들의 원점이라는 것을 발견하였다.

위드가 그의 연구를 수행하게 된 것은, '생리학에 대한 곁다리 관심 때문뿐만 아니라' 대뇌 제거 경축이 수막염meningitis과 같은 많은 수의 치명적인 인간 질병들에서 발생하는 경직성에 아주 유사하기 때문이었다. 위드는 대뇌 제거 경축의 본성에 대한 보다 나은 이해가 신경계에 관련된 질병들을 진단하고 치료하는데 도움이 될 것으로 전망했다.

셰링턴이 반사 기능과 관련하여 도입한 참신한 개념들이 많았다는 것과 시험 대상으로 삼을 고양이들이 흔했다는 것을 생각하면, 떨어지는 고양이의 반사가 신경 과학의 면밀한 조사를 받는 것은 필연적이었다. 1916년 당시에 존스 홉킨스 대학교에 있던 위드는 그의 동료 뮐러Henry Muller와 함께 최초로 신경 과학의 관점에서 고양이-바로서기 반사에 대한 연구를 수행했다.

그들의 영감과 동기는 다시 한 번 대뇌 제거 경축과 셰링턴이 쓴 그의 영향력 있는 1906년의 책에서 그가 제안한 한 가설이었다.

그것[대뇌 제거 경축]이 지배적으로 영향을 주는 근육들은 그 역할에서 중력에 저항하는 것들이다. 서 있기, 걷기, 달리기에서 엉덩이, 무릎, 발목, 어깨, 발꿈치의 폄근들의 수축이 없다면, 사지는 몸의 무게를 지탱하지 못하고 주저앉을 것이다. 목의 당김근들retractors이 없다면, 머리는 숙여져 있을 것이다. 꼬리와 턱은 떨어질 것이다, 그들의 올림근들elevator muscles이 없다면 말이다. 이 근육들은 자연스러운 자세를 꾸준하게 뒤엎으려 노리고 있는 힘(중력)에 반대로 작용한다. 그 힘은 꾸준히 작용하고 근육들에게는 지속적인 작용인 긴장tonus이 나타난다.[15]

셰링턴은 경직성이 항상 '켜져'있고 적극적으로 겉질에 의해 억제되는 이유가 그 근육들이 동물들이 중력에 반해 바로 설 수 있게 하는 근육들이기 때문이라고 제안한다. 생존 관점에서 보면, 이것은 완벽하게 이치에 맞다. 동물의 사냥 능력 혹은 포식자들로부터 탈출하는 능력은 바로 선 채 움직이는 능력에 의존하고, 따라서 그 근육들은 기본적으로 늘 활성이어야 한다. 셰링턴은 반중력 반사 행동을 위한 이 진화상의 필요성에 부합하는 신경 경로들이 대뇌 제거 경축의 기원임이 분명하다고 말한다.

고양이-바로서기 반사가 거의 틀림없이 반중력 반사 행동이므로, 아주 다른 본성의 것임에도 불구하고, 뮐러와 위드는 셰링턴의 가설을 검증하기 위해서뿐만 아니라 고양이-바로서기가 어떻게 해서 신경학적으로 작동하는지를 해명하기 위해서 그 반사를 연구하는 것이 가치가 있다고 여겼다. 그들의 실험들에서 고속 사진들이 촬영되지는 않았다. 그들은 고양이가 뒤집기 위해 실행하는 특정한 운동들이 아니라 신경계가 그 운동들을 시작하게 하는 방법을 찾아내는 데에 관심이 있었던 것이다.

별반 놀랍지 않은 일이지만, 그들은 대뇌가 제거된 고양이가 전혀 바로서기 반사를 해내지 못한다는 것을 발견했다. 이는 보다 높은 뇌기능, 의식까지도 이 고양이-바로서기에 필요하다는 것을 암시한다. 그래서 그것은 무릎 반사 보다는 고통 회피 반사와 같은 복잡한 반사활이다.*

　더 중요한 것은 뮐러와 위드가 고양이가 바로 착지하기 위해 어느 방향으로 돌아야 하는가를 판단하기 위해 어떤 *감각* senses 을 사용하는지 연구 조사를 수행한 것이었다. 그 조사와 후속 연구에서 주안점은 살아있는 생물들에게 가속의 감각을 느끼게 하는 *안뜰계* vestibular system 였다. 비록 기능을 담당하는 부분들이 주로 내이 inner ear 에 포함되어 있지만, 시각, 청각, 촉각, 미각, 후각 다음으로 그것을 6번째 감각으로 생각할 수도 있을 것이다. 안뜰계는 나아가 서로 다른 두 구성 부분들로 나눌 수 있다. 즉 회전 형태의 가속을 검출하는 *반고리뼈관* semicircular canals 과 직선 가속을 검출하는 *귀돌* otoliths 이 있다.

　각 귀에는 액체가 채워진 세 개의 서로 수직한 반고리뼈관들이 있다. 세 관들은 서로 수직한 세 방향의 회전 운동들을 느끼게 한다, 즉 상하 요동(앞으로 넘어지기), 좌우로 회전하기(척추 축 주위로 회전하기), 좌우 요동(옆으로 넘어지기)을 말한다. 머리가 회전하면 관들 속의 액체가 흐르게 되고, 이 흐름에 흥분된 작은 털들에 의한 신호가 뇌로 보내져서 운동을 알아내게 한다. 반고리뼈관들 가까이 귀돌들이 있으며, 이들은 털들의 운동으로 선형 가속을 구분해 낸다. 그리고 귀돌들은 타원낭 utricle 과 구형낭 saccule 으로 나누어진다. 타원낭은 수평으로 향하며 측면-측면의 가속과 앞-뒤의 가속을 검출

＊　무릎 반사는 근육 속의 감각 신경, 척수 속의 연합 신경, 근육 속의 운동 신경의 경로를 이루며 이것이 활처럼 생겼다 해서 반사활이라고 한다. 그러나 고통 회피 반사는 이 경로 이외에 뇌에까지 고통의 신호가 전달되고 돌아오기 때문에 경로가 단순하지 않다.

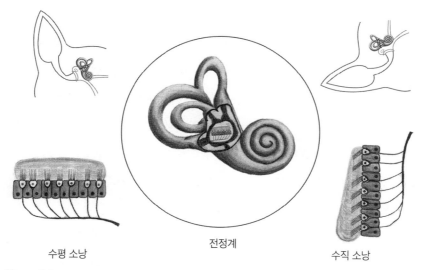

수평 소낭

전정계

수직 소낭

Figure 7.4

안뜰계를 간단하게 나타낸 그림, 반고리뼈관들(세 개의 고리들)과 수평과 수직으로 향한 소낭. 새라 애디의 그림.

하고, 구형낭은 수직으로 향하며 아래-위 가속을 검출한다.*

뮐러와 위드는 고양이의 바로서기 반사에서 안뜰계와 시각계의 상대적인 역할들을 판단하는데 관심이 있었다. 실험을 통하여, 그들은 눈을 가린 고양이들이 회전하여 정확히 착지할 수 있고, 안뜰계가 손상된 눈을 가리지 않는 고양이들도 유사하게 정확히 착지할 수 있음을 발견했다. 손상된 안뜰계를 가지고 눈을 가린 고양이는 아예 뒤집으려고 하지도 않았다. 이 관측은 바로서기 반사가 착지를 위한 적절한 방향을 판단하는데 눈이나 안뜰계 어느

---

* 타원낭과 구형낭 자체의 방향이 각각 수평과 수직이라기보다는 그 안에 귀돌의 움직임을 감지하는 털세포들의 방향이 그렇다는 이야기다.

한 가지에 의존한다는 것을 가리켰다.

다시 생각해 보면, 눈을 가린 고양이가 제대로 뒤집을 수 있다는 것은 놀라운 일이 아닐 수 없다. 아인슈타인의 가장 행복한 생각에 따라 떨어지는 고양이는 가속도를 느끼지 못한다는 것을 우리는 이미 지적했었다. 그러면 안뜰계는 작동하지 않을뿐더러, 고양이에게는 어느 쪽이 아래인지 알려주는 시각적 단서조차 없기 때문이다. 그럼에도 불구하고 그 고양이는 어떻게 해서 바른 자세로 착지할 수 있을까? 아인슈타인의 일반 상대성 이론은 1900년대에는 생리학자들의 마음에는 없었고, 해답은 훨씬 나중에 나왔다.

비록 뮐러와 위드가 고양이 반사 행동에서 신경학적인 측면에서 몇 가지 중요한 관찰을 했지만, 셰링턴의 반중력 가설을 확인하는 데에는 아무런 진척을 보지 못했다. 그들의 결론은 "여기 기록된 결과는 대뇌 제거 경축에서의 근육 반응이 중력에 저항을 시도한 결과라는 가설에 맞거나 반대하는 어떤 증거도 주지 못하는 것이 분명하다"였다.

거의 같은 시간에 독일 연구자 마그누스Rudolf Magnus(1873-1927)도 같은 의문에 대해 고민하고 있었다.[16] 마그누스는 하이델베르크에서 받은 교육으로 약리학에서 생산적인 활동을 했었고, 셰링턴의 고전적 교과서를 읽고 난 후 반사 행동에 대한 생리학 연구에 매료되었다. 마그누스는 결국 1907년 하이델베르크에서 개최된 제7회 국제 생리학자 의회에서 셰링턴을 만나게 되었고, 1908년 그는 그의 부활절 휴가를 셰링턴과 보내면서 동물의 신체 자세가 어떻게 그것의 반사들에게 영향을 미치는가를 연구하였다. 특히 마그누스는 신체의 자세를 유지하는데 반사 행동의 역할을 이해하고자 했다. 셰링턴의 말에 따르면, 마그누스는 동물이 서있거나, 구부리거나, 걷는 동안에 자신의 중력에 대항하는 행동을 어떻게 유지하는가를 알고자 했다.

그 연구를 위해 마그누스는 이후 거의 15년간을 소비했고, 마침내 1924년 그 주제에 대한 한 고전적 교과서인 쾨르페하이퉁Körperhaltung (자세) 을 출간하고 1925년 런던 왕립 학회에서 동물의 자세에 대한 강의를 함으로써 결실을 보게 되었다. 마그누스가 관심을 가졌던 반사 행동을 이해하기 위해, 우리는 그가 만든 목록을 다시 살펴보는 것이 좋을 듯하다.

1. **반사적 직립** 중력의 작용에 대항해 체중에 버티기 위해, 어떤 근육들의 집단, 바로 '직립 근육들standing muscles'은 몸이 바닥으로 쓰러지지 않도록 반사 작용을 통해 어느 정도의 지속적인 긴장을 가져야 한다.

2. **긴장의 정상적인 분포** 살아있는 동물에서 이 근육들만이 긴장을 가질 뿐만 아니라, 몸의 다른 근육들, 특히 그들의 대항근들, 이를테면 굽힘근들flexors도 그러하다. 이 두 근육 집단들 사이에 어떤 긴장의 균형이 존재하여, 어느 한 근육 집단도 너무 많이 혹은 너무 적은 긴장을 얻지는 않는다.

3. **자세** 신체의 각부의 위치는 서로 협력적이어야 한다. 만일 몸의 한 부분에서 변위가 일어나면 다른 부분들의 자세 또한 변한다. 그래서 첫 번째 변위 때문에 생긴 적절히 적용된 새 자세로 될 것이다.

4. **바로서기 기능** 만일 동물의 능동적인 운동 혹은 어떤 외부 힘에 의해서 그 동물의 몸이 정상적인 휴식 자세에서 벗어나면, 일련의 반사들이 일어나고 그로 인해 정상적인 위치에 도달한다.[17]

마그누스의 연구에서 처음에 '바로서기 기능'은 동물을 서있게 하는 그 반사들에 적용되었지 떨어지는 고양이의 바로서기 반사에 적용된 것은 아니었다, 비록 마그누스가 재빨리 그 둘을 관련시키긴 했지만 말이다. 그는 이 연구에서 1912년 조수로서 마그누스의 실험실에 합류한 네덜란드 연구자 드 클레인 Adriaan de Kleijn과 훨씬 뒤인 1922년에 공동 연구에 합류한 네덜란드 외과 의사 라디마커 Gijsbertus Godefriedus Johannes Rademaker의 조력을 받았다. 그 연구들의 핵심적인 결과는 지금은 *마그누스-드 클레인 목 반사* Magnus-de Kleijin neck reflex로 불리는 반사의 발견이었다. 이는 머리의 회전에 의해 유발되는 고유 감각 반사들의 한 집단으로, 머리가 회전하는 쪽 몸의 측면에 있는 사지는 당겨지게 하고 반대 면에 있는 것은 이완되게 한다. 이 반사 행동은 대뇌 제거 경축이 나타난 동물들에서 가장 뚜렷하고, 바로서기 기능의 일부로 생각된다. 만일 동물의 머리가 한 쪽으로 돌면, 동물은 그 방향으로 넘어지지 않도록 신체의 근육 긴장을 조절한다. 이 연구는 반사 행동의 과학에서 아주 중요하다고 생각되어 1927년 53세의 나이로 마그누스가 급작스럽게 죽기 전까지는 마그누스와 드 클레인이 생리학 부문의 노벨상을 놓고 경합하였다.*

목 반사에 관한 마그누스의 연구는 대부분 고양이를 대상으로 수행되었다, 그러므로 그 다음에는 같은 목 반사가 자유낙하 하는 고양이의 바로서기 반사의 개시에 어떤 역할을 하는지 조사하는 것이 자연스러운 순서였다. 마그누스는 1922년 "떨어지는 고양이는 어떻게 공중에서 몸을 회전하는가"라는 제목의 논문에서 이 주제에 관한 그의 연구 결과를 발표했다.[18]

그의 가설을 시험하기 위해 마그누스는 떨어지는 고양이의 고속 사진들이 필요했다. 비록 마그누스는 마레의 연구를 알고 있었지만 처음에

---

* 결국은 둘 중 누구도 노벨상을 수상하지는 못했다.

Figure 7.5

루돌프 마그누스의 떨어지는 고양이의 상들, 1922. *Hathi Trust Digital Library.*

는 마레의 사진들을 얻지 못했고, 결국 직접 사진들을 찍었다. 그는 1904년에 아마추어들을 위한 활동사진을 제작하기 시작한 기업가 에르네만Heinrich Ernemann으로부터 구입한 카메라 시스템을 사용했다. 활동사진 기술은 이미 상업화되기 시작하고 있었던 것이다. 마그누스가 발표한 사진들이 Figure 7.5에 있다.

논문에서 마그누스는 그 반사가 작용하는 과정을 이렇게 묘사한다.

이전의 서술에 따르면, 자유낙하에서 반응은 머리의 미로labyrinth에 관련되며, 그로인해 머리가 돌면서 정상 위치에서 멀어진다. 목 반사가 이 회전을 뒤따른다, 그로 인해 몸이 머리를 따라가는데, 먼저 가슴이, 그 다음 골반의 순이다. 이 방식으로 동물은 공중에서 극히 빠르게 나선형 운동을 하게 되며, 이것은 머리에서 시작된 것이다.

간단히 말해 마그누스는 '미로'(안뜰계가 위치한 영역의 다른 이름)의 가속이 고양이가 그 머리를 돌리기 시작하게 만든다고 생각하였다. 이 머리 회전이 마그누스-드 클레인 목 반사를 유발하고, 그것이 몸의 나머지 부분이 따라가며 회전하게 만들며, 고양이는 완전히 바로 설 때까지 코르크 마개 뽑기와 엇비슷하게 비트는 운동을 하게 된다는 것이다.*

마그누스는 물리학자가 아니었다. 우리는 반사에 대한 그의 설명이 하나뿐만 아니라 두 가지 서로 다른 물리학적 원리들과 충돌하는 것을 보게 될

---

* 와인 병의 코르크 마개를 뽑을 때 사용하는 나사 모양으로 생긴 도구를 말한다.

것이다. 그것들은 바로 등가 원리와 각운동량 보존이다. 이들은 이후 10년 이내에는 증명되지 않았다. 그러나 후속 연구의 결과 고양이가 떨어질 때 스스로 바로 서기 위해 사용하는, 이전에는 인정되지 않았던, 그리고 결정적인, 운동을 알게 되었다.

새로운 연구 결과는 1935년 마그누스의 전 실험실 조수 라디마커와 레이던 대학교Leiden University의 생리학 실험실에서 일하던 그의 동료 테르 브락 J. W. G. ter Braak 이 발표하였다.[19] 라디마커는 외과 의사로 경력을 시작하여, 1912년 학위를 받은 후, 1915년부터 인도네시아에서 5년을 근무하였다. 그 동안 그는 힘든 업무와 지독한 열대 질병에 시달렸다. 결국 그는 네덜란드에 돌아오자 직업 전환을 했다. 그에게는 마구누스의 실험실에서 하는 생리학 연구가 완벽하게 맞았다. 그곳에서 그는 고양이와 토끼의 근육 긴장에 대해서 신경학적으로 연구했다. 박사 학위를 위한 연구에서 그는 자세를 제어하는 중뇌의 한 구조인 적핵red nucleus의 역할을 상술했다.[20]

마그누스와 함께 연구를 했음에도 불구하고, 라디마커는 고양이-바로 서기 반사에 대해서는 그의 이전 고용주의 해석에 불편했던 것 같다. 테르 브락과의 공동 논문은 직접적인 비판과 함께 시작한다.

미로 관련 반사들은, 머리와 함께 미로들이 '정상 위치'에 있지 않을 때, 효력을 발휘한다. 그것들은 중력에 대한 미로들의 위치 변화로 유발된다. 이 위치 변화로 중력은 미로들에 변화를 일으키고, 이 변화는 중력 때문에 새로운 위치에서 지속된다. 이 변화가 머리를 '정상 위치'로 돌려놓는 미로 반응(미로 반사)을 유발한다.

그러나 자유낙하에서 이 중력의 영향은 즉시 중단된다. 그래서 동물은 낙하 중에 자신의 머리를 '정상 위치'로 돌린다, 비록 미로 반사를 유발하는 중력의 영향은 사라지고 없지만 말이다.

저자들은 여기서 간접적으로 아인슈타인의 등가 원리를 언급하고 있다. 그들은 마그누스의 설명이 이 물리 법칙과 불일치한다고 주장한다. 일반 상대성 이론에 따르면 자유낙하 하는 중에 안뜰계는 어떤 중력도 느끼지 못한다. 머리 바로서기 반사는 중력에 대해 머리가 기울어짐에 의해 유발되므로, 이 반사가 고양이의 회전에서 결정적인 인자가 되는 것은 가능하지 않다. 라디마커와 테르 브락은 그 점을 증명하기 위해 더 나아갔다.

고양이를 아래로 빠르게 던졌을 때, 그래서 고양이가 자유낙하의 경우보다 훨씬 큰 초기 가속도를 가지고 아래로 운동하게 될 때에도, 고양이는 공중에서 회전한다. 이 상황에서 운동을 갓 시작할 때, 미로들에 대한 중력의 영향은 상쇄되거나 심지어 반대 방향으로 향하는 힘으로 대체된다. 그래도, 그때조차 고양이는 회전하고, 회전 방향은 변하지 않는다.

또 하나의 논증이 머리 위치만이 고양이가 어떻게 혹은 왜 뒤집는지를 결정하는 인자가 될 수 없음을 보여준다. 라디마커와 테르 브락이 보여주었듯이, 고양이를 거꾸로 붙잡되 머리는 바로 서있게 하는 것이 가능하다. 만일 바로서기 반사가 거꾸로 된 자세에서 낙하를 시작하는 고양이의 머리에 의해 유발된다면, 외형적으로는 바로 서 있는 머리로는 유발되어서는 안 된다. 그러나 그때도 고양이들은 뒤집는다는 것이 발견되었던 것이다.

연구자들은 이 상황에서 안뜰계의 영향을 통째 무시하지는 않았다, 그러나 떨어지는 고양이의 반사 행동은 머리가 바르게 되돌아오도록 하는 반사로부터 본질적으로 다른 방식으로 유발됨이 분명하다고 주장할 뿐이었다.

이 관찰로부터 자유낙하 도중의 바로서기는 중력적인 미로 반사 때문이 아니라고 할 수 있다. 그래도 공중에서의 회전은 미로들이 결정한다. 그래서 중력이 유도하는 것은 아니지만, 낙하 운동의 결과로 생긴 미로들의 흥분에 근거를 둔 어떤 두 번째 종류의 미로 반사가 있음이 분명하다.

그렇다면, 미로들에서 무게 감각의 소실이 반사를 개시하게 한다고 생각하는 것이 합리적이 아닐까? 그러나 이것은 눈을 가린 고양이가 어느 쪽으로 돌아야 하는지를 어떻게 아는지 설명하지는 못한다. 라디마커와 테르 브락은 설명을 구해내지는 못했다.

비판을 계속하면서, 라디마커와 테르 브락은 마그누스의 설명이 기존의 물리학과 일치하지 않는 두 번째 방식을 지적했다. 그들은 마그누스가 고양이의 머리로부터 꼬리까지 코르크 나사의 비틀림과 같은 회전 일어나게 한다는 그 물리학적 메커니즘이 각운동량의 보존을 위배한다고 지적했다. 마그누스의 모형에서, 고양이의 모든 부위들은 차례로 같은 방향으로 비틀며 돌아간다. 그러나 만일 머리가 오른쪽으로 회전한다면, 몸은 각운동량을 보존시키기 위해 반대 방향 즉, 왼쪽으로 회전해야 한다. 만일 몸이 오른쪽으로 회전한다면, 머리는 왼쪽으로 회전해야 한다. 결국 이 방식으로는 고양이가 어떠한 알짜 회전을 얻어낼 수는 없다.

또한 두 네덜란드 저자들은 고양이-회전에 관해 마레와 귀유가 제안한 접고-돌기 설명도 만족스럽지 못함을 발견했다. 고양이가 이 기술을 이용

179

해서 단 두 번의 접기만으로 완전히 뒤집기 위해서는, 몸통의 반대 회전을 상쇄하기 위해 자신의 머리를 180도 이상 회전해야 한다. 이런 크기의 회전은 사진 상의 증거와 부합되지 않는 듯했다.

과학에서 기존의 어떤 가설을 비판하는 것은 십중팔구 쉬운 일이겠지만, 새로운 가설을 내 놓는 것은 훨씬 어려운 일이다. 다행히도 라디마커와 테르 브락은 그러한 도전을 시도했다. 그들은 오늘날 굽히고-비틀기라고 하는 고양이-회전하기에 대한 한 메커니즘을 제안했다. 그들은 먼저 지금까지의 회전하는 고양이에 대한 모든 모형들이 고양이가 그 등을 운동 도중에 곧게 유지한다고 가정해 왔음에 주목했다, 비록 사진 상의 증거는 분명히 그렇지 않음을 보여주는데도 말이다. 그래서 그들은 단순화의 목적으로 고양이의 몸이 허리 부분에서 굽어지고 비틀어질 수 있는 두 개의 원통들로 구성된 것으로 보았다. 그러면 고양이가 더 많이 굽힐수록, 상체와 하체 구획들은 더 많이 반대 방향으로 비틀어 질 수 있다는 것을 알 수 있다. 이 아이디어가 Figure

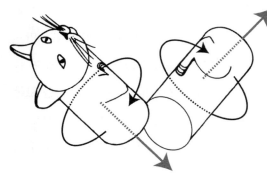

Figure 7.6
라디마커와 테르 브락의 고양이-회전하기에 대한 굽히고-비틀기 모형. 고양이의 몸이 일직선일 때는 몸의 두 구획들이 같은 방향으로 돌지만 고양이를 절반으로 완전히 굽게 하면 각 구획은 서로 반대 방향으로 돈다.* 새라 애디의 그림.

---

* 고양이가 허리 부분에서 180도로 꺾여 있지 않기 때문에 각 구획이 완전히 반대 방향으로 회전하는 것은 아니다.

7.6에 예시되어 있다. 만일 화살표들이 두 부분들의 각운동량의 방향을 나타내든다면, 180도로 완전하게 굽어진 고양이의 경우, 그 상하체 구획들의 각운동량들이 서로 상쇄한다는 것을 알 수 있다. 그때 고양이는 알짜 각운동량 제로인 상태로 회전할 수 있다.

 어떻게 이것이 작동하는가를 간단히 보기 위해, 먼저 몸이 곧고 뒤집힌 고양이를 상상한다. 그 다음, 고양이의 몸을 허리에서 완전히 꺾고, 몸을 두 개의 평행한 원통들로 대체하고, 얼굴은 바깥으로 향하게 한다.* 이제 고양이가 180도 비튼다. 그래도 고양이의 알짜 각운동량은 0이므로 전체적으로 보면 고양이의 방향에는 변화가 없는 것처럼 보인다, 그러나 얼굴이 이제 안쪽으로 향한다. 그래서 고양이가 등을 다시 곧게 펴기만 하면, 바른 방향으로 서 있는 자세가 된다. 실제로는 어떤 고양이도 몸을 완전히 꺾은 채 비틀기를 할 수는 없다. 그래서 좀 작게 굽히는 대신, 몸 전체에 걸친 비트는 동작으로 반대 회전을 상쇄할 수 있다.

 이 모형은 물리적으로 접고-돌기 모형과는 구별된다. 접고-돌기 모형에서 고양이는 그 상·하체 구획들의 관성 모멘트를 변화시켜 한 구획이 다른 구획이 반대로 회전하는 것보다 더 많이 회전할 수 있게 한다. 굽히고-비틀기 모형에서는 고양이는 그 상·하체 구획들의 회전을 서로 상쇄하게 만들어 방향의 알짜 변화를 가능하게 한다.

 저자들은 그들의 가설을 뒷받침하기 위한 수학적 결과들과 어떻게 해

---

* 이 상황을 나타내는 그림은 본문에는 없으나, 문맥상으로 보면 고양이의 몸을 나타내는 두 개의 원통들이 붙은 채 수직으로 서 있는 모습이다. 맨 아래가 고양이의 허리와 배에 해당한다. 그리고 고양이의 얼굴은 맨 꼭대기의 왼쪽이나 오른쪽에서 바깥쪽을 향한다.

서 의도하는 효과를 얻기 위해 여러 근육군들이 수축할 수 있는지를 보여주는 뜻밖으로 재미있는 '핫도그' 그림 또한 제공했다. Figure 7.7의 그림을 보면, 홍미롭게도 등이 바깥쪽으로 휘어진 고양이로 뒤집기 과정이 시작된다, 비록 사진 상의 증거는 고양이는 등이 안으로 휘고, 배는 집어넣은 상태로 시작한다는 것을 보여주지만 말이다.

　　최근에 이 굽히고-비틀기가 고양이-바로서기 반사에서 일어나는 고양이-회전의 가장 중요한 부분으로 인정되었다. 제4장의 마레가 촬영한 떨어지는 고양이의 측면도와 같은 이전의 일련의 사진들을 돌아보면, 우리는 쉽게 굽히고-비틀기를 찾아 볼 수 있다. 마레의 측면도에서 위쪽 연속물의 오른쪽

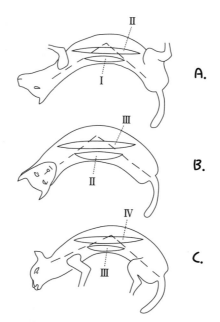

Figure 7.7
라디마커와 테르 브락의 굽히고-비트는 방법에 대한 "지루해 하는 유령 얼굴을 가진 핫도그" 그림 예시.

6번째 화상은, 라디마커와 테르 브락의 "핫도그" 예시의 B에서와 같이, 어느 정도 분명하게 고양이가 그 운동 중에 있음을 보여준다. 또한 프레드릭슨의 1989년의 꼬리 없는 고양이 사진들(6장을 보라) 중 윗줄의 왼쪽에서 장면 3과 4가 그것을 보여준다. 같은 운동을 라디마커와 테르 브락의 사진들의 일부에서도 볼 수 있다. 이를 테면 Figure 7.8에 주어진 그들의 논문에 있는 fig. 7의 장면 2와 3이 그것들이다.

라디마커와 테르 브락의 논문은 고양이가 낙하 중에 자신의 몸을 뒤집기 위해 어떻게 운동하는가를 말해 주는 최종판은 아니었고, 고양이가 그 비범한 묘기를 할 수 있게 해 주는 거의 확실하게 지배적인 메커니즘을 소개했을 뿐이다.

그러나 오래된 의문이 남아있었다. 그것은 바로 고양이는 자신이 떨어지기 시작할 때 어떻게 해서 어느 쪽이 위쪽인지 아는가하는 것이었다. 일반 상대성 이론은 고양이는 자유낙하 중에 안뜰계가 방향 판단을 위해 사용할 수 있는 아무 힘도 느끼지 못한다고 말해 준다, 또한 시각이 필요한 것도 아니다, 눈을 가린 고양이들이 아무 문제없이 뒤집기 때문이다.

영국의 생리학자 자일스 브린들리 Giles Brindley (1926년 출생)는 유일하게 남은 가능성으로 동물이 어느 방향이 아래라는 반사적 *기억*을 유지하고 그 기억을 사용하여 본능적으로 착륙 방향을 고정한다는 가설을 세웠다. 또한 1960년대에 그는 그의 가설이 옳은지 보기 위해 낙하 반사를 나타내는 토끼들에게 일련의 기이한 시험들을 시행했다.

과학에서 브린들리의 전문적 기량은 참 '기이하다'라고 할 수도 있을 것이다.[21] 그는 1960년대 그의 생리학 연구 이외에도, 자신의 전자 악기 '논리 바순logical bassoon'을 발명했으니 말이다.

Figure 7.8
라디마커와 테르 브락의 사진들에서 보여주는 굽히고-비틀기. 이 이름을 얻기 훨씬 전의 사진들이다.
라디마커와 테르 브락, *"Das Umdrehen der fallenden Katze in der Luft"*, Acta Oto-Laryngologica,
23:313-343, 1935, fig. 7에서 가져옴. 판권 소유 ©Acta Oto-Laryngological AB(Ltd), Acta Oto-
Laryngologica AB(Ltd.), vl.9, http://www.informaworld.com을 대리한 Taylor & Francis Ltd., http://
www.tandfonline.com의 허락으로 전재함.

Figure 7.9
논리 바순을 연주하는 자일스 브린들리. 브린들리,
"논리 바순 The Logical Bassoon", 사진판 XIX에서 가져
옴. 갤핀 학회Galpin Society의 제공.

두 콘퍼런스 회의록들에 묘사된 토끼 실험에서, 브린들리는 토끼로 보
아서는 중력의 방향이 변했다고 생각할 수 있게끔 토끼를 어떤 가속도에 노
출하는 실험을 설계했다.[22] 토끼를 그 가짜 중력 방향에 노출시키다가 놓아주
고, 토끼의 낙하 자세가 진짜 중력의 방향에 맞는지 혹은 겉보기 중력의 방향
에 맞는지 관찰했다.

그 콘퍼런스 회의록들에는 실험에 사용한 장치들의 세부 사항이 충분
하지 않고 사진도 없었다. 그래서 우리는 그들의 구체적인 형태에 관해 추리
를 좀 할 수밖에 없다.

첫 번째 실험은 위로 13°6′ 기울어진 한 쌍의 레일들에 매달린 상자
속에 든 토끼를 사용하였다. 상자는 그 경사 레일의 위와 아래로 사출되었다,

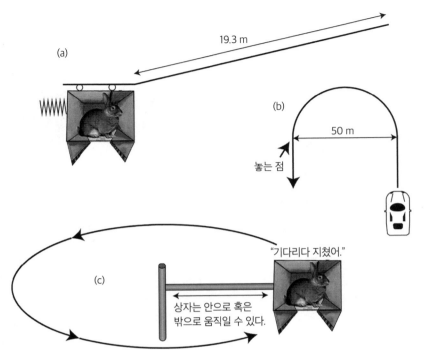

(a)

19.3 m

(b)

50 m

놓는 점

"기다리다 지쳤어."

(c)

상자는 안으로 혹은
밖으로 움직일 수 있다.

Figure 7.10
브린들리의 떨어지는 고양이의 실험: (a)the 'rabbipult'; (b)the 'carabbit'; c)the, uh, 'centrabbitfuge'?
새라 애디와 나의 그림. 내가 지은 이름과 표식들.

그리고 그것이 최저점으로 돌아왔을 때, 바닥 문trap door이 열려 토끼가 떨어졌고, 그 시점에서 토끼의 낙하 중 바로서기 반사가 촬영되었다.

토끼의 사출 가속도는 0.3초 지속되었다. 경사 레일을 따라 위아래로 왕복하는데 걸린 시간은 8.0초였다. 그 시간 동안 상자는 기울어져 있었고 토

---

*   토끼rabbit와 가속 도구들인 사출기catapult, 자동차car, 원심기centrifuge를 합성한 이름들. 각각의 상황에 맞는 이름을 만든 것일 뿐이다.

끼는 중력을 수직 방향에 대해 13° 각에서 느꼈다.* 우리는 토끼가 운동을 시작하고 끝낸 승강장은 수평이라고 가정한다. 이렇게 만일 토끼가 비교적 긴 시간 동안 기울어진 중력장을 경험하다가 자유낙하 직전에 중력장이 갑자기 변한다면 토끼에게 무슨 일이 일어나겠는가? 브린들리의 말을 인용하면 다음과 같다.

> 9초가 되자 상자의 바닥이 자동적으로 열렸고 토끼는 방석을 향해 150 cm(0.553초)를 떨어졌다. 그동안 토끼를 촬영하였다. 토끼는 낙하 중 수직에 대해 약 13°의 경사각을 계속 유지했다. 이와는 달리 단순히 토끼를 13°6′의 각에서 정지 상태로 유지시키다가 떨어뜨리면 토끼는 공중에서 돌아 30 cm 이내에 바로 섰다.

달리 말해, 토끼는 낙하 바로 그 순간의 중력장이 무엇인가가 아니라 그 이전 몇 초 동안 중력장이 무엇이었는가에 근거해서 자신의 방향을 잡는다는 것이다. 돌이켜 생각해 보면, 이 말은 일리가 있다. 동물이 낙하하는 순간, 몹시 흔들리고 자리를 밀거나 자리에서 반동하면서 여러 가지 힘들을 느낄 수도 있다. 그래서 중력의 방향에 관한 한, 동물은 가까운 과거의 기억을 떨어지는 순간에 기록된 것보다 더 믿을만하다고 여길 것이다.

---

* 레일의 경사 때문에 상자가 가속 운동을 하게 되며, 그에 따라 상자 속의 토끼는 가속도와는 반대 방향의 (가상적인) 힘을 받는다. 이 힘과 중력의 합력이 실제로 토끼가 느끼게 되는 겉보기 중력이 된다. 합력의 방향은 중력의 방향과는 다르다. 실제로 계산을 해 보면 원 중력의 방향에 대해 약 12.8° 기울어져 있음을 알 수 있다.

브린들리의 실험은 계속되었다. 그는 토끼를 자동차에 태웠다.

같은 상자를 바퀴를 제거한 다음 자동차에 설치하고, 이전과 같이 토끼를 그 상자 속에 넣었다. 자동차는 직선상에서 32 km/hr로 30초간 달렸다. 그 다음 속력의 변화 없이 갑자기 지름 50 m의 원형 궤도로 진입했다, 그렇게 하여 토끼는 갑자기 수직 방향에 대해 17°51′만큼 기울어진 겉보기 중력장을 경험하게 되었다.* 10초 후 상자의 바닥이 열려 토끼는 방석으로 80 cm(0.404초)의 거리를 떨어졌고, 낙하하는 모습이 촬영되었다. 토끼는 낙하 내내 수직 방향에 대해 약 18°의 경사각을 유지했다.

원형 경로 상에서 자동차를 타고 한 실험에서, 토끼는 중심에서 멀어지는 '힘'을 경험했고 그 힘은 토끼가 중력이 원의 바깥쪽으로 기울어진 것처럼 느끼게 만들었다.** 이전처럼 토끼는 수직을 향해서가 아니라 직전에 경험했던 중력의 방향에 따라 떨어졌다.

나중에 들은 바로는 이 실험은 덕스포드 비행장Duxford Aerodrome에 있는, 한 사용되지 않는 활주로 위에서 수행되었다고 한다. 자일스 브린들리의 아내 힐러리Hilary가 운전을 하는 동안 자일스가 사진을 찍었다.[23]

레일 실험과 자동차 실험 모두가 브린들리의 첫 번째 콘퍼런스 논문

---

* 원운동 때문에 토끼는 구심력을 받는다. 이 구심력과 중력의 합력이 겉보기 중력이 되며 간단한 계산 결과에 따르면 이 합력의 방향은 원 중력의 방향에 대해 17.87°만큼 기울어져 있다.
** 이 문장은 조금 오해의 소지가 있다. 문맥상으로는 원의 중심에서 멀어지는 원심력을 의미하는 것으로 보이지만, 실제로 토끼가 느끼는 힘은 그 정반대 방향으로 향하는 구심력이다. 그 구심력은 상자의 바닥이나 벽이 토끼에게 작용한다. 그에 따라 토끼도 원운동을 할 수 있다.

에서 논의되었다. 두 번째 논문에서는, 그는 추가적으로 수행한 한 실험에 대해 이야기했는데, 그것은 원심기 속에서 회전하는 토끼에 관한 것이었다.

> 토끼들을 용수철이 달린 바닥 문이 있는 상자 속에 넣고, 상자를 원심기 (캠브리지 대학교 공학 실험실의 '회전목마')의 축으로부터 105 cm 지점에 설치하였다. 여기에 수직 방향에 약 30° 기울어진 중력 가속도 장을 주도록 원심기의 속력을 조절하였다. 1/2분 혹은 그 이상이 지난 후에 상자를 원심기의 축으로 재빨리 옮겼다, 그런 다음 1/4초와 15초 사이의 시간이 지난 후 바닥 문을 열었다… 위치 변화 후 1초 혹은 그 이하에 떨어진 토끼들은 보통 아주 비스듬한 자세로 떨어졌는데, 이는 대략 원심기 가장자리에서의 장에 해당한다. 사이의 시간에서는 중간의 자세를 보였다.

브린들리가 수행한 모든 실험에서 도달한 요점은 토끼들, 그리고 아마도 고양이들은, 중력과 낙하의 방향에 관해 대략적으로 이전 6에서 8초 사이의 '기억 은행'을 가지고 있고, 그 기억 은행이 그들에게 말해주는 것에 따라 떨어진다는 것이다. 달리 말해서, 중력 방향의 급격한 변화 이후에 동물이 완전히 적응하는 데는 보통 약 6초에서 8초가 걸린다는 것이다. 아마도 회전을 검출하는 안뜰계의 반고리뼈관들은 이미 저장되어 기억하고 있는 중력과 비교해서 몸이 얼마나 회전해 있는가를 판단하는 것 같다. 그것은 동물의 눈을 가렸을 때에도 마찬가지다.

겉보기에는 비록 고양이들과 토끼들의 중추 신경계가 신뢰성 있고 정확한 바로서기 반사를 수행하기 위해 정확히 어떻게 다양한 감각 입력들과 반사 반응들을 관리하는가라는 의문들이 남아 있지만, 브린들리는 이 동물들이 아인슈타인의 가장 행복한 생각에 어떻게 대처해 나가는지를 적절하게 해결했다.

브린들리의 실험에서, 토끼가 경험한 겉보기 중력 방향의 변화는 13°6′에서 17°51′으로, 그 다음에는 30°로 점차 증가했었다는 것에 주목하여야 한다. 그의 두 번째 콘퍼런스 논문에서 브린들리는 토끼를 중력의 방향에 40°의 겉보기 변화를 만들어 내기 위해 급강하하는 비행기에 태우려는 더 극단적 실험을 제안했었다.

그 실험은 이행된 적이 없는 듯한데, 아마도 미국 공군이 인간을 우주로 보내기 위한 준비에서 이미 고양이를 사용한 유사한 실험을 진행하고 있었기 때문이었을 것이다.

우주로 간 고양이!

1960년 경, 오하이오 주 데이턴Dayton에 있는 라이트-패터슨 공군 기지Wright-
Patterson Air Force Base 소재 항공우주 의학 연구소Aerospace Medical Research Laboratories의
연구자들은 조종사의 안전을 개선하고 무중력이 인간에 미치는 효과를 연구
하면서 그들이 거둔 성과를 과시하기 위한 한 편의 영화를 제작했다.[1] 그 영
화의 한 부분에는, 관객들의 재미를 위해, 개조된 C-131 수송기에 사람, 고
양이, 비둘기를 태운 뒤, 그들을 무중력 상태에 있게 했을 때 벌어지는 장면이
삽입되어 있었다. 특히 고양이들은 정상적인 중력에서는 몸을 바로 세우는데
문제가 없는 것으로 보였지만, 무중력 상태에서는 어느 쪽이 위쪽인지 제대
로 알 수 없었기 때문에 자세 제어를 하지 못하고 뒹굴고 있었다. 비둘기들에
게도 같은 일이 일어났다. 사람들은, 아마도 사전에 실험 준비가 되어 있었기
때문인지, 훨씬 더 잘 해냈다.

　이 영화가 나오기까지 공군은 이미 10여 년간 살아있는 생물에게 무
중력이 미치는 영향을 연구해 왔고, 영화는 그 초창기 연구의 정점을 장식

한다고 말할 수 있다. 고양이들은 그들의 본능적인 바로서기 재능 때문에 그 연구에서 핵심적인 역할을 했을 뿐만 아니라, 국립 항공 우주국NASA 이 우주에서 유영하는 우주 비행사의 방향 전환을 위한 최선책을 찾아내려 수행한 후속 연구에서도 눈에 띄는 역할을 하였다. 인간이 별을 향한 첫발을 내딛으려 할 때, 놀랍게도 고양이들이 인간에게 가르쳐줄 많은 것들을 가지고 있던 것이다.

우주에서 인간 그리고 고양이의 길은 1920년대 로켓 제작에 취미를 가진 독일의 어떤 소규모 이상주의자들의 집단에서 시작되었다.[2] 취미로 우주 비행을 꿈꾼 이들은 꿈의 실현을 위해 열광적으로 노력했지만 자금과 자원이 부족했다. 1930년 초에 그들의 노력이 독일군의 관심을 끌었는데, 그것은 그들이 어떤 정치적 문제를 해결할 수 있는 것으로 보였기 때문이다. 1차 세계대전 후에 합의된 베르사유 조약은 독일이 군사력이나 전통적인 군사 무기의 규모를 크게 늘리는 것을 금지하고 있었다. 로켓은 목록에 없었는데 단순히 그것이 대전 중에 무기로 사용된 적이 없었기 때문이다. 이를 잘 이용하면, 독일은 유럽 나머지 국가들의 분노를 사지 않으면서도 새로운 장거리 공격 능력을 개발할 수 있게 되는 것이다. 그 아마추어 집단의 로켓 시험을 관찰한 후, 독일군은 많은 수의 로켓 설계사들에게 일자리를 제공했다. 여기에 유명한(그리고 종종 악명 높은) 폰 브라운Wernher von Braun도 포함되어 있었다. 그렇게 연구가 시작되었고, 2차 세계대전 중 런던을 향한 가공할 V-2 로켓 공격으로 연구는 정점에 올랐다.

폰 브라운과 그의 동료들은 대체로 우주 탐사에 관심이 있었지 무기 제조 기술에 관심을 가진 것은 아니었다. 그러나 나치 정권은 그 문제에 관해 그들에게 선택의 자유를 주지 않았다. 그들은 나치당에 가입하던지 죽든지 할 수 밖에 없었다. 그들은 당에 가입했고, 2차 대전이 종료할 때까지 로켓 제작 기술을 개발했다. 미국인들과 소련인들이 그 새로운 기술의 분명한 잠재력을 모를 리 없었다. 전쟁의 혼란스런 와중에서 그들은 가능한 많은 독일 로켓 과학자들을 모집했다. 소련인들은 그 작업을 대부분 한 번에 해치웠는데 그것을 오소아비아킴 작전Operation Osoaviakhim 이라고 했다. 그들은 1946년 10월 22일 소련 점령하의 독일에서 총부리를 들이대며 자신들의 로켓 프로그램에 2천여 명의 독일 과학자들을 '모집'했다. 그에 상응하는 미국 프로젝트인 페이퍼클립 작전Operation Paperclip 은 1945년부터 1959년까지 장기간에 걸쳐 일어났다. 초기에는 서방 통제 하에 있는 독일에서 많은 과학자들이 수용되고, 감시받고, 정보 누설 금지를 통고 받았으나, 궁극적으로 그들 중 많은 이들과 그 가족들이 미국으로 이주하여 우주 프로그램에 협조했다. 히틀러의 죽음을 전해들은 폰 브라운과 그의 동료들은 즉시 미군의 보호를 요청했고, 폰 브라운은 그해 말에 미국으로 이주했다.

모집된 사람들 중에는 프리츠Fritz 와 하인즈 하버Heinz Haber 가 있었는데, 그들은 1946년에 미국으로 이주했다. 항공 기술자 프리츠 하버는 전쟁 중에 독일에서 융커스 항공사Junkers Aircraft 에서 일을 했으며, 미사일을 항공기 위에 태워서 수송할 수 있는 방법을 설계했다. 나중에 비슷한 시스템이 개조된 747 위에 미국 우주 왕복선을 태워 수송하는데 사용되었다. 물리학자 하인즈 하버는 전쟁 중에 루프트와프 정찰대Luftwaffe Reconnaissance 의 비행사로 근무했다. 그들은 함께 텍사스의 랜돌프 공군 기지Randolph Air Force Base 에 자리를 잡은 미국 공군 항공 의학 학교U.S. Air Force School of Aviation Medicine 에 배치되어 일했다. 그 학교는 결국에는 우주 의학국Department of Space Medicine 의 일부가 되었다. 흥미롭게도 그들 각자는 자신들의 전문 분야로부터 크게 방향을 틀어 생리학에 역량을 집중하였으며, 특히 무중력이 인체에 미치는 영향을 알아내려 했다.

항공 의학 학교는 1918년 이래로 어떤 형태로 존재해 왔었는데, 그것은 대전 중에 비행기의 사용으로 조종사들이 어떤 종류의 의학적 조건을 경험하게 될 것인가를 이해하려는 노력의 일환이었다. 우주 의학국은 1949년 우주여행에서 어떤 의학적 문제들이 발생할 것인가를 연구 조사하기 위해 공식적으로 창설되었다. 우주 의학 space medicine 라는 용어는 원래 페이퍼클립 작전을 통해 미국으로 건너온 또 하나의 독일 과학자인 스트룩홀드Hubertus Strughold가 창안했다. 스트룩홀드는 우주 의학국의 초대 국장이 되었다.

우주에서 장기 체류는 지금은 흔하지만, 1940년대 후기에는 비록 짧은 시간이라고 할지라도 무중력이 인간 생리에 어떤 영향을 줄 것인가에 대해서 예측할 방법은 없었다.[3] 중력은 우리 생활에 상존한다, 그리고 초창기 연구자들은 우리의 생리가 제대로 기능하기 위해서 얼마만큼 저 꾸준한 힘에 의존하고 있는지 잘 알지 못하고 있었다. 하인즈 하버가 1951년 한 잡지에 그와 관련된 불길한 글 한 편을 썼다.

우주여행에 대한 대부분의 논의에서 탑승자들에 미치는 이 무중력 상태에 관한 결론은 가볍게 받아들여져 왔다. 사실 무중력 상태는 기분 좋은 상상을 불러일으킨다. 우주에서 아무런 스트레스를 받지 않고 자유로이 떠다니는 것은 안락하고, 심지어 돈벌이가 될 만한 상황으로 보이기도 한다. 그러나 보이는 것만큼 그렇게 태평스런 일은 아닐 것이다. 아마도 십중팔구 자연은 공짜 탑승에 대해 우리가 무언가를 지불하도록 요구할 것이다.

지구상에는 그것이 무엇과 같을 것인지 우리에게 말해줄 수 있는 것은 없다. 사실 다이빙 보드로부터 뛰어 내렸을 때 일어나는 자유낙하의 첫 순간이 이상적인 자유낙하에서 오는 무중력 상태에 엇비슷하지만 그나마 잠깐 지속될 뿐이다.[4]

무중력 상태에서는 인간에게 어떤 종류의 부정적인 효과가 발생할까? 하인즈 하버는 그의 동료 가우어Otto Gauer와 함께 호흡계와 심혈관계가 비교적 영향을 덜 받을 것으로 예상했다. 그러나 그들은 신체 각부의 상태와 방향에 관한 중요한 정보를 제공하는 감각기의 신경 자극들이 지속적인 무중력 상태에서는 오작동할 가능성을 우려했다.* 이를 테면, 시각계와 안뜰계가 동시에 제공하는 방향 정보 사이의 혼란이 극단적인 방향 상실 혹은 지속되는 멀미와 같은 것으로 이어질 수 있다는 것이다. 근육 속의 고유 감각기들 또한 우려된다. 인체는 사실 꾸준한 중력을 경험하면서 적절히 작동하도록 '조정되어' 있으므로, 중력의 소실은 그 조정 능력을 없어지게 하여 우주 여행자가 모든 운동을 극히 과도하게 하게할 수 있다. 만일 이 가설들이 확인된다면, 우주에서의 인간의 미래가 심각한 제약을 받게 될 것이다.[5]

그러나 우주만이 관심사는 아니었다. 2차 세계대전 중 제트 동력기의 출현으로, 비행기들은 이전보다 훨씬 더 빠르고 더 높게 날고 있었다, 비행 중 공기 저항이 무시될만한 인자로 취급되는 고도까지 말이다. 그런 상황에서 동력 없이 활공하는 항공기는 모두 실효적으로 자유낙하 중에 있을 것이고, 그러한 비행기의 비행사는 무중력 상태에 있을 것이다. 이러한 지상 관심사

---

*　신경 자극nerve impulse은 신경 섬유를 따라 전파하는 전기화학적 과정을 말한다.

또한 연구자들에게 우주 의학 연구를 위한 동기를 부여하였다.

그러한 효과들을 연구하는데 있어서 가장 큰 어려움은 지상에서 상당한 시간 동안 지속되는 무중력 상태가 없다는 것이었다. 하버가 지적한대로 다이빙 보드로부터의 낙하는 진정한 무중력 상태를 잠깐 만들어 줄 뿐이다. 스카이다이빙에서도 마찬가지이고, 열기구로부터의 점프에서조차 진정한 무중력 상태에 가까운 것은 공기 저항이 '아래 쪽'의 느낌을 주기 전까지 겨우 몇 초에 지나지 않는다.*

비교적 오래 지속되는 무중력 상태를 만드는 한 방법은 낙하탑drop towers을 이용하는 것이었다. 낙하탑은 어떤 높이로부터 자유낙하 하다가 땅에 충돌하기 전에 감속하도록 설계된 승강기다. 그래봤자 그러한 탑은 탑승자에게 기껏해야 몇 초간의 무중력 상태를 만들 수 있는 높이까지 건설될 수 있을 뿐이다. 이에 1950년 하버 형제는 탁월한 해결책 한 가지를 제안했다. 그것은 포물선 궤도를 그리며 날아가는 비행기를 이용하는 것이었다.[6]

이 전략이 Figure 8.1에 예시되어 있다. 일반 상대성 이론에 따라 중력장에서 자유로이 운동하는 모든 물체는 무중력 상태에 있다. 어떤 적당한 방식으로 날고 있는 항공기에 탑승한 승객들은 대략 이 상태를 겪게 된다. 비행기가 먼저 위를 향해 어떤 궤도로 가속한다, 그러면 그 동안 승객들은 늘어난 중력을 경험한다. 그런 다음 비행기는 추진력을 줄여 포물선 궤도를 따라

---

* 낙하중인 물체에는 공기 저항이 작용한다. 공기 저항은 아래에서 위로 향하는 힘이기 때문에 만일 공기 저항이 있다면, 어느 쪽이 아래인지 구분을 할 수 있게 해줄 것이다. 그러나 낙하를 시작한 순간 짧은 시간 동안에는 공기 저항이 거의 없다. 이때에는 무중력 상태이므로 낙하하는 물체는 아래와 위를 구별할 수 없다. 그 이후에는 공기 저항이 위로 작용하므로 방향의 구별이 가능해진다.

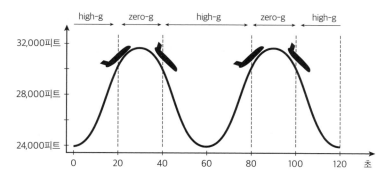

Figure 8.1
무중력을 만들기 위한 롤러코스터 방식의 포물선 궤도. 나의 그림.

간다, 친구에게 던진 야구공이 따라가는 궤도처럼 말이다. 조종사는 항공기에 작용하는 공기 저항을 상쇄할 만큼만의 추진력을 유지해야 한다, 그렇지 않으면 어떤 중력이 작용하는 것과 같은 효과를 내게 될 것이다. 비행기가 일정 시간 동안 아래로 가속한 후에, 비행사는 필히 하강에서 벗어나야 하며, 그때 승객들은 또다시 증가된 중력을 받게 된다. 이 과정은 필요에 따라 반복될 수 있으며, 그 결과 항공기의 전체적인 경로는 일련의 롤러코스터의 오르내림과 같이 된다.[7]

길어진 무중력 상태에 뛰어들려고 하는 용감한 시험 조종사들에 힘입어, 이 계획이 실행되기까지는 오래 걸리지 않았다. 1951년 여름 에드워드 공군 기지Edwards Air Force Base의 시험 조종사 크로스필드Scot Crossfield가 위를 향한 자세와 아래로 향한 자세의 비행 모두에서 무중력 상태를 만들었다. 비록 그는 무중력으로 전이하는 동안 약간의 혼란 감각을 느끼긴 했지만, 5번째 비행 후에 순조롭게 그 감각에 적응했다. 그는 또한 계기판에 있는 스위치들에 손을 뻗는 중에 과도한 동작을 하는 경향을 보여줌으로써, 부분적으로 고유 감각기의 기능 부전에 대한 가우어와 하버의 우려를 확인시켜 주었다.[8] 크로스필드는 2년 후 음속의 2배로 비행한 최초의 조종사로 유명해졌다.

1952년에 비슷한 비행을 한 공군 시험 조종사 예거Chuck Yeager 또한 어떤 방향 감각 상실, 특히 전이 시간transition period에 낙하의 감각을 느꼈고, 무중력 상태에서 어떤 '방향 교란'도 느꼈으나 무게가 복원되자 그것들은 사라졌다.[9]* 예거는 첫 번째로 음속의 벽을 깬 비행사로 유명하다. 그는 그 기록을 1947년에 세웠다.

무중력이 인간에게 미치는 영향에 대한 최초의 체계적인 연구는 우주 의학의 또 하나의 주요 거점이 된 라이트-패터슨 공군 기지의 항공우주 의학 연구실에서 실행되었다. 스트룩홀드가 1949년에 전근해 와서 연구를 한 곳이다.[10] 이 연구에서는 록히드사Lockheed의 F-80E 슈팅스타Shooting Star 제트 전투기를 개조하여 엎드린 자세의 침대가 기수에 설치되었다. 비행기는 침대나 일반 조종실 좌석에서 조종할 수 있었다. 비록 침대에 실험 대상자를 두고 조종사가 조종실에서 비행을 제어하는 것이 표준이었지만, 조종사가 엎드린 채 이 비행기를 날게 할 수 있었다는 것이 핵심이었다.

전형적인 비행에는 평균 15초 지속되는 아중력subgravity 궤도가 8-10회 포함되었다.** 무중력 상태에서 시험 대상자들에게 머리를 흔들고 물체로 손을 뻗는 등 다양한 조정 작업을 하도록 지시했다. 대상자들은 반응을 아주 잘 했고 방향 감각에 대한 영향도 크게 받지 않았다, 그리고 박동수와

---

* 전이 시간은 위로 가속되다가 엔진의 추진력을 줄여 자유낙하 즉, 무중력 상태로 진입하는 순간을 말한다.

** 아중력은 표준 중력보다 낮은 중력을 말한다.

심전도 모니터는 특별한 변화가 없음을 보여 주었다. 또한 대상자들은 의자에 고정된 채 전정 감각을 무력화시키는 시각적 판단 기준을 가지는 것이 방향 감각을 계속 유지하는데 도움을 준다고 느꼈다. 그래서 눈을 가리고 자유로이 떠다니는 사람은 심각한 방향감각 상실을 경험할 수도 있을 것으로 추측되었다.

연구자들에게 무중력만이 우려 사항이 아니었다. 우주로 가기 위해 계획된 모든 로켓 비행에서 우주 비행사들은 극한적인 힘에 노출될 것이다, 그리고 이 힘은 우주 비행사에게 상해를 입히거나 심지어 죽일 수도 있다. 그래서 제트 전투기 침상의 실험 대상자들도 극한적인 가속(중력 가속도 g의 배수 혹은 '지-포스g-force'로 측정된다)을 받게 하고 그 느낌을 묘사하라고 요구했다. 그러나 그보다는 극한적인 속도로 가속시킬 수 있고 급격하게 감속될 수 있는 로켓 썰매를 사용하여 탄탄한 지상에서 높은 가속도 시험을 시행하는 것이 훨씬 쉬웠다. 그러한 실험은 1947년에 시작해서 1950년대까지 계속되었다. 이 실험들에서 가장 유명하고 많이 참가한 사람은 공군 대령 스탭John Stapp으로, 1954년 12월 10일 최고 시간당 632마일까지 도달한 로켓 썰매에 승차하여 감속 과정에서는 $46.2\,g$의 놀라운 힘을 경험하였다. 이 실험으로 스탭은 의도적으로 가장 높은 관성력을 경험한 기록 보유자 및 지상 최고 속력의 기록 보유자가 되어서 '지구에서 가장 빠른 사나이'이라는 칭호를 받았다. 그의 헌신은 제트 전투기의 안전벨트와 좌석의 중요한 개량으로 이어졌다. 스탭이 자신의 몸을 극한적으로 남용한 것을 생각한다면 그가 89세의 나이까지 살다가 1999년 집에서 평화스럽게 사망한 것은 조금 놀라운 일이 아닐 수 없다.

1950년대에는 high-g의 시험들이 흔했다. 그에 따라 미래의 우주여행에 필요한 아중력 효과들은 잘 알려지지 않았고 걱정거리였다. 불가피하게 동물들이 그러한 효과를 시험하는데 차출되었다. 동물 시험에서 지속 시간과 안전의 두 가지 목표에 대한 한 타협으로서 로켓이 사용되었다. 비행기 탑승객들에게는 무중력 시간이 약 20초로 한정되었던 반면, 로켓은 훨씬 더 높이 올라갈 수 있었고 포물선 궤도를 훨씬 길게 유지하여 몇 분간의 무중력 상태를 제공할 수 있었다. 그러나 로켓 비행은 새로운 기술이고 위험 부담이 컸으므로 인간 시험은 생각할 수 없었다. 동물들을 사용한 로켓 시험이 자연스러운 결과였다.

이 시험들을 위해서 두 유형의 로켓들이 사용되었다. 공군은 아직도 신뢰도가 높은 폰 브라운의 독일형 V-2 로켓을 사용했지만 제작비용이 많이 들었다. 미군은 1940년대에 에어로제트 사Aerojet Corporation와 계약을 하여 연구를 위한 비용-효율적인 대체품 에어로비Aerobee를 제작하게 했다. 다섯 기의 V-2와 세 기의 에어로비들이 1948년부터 1952년까지 뉴멕시코에 있는 화이트 샌즈 탐사장White Sands Proving Ground에서 발사되어 초기 연구에 사용되었다. 발사할 때는 항상 시험 대상으로 원숭이들과 쥐들이 사용되었다. 원숭이들은 마취되었고 비행 중 전 과정을 통해서 전파로 그들의 생체 신호를 관측할 수 있는 모니터들에게 연결되어 있었다. 어떤 비행에는 쥐들이 모니터에 연결되었고, 또 다른 비행에는 쥐들이 무중력 상태에서 떠다니는 것을 영화로 촬영하여 그들이 무중력에서 어떻게 반응하는지 관찰했다.[11]

실제로 안전에 대한 우려는 옳았던 것으로 판명 났다. 첫 에어로비가 낙하산을 펼치는데 실패했고, 다섯 기의 V-2 로켓들 모두가 그러했다. 두 번째 에어로비는 안전하게 착륙했으나, 회수 후 동물과 함께 기지로 돌아오는데 시간이 지연되는 바람에 도중에 과열로 인해 원숭이가 죽고 말았다. 세 번째 에어로비 비행에서야 비로소 모든 동물들이 안전하게 돌아 왔다. 그래도 모든 로켓들이 생체 신호를 전파로 전송했고, 영화 장면을 위한 튼튼한 카메라가 장착되어 있었기 때문에 추락한 로켓조차도 중요한 데이터를 제공했다.

영장류 연구는 이미 이전의 연구에서 보았던 것과 가우어와 하버가 세운 가설을 확인해 주었다. 동물들의 심혈관계와 호흡계는 무중력 상태에 의해 영향을 받지 않았던 것이다. 쥐들을 촬영한 영상은 자유낙하 하는 동물들은 어느 정도 방향감각을 잃는다는 것을 보여 주었다, 그러나 안정한 표면에 발을 붙이고 있었던 것들은 교란을 받지 않는 듯했다. 이것은 무중력 비행에서 인간에 대한 관찰과 일치했다. 즉, 고정 면 혹은 좌석과 같은 지지물을 이용하면 무중력 때문에 발생하는 혼란을 상당히 줄일 수 있는 것처럼 보였다. 정상적인 안뜰계를 가진 쥐들과 손상된 안뜰계를 가진 쥐들의 반응을 비교하기 위해 그들을 로켓에 태웠다, 단 손상된 쥐들은 운동 감각이 없이도 지상에서 생활과 조정에 적응하도록 시간을 준 후였다. 놀랍게도 손상된 쥐들이 정상인 쥐들보다 무중력 환경에서 *더* 편안해 보였다. 연구자들은 손상되지 않은 쥐들이 그들의 평형감각의 급작스런 변화에 적응하지 못했고, 그로 인해 혼란이 일어난 반면, 손상된 쥐들은 아무 변화를 느끼지 못해서 빠르게 적응할 수 있었던 것으로 판단했다.

이 관찰은 다음해에 수행된 핵심적인 일련의 실험에서 확인되었는데, 한 번이지만 미국에서가 아니라 아르헨티나에서 있었다. 연구자 폰 베크 Harald von Beckh 는 1917년 오스트리아 빈의 의사 가문에서 태어났다, 그리고 그는 1940년 의학 박사의 칭호를 받고 가족의 전통을 이어나갔었다.[12] 그는 1941년 베를린의 항공 의학 아카데미Academy of Aviation Medicine 에서 강사가 되었고, 조종사와 항공 외과 의사로서도 봉직했다. 나치 정권의 붕괴 후에 폰 베크는 독일에서 오래 비행 연구를 계속하는 것이 불가능함을 깨달았다. 그는 이탈리아의 제노아에서 방법을 모색하다가 아르헨티나 영사관과 접촉하여 부에노스아이레스에서 연구를 계속할 수 있게 되었다.

폰 베크는 무중력 환경에서 방향 파악과 근육 조정에 관한 연구에 관심을 두었는데, 남미는 그에게 완벽한 실험동물을 제공했다. 바로 아르헨티나 뱀-목 거북, 하이드로메두사 텍티페라 *Hydromedusa tectifera* 였다. 폰 베크는 그들의 이상적인 행동 특성을 이와 같이 요약했다.

> 이 거북들은 방향 잡기 행동과 근육 조정에 대한 연구에 특히 적합한 듯하다. 그것은 물속에서 먹이를 구하는 과정에서 굉장한 속력과 기술로써 전 방위로 운동하는 그들의 능력 때문이다. 그 동물들은 엄청 먹어대는 물거북의 한 부류에 속한다. 정상적인 중력 조건, 즉 지상에서나 수평 비행 중에, 그들은 뱀처럼 그들의 S자 목을 먹잇감에 완벽한 정확도로 내뻗으며 공격한다. 그들은 또한 다른 동물의 입에 달려 있는 고기 조각을 낚아채기도 한다. 사실 그놈들은 굶주리면 이미 다른 거북의 입안에 있는 먹잇감까지도 꺼내려 든다.[13]

이처럼 아르헨티나 거북들은 본능적으로 전 방위로 사냥하는 능력을 소유하고, 정확하게 공격하고, 아주 적극적이다. 이 때문에 그들은 조정 능력을 시험하는데 바람직한 대상이 된다. 그런데 거북이 한 마리가 폰 베크를 위해 또 하나의 뜻밖의 특성을 제공했다. 우연하게도 과열된 수족관에 며칠간 있는 바람에, 그 거북이는 안뜰 기능을 상실했던 것이다. 처음에 그 거북이는 먹이를 정확하게 공격하는데 힘들어 했지만, 점차 기술을 회복했고 3주 후

Figure 8.2
아르헨티나 뱀-목 거북. 2007년 다이주 아주마Daiju Azuma의 촬영, CC BY-SA 2.5에 따라 공유함. ©OpenCage. Wikimedia Commons.

에는 정상적으로 먹이를 먹을 수 있게 되었다. 폰 베크는 그 동물이 안뜰계의 영구적인 손상을 입었으나 그것을 보상할 수 있도록 시각으로 방향을 잡는데 적응했다고 결론을 지었다. 이 거북과 정상적인 거북이로 폰 베크는 무중력에 대한 반응을 잘 비교해 볼 수 있었다.

이 동물들을 물이 채워진 한 원통형 병에 넣은 다음 2인용 제트기에 태웠다. 병은 위가 열려져 있었다. 무중력 상태로 강하하는 동안, 거북이들에게 고깃덩어리들을 집게로 집어 주어 그들의 공격의 정확도를 평가하였다. 무중력 비행이 결코 완벽한 것은 아니었고, 항공기 속의 개방된 용기 속의 물에 흥미로운 효과를 만들 수 있음에 주목할 필요가 있다. 폰 베크는 "수평에서 수직 비행으로 바뀔 때, 잠깐 동안 음의 가속도가 만들어졌다. 이때 병 위로 20 혹은 30 cm의 높이까지 물이 달걀 모양처럼 위로 볼록한 형태를 형성하면서 (때로는 물과 함께 동물이) 올라갔다. 그러나 대부분의 물은 그 병을 같은 높이로 들어 올리면 도로 흘러들어 갔다."고 기록했다.

폰 베크는 이전의 미국 로켓 실험에서 사용된 쥐들처럼 손상이 없는 거북이들은 그들에게 공급된 먹잇감을 잡는데 힘들어 했으나, 손상된 거북이들은 지상에서 자신들이 했던 만큼 행동한다는 것을 발견했다. 이전에 하버와 가우어가 예측한 것처럼, 손상되지 않은 동물들은 분명 그들의 시각계 및 안뜰계에서 오는 상반된 정보에 따라 방향 감각의 혼란이 있었던 것이다. 손상된 동물은 그러한 혼란을 겪지 않았다. 손상되지 않은 거북들도 20 혹은 30회의 비행 후에는 점차적으로 사냥 능력이 개선되었고, 그것은 인간 또한 초기에 어느 정도의 노력을 하면 무중력 환경에 적응하고 정상적으로 기능할 수 있음을 시사했다.

폰 베크는 무중력 비행에서 인간의 조정 능력도 시험했다. 무중력의 상태에서 대상자들에게 종이 위의 네모 상자에 곱표를 표시하도록 요구했다. 무중력 상태에서 눈을 가린 경우만 제외하고 대상자들은 그 일을 잘 해냈다. 이 결과는 고양이와 인간은 똑같이 운동을 조정하기 위해서 각자의 안뜰계와 눈을 사용한다는 이전의 관찰과 일치한다. 두 감각 모두가 제거되는 경우 대상자들은 방향 감각을 크게 상실했다.

자유낙하 환경에서 동물들에 대한 많은 연구가 있었음에도, 연구 프로그램에 조사 대상으로 고양이를 아주 늦게 합류시켰다는 점은 좀 놀라운 일이다. 마침내 1957년 페이퍼클립 작전에 의해 모집된 또 하나의 독일인인 게라테볼Siegfried Gerathewohl과 랜돌프 항공 의학 학교Randolph School of Aviation Medicine

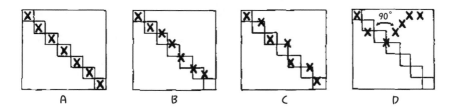

Figure 8.3

곱표 그리기 시험. 수평 비행 중에 (a) 눈을 뜨고 있을 때와 (b) 눈을 감고 있을 때, 그리고 무중력 강하 중에 (c) 눈을 뜨고 있을 때와 (d) 눈을 감고 있을 때. 게라테볼Gerathewohl, "무중력 상태의 시험 대상자들" 로부터 가져옴. 허락으로 사용함.

의 비행사인 스탈링스Herbert Stallings 소령은 무중력하의 고양이에 대한 연구를 떠맡았다. 그들은 연구 동기를 이렇게 말했다.

> 실질적인 관점에서 보자면 그 의문은 아중력과 무중력에서 어떻게 해서 고양이의 바로서기 반사가 작동하는지 물어보는 것이다. 거꾸로 잡고 있는 고양이는 뒤집을 것인가 혹은 그 자세 그대로 있을 것인가? 조정 및 적응과 연관된 시간 인자가 있는가? 시각적 방향 감각과 같은 다른 신호들은 어떤 식으로 반사 기능에 영향을 주는가? 우리의 호기심을 만족시킬 뿐만 아니라, 무중력 상태에서 귀돌 기관otolith organ의 역할을 분명히 하기 위해서도 이 의문들에 대한 답들을 찾고자 하였다.[14]

무중력에 관한 한 가지 우려를 자아내는 의문이 정리가 되지 않은 채 남아있었다. 무중력하에서 의자나 다른 고정된 기준점에 고정되어 있지 않을 때에도, 어떻게 해서 인간은 그런대로 정상적인 활동을 할 수 있는가 하는 것이다. 연구자들은 아직 무중력 시험을 위해 대형 화물기를 사용해 보지는 못했다. 차선책은 작은 동물들을 소형 비행기에 태우는 것이었다. 태어난 지 3주짜리 4마리, 약 8주짜리 2마리, 약 12주짜리 2마리, 총 8마리의 고양이들을 무중력 비행을 하도록 했다. 여기서 모든 고양이들이 잘 해낸 것은 아니다. 실제로 가장 어린 고양이들은 바로서기 반사를 전혀 해내지 못했다. 연구자들은 고양이가 이 반사를 4에서 6주 사이에서 개발한다고 결론지었다.

실험을 위해서 고양이들을 거꾸로 잡고 있다가 여러 무중력 시간들, 즉 무중력 시간이 1, 5, 10, 15, 20, 25초 경과한 후 놓아 주었다. 영화 카메라가 무중력에 대한 동물들의 반응을 기록했다. 실험에 사용된 항공기는 T-33이나 F-94 연습용 제트 전투기들이었으며, 산소 마스크를 쓴 조종사 앞을 떠다니면서 전투기 조종사에 새로운 위험 요소를 더하는 고양이들의 초현실적인 화상들을 촬영할 수 있게 해주었다.

연구 결과에 따르면 고양이들이 최대 5초 동안 무중력이었을 때 뒤집어 바로서기를 아주 잘하는 것으로 나타났다. 더 긴 무중력 시간들에 대해서는 뒤집기 성공률이 떨어졌고, 15에서 20초의 시간에서 고양이들은 성공한 횟수만큼 실패했다. 눈을 가린 동물들은 무중력 상태에서 더 자주 그리고 더 일찍 실패했다. 이 결과들은 1960년대 브린들리가 했던 토끼 바로서기 반사의 '기억'에 대한 연구와 일치하는 듯하다.

게라테볼과 스탈링스가 그들의 연구에서 도달한 핵심적인 결론 하나는 운동의 직선적인 변화를 검출하는 안뜰계의 일부분인 귀돌들은 가속도 자체에 의해서보다는 가속도의 변화에 의해 영향을 받는다는 것이었다. 즉 일정 가속도는 가속도의 개시나 제거만큼 귀돌들에 영향을 주지 않는다. 일부 추가적인 실험들이 고양이들이 조종석의 천장으로 잡아당기는 힘, 즉 음의 관성력에 어떻게 반응하는가를 보려고 수행되었다. 성체 고양이 둘 다 걸

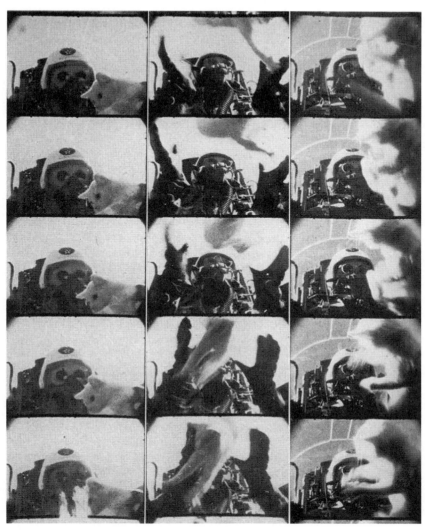

그림 1.
T-33 비행기 내 실험 전의
고양이의 사진.

그림 2.
무중력 조건으로 진입한 즉시
재빠르게 일어나는 고양이의
바로 서기 반사.

그림 3.
지연된 반사.
고양이가 어떤 시간이 경과한 후
천천히 회전한다.

Figure 8.4

제트 전투기로 무중력 궤도에서 시험을 받고 있는 고양이의 연속 사진들 3매. 스탈링스 소령이 조종사
였다. 게라테볼과 스탈링스, "무중력 하에서 고양이의 미로에 의한 자세 반사"에서 가져옴. 허락 하에 사
용함.

보기 중력의 방향으로 뒤집었고, 한 마리는 조종석 덮개에 거꾸로 서기까지 했다.

고양이-무중력 연구와 유사한 연구가 몇 년 후인 1961년 뉴멕시코의 홀로만 공군 기지Holloman Air Force Base의 쇼크Grover Schock에 의해 수행되었다.[15] 이상 없는 동물뿐만 아니라 손상된 내이를 가진 동물을 대상으로 한 이 연구는 손상된 안뜰계에 이미 적응한 동물들은 무중력 환경에서 더 잘 행동한다는 이전의 결과를 확인하였다.

그래도 1957년의 게라테볼과 스탈링스의 연구를 무중력하의 동물에 대한 마지막 중요 연구로 볼 수 있다. 같은 해 그러한 연구의 성격을 바꾼 두 가지 중대한 사건이 일어났다. 첫 번째는 무중력을 흉내 내기 위한 C-131B 화물기의 도입이었다.[16] 이 비행기는 공식적으로는 웨이트리스 원더Weightless Wonder(무중력의 경이)라는 이름이 있었지만, 곧 그것에 탑승한 사람들이 보미터 커미트Vomit Comet(구토 혜성)이라고 부르기 시작했으며, 고정되지 않은 다수의 승객들을 싣고 지속 시간 15초까지의 무중력 비행을 할 수 있었다. 그래서 중개자를 통해서 그 효과를 추론할 필요 없이 인간이 무중력 상태를 직접 경험하고 연구하는 것이 가능해졌다.

C-131B를 사용하면서 인간이 무중력에 어떻게 반응할 것인가에 관한 대부분의 우려와 의심들이 제거되었다. 브라운E. L. Brown이 이렇게 묘사했다, "거의 모든 사람들이 0 g에서는 들뜬 기분을 경험한다. 그것은 즐거운 경험이다, 그리고 아주 편안하다. 초보들에게는 이 즐거운 기분이 때로 참을 수 없는 메스꺼움으로 중단된다, 그러나 0 g 시간의 바로 앞과 뒤에 2.5 g의 상태 때문에 0 g가 메스꺼움을 일으키는 것이라고 말하기는 어렵다."[17]

어떤 전율의 기분을 Figure 8.5에 있는 당시의 비행 중에 촬영한 사진

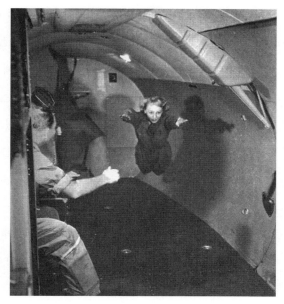

Figure 8.5

항공 의학 연구소의 생리학 분과 소속 잭슨Margaret Jackson 양이 특징적인 한 자세를 보여준다. 그녀는 최초로 무중력 상태에서 자유-유영한 여성이다. 브라운Brown, 무중력 하의 인간 행동에 대한 연구에서 가져옴.

에서 볼 수 있다. 이때에 라이트-패터슨의 웨이트리스 원더 안에서 다리를 허둥대는 고양이들의 영상 또한 촬영되었다.

연구를 변화시킨 두 번째 사건은 1957년 10월 1일에 소련의 위성 스푸트니크 1호Sputnik I의 발사였다. 이것은 서방 세계에 한 충격으로 다가왔다, 그 바람에 미군은 우주 경쟁, 특히 유인 임무에서, 그 노력을 배가 했다. 만일 무중력의 나쁜 효과들이 있다면 임무 도중에 해결해 내려고 했다. 그렇게 하여 미국인들은 우주로 가고 있었다, 그것도 가능한 빠르게 말이다. 1958년 7월 29일 아이젠하워 대통령은 국립 항공 우주국National Aeronautics and Space

Administration(NASA)을 창설하는 법안에 서명했다. 이상적으로는 소련보다 먼저 인간을 궤도에 올리고, 그를 안전하게 돌아오게 하려는 목적으로 머큐리 프로젝트Mercury Project가 1958년 10월 7일 승인되었다. 그 임무에서 소련보다 먼저 한다는 부분은 실패했다. 1961년 4월 12일 가가린Yuri Gagarin이 지구 궤도를 한 바퀴 돌았기 때문이었다, 그래도 미국은 멀리 뒤쳐져 있지는 않았다. 1961년 5월 5일 우주인 셰퍼드Alan Shepard가 미국 최초로 비궤도suborbital 비행을 하였고, 1962년 2월 20일 글렌John Glenn이 지구 주위에서 궤도를 세 번 그려냈다. 우주 경쟁은 확실하게 그리고 잘 진행되고 있었다.

살아있는 생물에 대한 우주 생리학적 연구가 이론적 단계로부터 실제적인 단계로 이동하면서 많은 초창기 연구 선도자들은 다른 일로 이동했다. 프리츠 하버는 사적 산업으로 옮겼다. 그는 1954년 아브코 라이커밍사Avco Lycoming company에 입사하여, 최초로 가스 터빈 엔진의 일부를 공동 개발했다. 그는 나중에 유럽 경영을 담당하는 부사장으로 승진했다.

프리츠의 형제 하인즈의 전직은 더욱 놀랍다. 1950년대 그는 월트 디즈니사Walter Disney의 영상물 제작을 위한 과학 자문 총책이 되었고, 그와 관련된 많은 대중 과학 과제들에 일했다. 그 중에는 *우리의 친구 원자Our Friend Atom*라고 하는 1957년의 디즈니랜드 텔레비전 시리즈가 있었는데, 핵력의 긍정적인 측면을 칭찬하는 내용이었다. 그는 그 이야기에 바탕을 둔 책을 한 권 썼고, 많은 수의 다른 대중 과학 책들도 썼다.

스트룩홀드는 1962년 국립 항공 우주국의 항공 우주 의학국의 과학 책임자가 되어, 제미니와 아폴로 우주인들을 위한 압력복과 생명-보호 체계의 설계를 했다. 그의 업적 때문에 그는 '우주 의학의 아버지'로 알려지게 되었다, 그러나 그는 그가 2차 대전 중에 다카우 강제 수용소Dachau concentration camp에서 인체 실험에 참여했었다는 의심을 받아 평생 정신적 고통을 받았다. 스트룩홀드는 랜돌프 공군 기지의 우주 의학과의 10주년 기념식에서 그가 남긴 코멘트로 미군의 초창기 연구를 잘 요약했다. "우리의 연구가 외부인들에게 항상 진지하게 받아들여지지는 않았다. 사람들은 우리 이야기를 듣고, 미소 짓고, 고개를 가로저었다. 그들에게 우리는 '괴짜'와 '과격주의자'였다. 우리의 시작이 작은 규모였고, 아주 아주 저렴했던 것이 그나마 다행이었다."[18]

　　인간이 우주에 진출하였다고 해서 우주 연구에서 고양이의 역할이 끝난 것은 아니었다. 연구자들은 무중력 환경에서의 동작 그 자체가 도전이라는 것을 알게 되었다. 이를 테면, 자유로이 떠다니는 우주인이 아무런 각운동량 없이도 어떻게 방향을 바꿀 수 있을 것인가? 고양이의 바로서기 반사가 그러한 동작을 위한 유일하게 잘-연구된 예였고, 그래서 결국 다시 주목을 받게 되었다.

　　공군 연구자들은 보미트 커미트를 여러 가지 동작 방법을 시험하는 장소로 사용했다. 훈련 중인 머큐리 프로젝트 우주인들도 그 공간을 공유했다. 많은 수의 순수한 공학적 해결책이 평가를 받았고, 일부는 성공적이었다. 예를 들어, 무중력 상태에서 자석 신발을 신은 실험 대상자들이 C-131B의 천장에서 걸었다. 보행을 쉽게 할 수 있도록 자석의 세기를 조정하는데 많은 난점들이 나타났다. 만일 자석이 너무 약하면 보행자들이 쉽게 금속 표면에서 떨어져 버릴 수가 있었지만, 자석이 너무 강하면 보행자들은 천장 위 한곳에만 붙어 있는 꼴이 되었다. 미래에 우주선 밖에서 하게 될 운동을 위해서 공기 분사 장치가 도입되었다. 그 장치는 압축 공기가 들어 있는 탱크와 손으로 쥐는 노즐을 호스로 연결한 것으로, 우주 비행사는 그 탱크를 배낭처럼 매고 노즐로 공기를 분사하여 어느 방향으로도 추진력을 낼 수 있었다. 이 진기한 장치들을 가지고 비행복을 입은 군 요원은 정말 고스터버스트즈Ghostbusters라는 영화의 그 고스터버스터들처럼 보였다.* 구르는 것을 방지하기 위해서, 연구자들은 각운동량의 보존을 적절히 이용했다. 즉 실험 대상자들은 그들의 방향을 일정하게 유지하기 위해 자이로스코프와 같은 회전하는 바퀴들을 휴대했다. 자전거 바퀴들이 도는 동안에는 자전거가 바로 서있는 것처럼 이 자이로스코프들은 우주인들이 통제 불가능하게 돌지 않도록 해 주었다.

그러나 우주인들은 특수한 장비 없이도 그들의 운동을 제어할 수 있어야 한다. 이를 위해 고양이가 스스로 뒤집을 수 있게 해주는 메커니즘이, 고양이의 생리학보다는, 지대한 관심사가 되었다. 1960년대 초 데이턴 대학교 Dayton University의 연구자들은 우주인들이 몸의 운동만으로 자신들의 방향을 바꾸는데 사용하기 위한 다양한 방법들을 찾아내기 위해 라이트-패터슨 공군 기지의 한 과학자와 협력했다. 1962년 그들은 무중력의 인간: 자체-회전 기술Weightless Man: Self-Rotation Technique이라는 제목의 매력적인 기술 보고서에 그들의 연구 결과를 발표했다.[19] 이 문서에서 저자들은 우주인들이 그들의 방향을 바꾸는데 사용할 각 회전축 당 몇 가지씩, 총 9가지 기술을 제시했다. Z-축 회전은 척추를 중심축으로 하는 회전으로 우주인이 피겨 스케이트 선수처럼 회전하는 것을 말하고, Y-축 회전은 앞 재주넘기와 뒤 재주넘기와 같은 방향이고, X-축 회전은 옆 재주넘기와 같은 방향이다.

그 기술들은 기발하게 작명되었는데 '우주 요원들이 기술들을 재빨리

*   1984년 개봉된 영화로, 유령들을 처치하는 3인조에 대한 이야기였다. 유령을 잡아내는 사람들을 고스트버스터라고 한다.

지칭하고 이해할 수 있도록' 선택되었다. 동작들의 완전한 목록이 다음과 같이 주어진다.

- (Z.1) 고양이 반사
- (Z.2) 굽히고 비틀기
- (Z.3) 올가미 밧줄
- (Z.4) 바람개비
- (X.1) 신호 깃발
- (X.2) 뻗고 돌기
- (X.3) 굽히고 비틀기
- (Y.1) 이중 바람개비
- (Y.2) 발가락에 닿기

이들은 무중력 우주인들의 동작을 재미있게 묘사한다. 예를 들어 '이중 바람개비'는 이런 식으로 묘사된다, 즉 "이 연속 회전 동작은 0 g 비행에서 성공적으로 입증되었다. 그 과정은 아주 간단하다. 다리와 발을 끌어당긴 채 팔을 Y-축에 평행하게 똑바로 뻗는 동시에 원뿔 모양으로 돌려라."

우리의 목적에 가장 관심이 가는 것들은 목록의 첫 두 가지다. 실제로 첫 번째가 '고양이 반사'라는 것은 연구자들의 마음에도 고양이의 그 능력이 두드러졌음을 시사한다. 그 묘사를 보면, 연구자들은 이 반사가 마레가 원래 묘사했던 식으로 고양이가 선택적으로 몸의 구획들의 관성 모멘트를 변경시키는 '접고 돌기'의 기능을 발휘하게 한다고 생각한 것이 분명하다. 여기서 그들이 사람에 대해서 그것을 어떻게 묘사했는지 살펴보자.

몸은 똑바로 펴고, 팔은 아래로 하고, 다리는 옆으로 벌려라. 그런 다음 오른쪽이나 왼쪽으로 허리에서 Z-축에 관해서 몸통 전체를 비틀어라. 몸통이 꼬인 채로 팔을 옆으로 쭉 펴고, 다리를 끌어 모은 다음, 꼬인 몸통을 풀어 원위치로 가져가라. 팔을 옆으로 내리면 대상자의 사지는 몸통에 대해 정확히 처음 시작할 때와 같은 배치를 가지게 될 것이다, 그러나 그의 몸 전체는 약간 회전되어 있을 것이다.

목록의 두 번째 동작, '굽히고 비틀기'는 본질적으로 1930년대에 라디마커와 테르 브락이 관찰한 고양이 뒤집기 기술의 인간 버전이다. 당신도 혼자 이 동작을 해 볼 수 있다. 똑바로 선 자세에서 시작하여, 상체를 옆으로 구부려라, 그리고 팔들은 옆으로 올려라. 다음, 상체를 굽힌 채, 반대쪽으로 굽어지도록 전방으로 돌려라. 팔들을 내려 똑바로 펴기만 하면, 당신은 자신의 몸을 비틀었던 그 방향에 반대로 일정한 양만큼 회전해 있게 될 것이다. 천천히 그리고 조심스레 해 보면 당신도 이 동작을 할 수 있다, 비록 마루에 서서 하더라도 제대로만 한다면, 당신은 마루에 대해 당신의 발들이 비틀린다는 느낌을 받게 될 것이다. 공군의 이 연구 덕분으로 라디마커와 테르 브락 기술은 굽히고-비틀기 기술로 알려져 있다.

'굽히고 비틀기'는 목록의 Z-축 동작과 X-축 동작 두 군데에 있다, 그것이 양 축을 따라 약간의 회전을 제공하기 때문이다. 약간 수정하면 그것은 어느 하나를 강조하는데 사용될 수 있다. 우주인들이 이 기술들을 연습했는지 혹은 그들에게 표준적인 훈련으로 습득하게 했는지는 분명하지 않다. 그들은 웨이트리스 원더 호에서 비행하는 동안 자신들의 운동을 조직적으로 개발하는 것이 더 쉽다는 것을 알았을 수도 있다.

인체의 유연함은 회전을 위한 많은 자유를 허용하지만, 그것은 또한 문제로 이어질 수도 있다. 우주에 있는 한 우주인을 고려하자. 그는 자신을 똑바로 앞으로 보내도록 조정된 로켓 배낭을 메고 있다. 만일 그 우주인이 한 팔을 옆으로 뻗으면, 우주인의 질량 중심은 그 쪽으로 약간 이동할 것이다, 그러면 우주인은 앞으로 갈 뿐만 아니라 회전까지 할 것이다. 이는 우주선 밖의 우주에서 우주인들이 자신들에 추진력을 주기 이전에, 어떻게 해서 자신들의 몸 위치의 변화가 운동과 안정성의 변화를 바꿀 수 있는지 이해할 필요가 있다는 것을 의미한다. 이 방향으로 사람에 대한 세밀한 수학적 모형이 개발되었다. 그 모형에서 몸의 모든 구획들은 원통, 구, 타원체, 벽돌로 취급되었다. 이 모형들에 관한 한 논의는 다음과 같이 인체를 가장 낭만적으로 지면에 묘사했다.

인체는 탄성체들의 복잡계의 하나이며 부속물들이 운동을 함에 따라 탄성체들의 상대적인 위치가 변화한다.[20]

무중력하의 동작에 대한 연구의 결과는 원래 1966년 6월 5일 제미니 9A 임무 중에 우주인 동작 장치Astronaut Maneuvering Unit 로켓 배낭을 멘 우주인 서난Eugene Cernan이 우주에서 시험하기로 되어 있었다. 그러나 서난이 걷는 준비를 하는 중에 과도하게 힘을 쓰는 바람에 그의 안전모의 햇빛 가리개에 습기가 찼고, 그에 따라 시험이 취소될 수밖에 없었다. 최초로 구명줄로 묶이지 않은 우주선 밖 활동(EVA)은 훨씬 뒤인 1984년 2월 7일에야 이루어졌는데, 그것은 우주 비행사 맥캔들리스 2세Bruce McCandless II가 보다 정교한 유인 동작 장치Manned Maneuvering Unit (MMU)를 사용하였을 때였다. 흡사 하이테크 안락의 자처럼 보이는 MMU에는 24개의 추진기들이 있었는데, 그들을 비행사의 팔걸이에서 가동시켜 회전, 방향, 추진력을 조정할 수 있었다.

무중력하의 동작을 연구하고 있던 나라는 미국만이 아니었다. 소련도 1960년대에 자체의 우주항공생물학 프로그램을 가동했다. 프로그램에서는 무중력 항공기, 원심기, 낮은 g 환경을 흉내 내기 위한 수중 훈련이 완비된 여러 시설들이 사용되었다. 상응하는 미국의 기관들처럼, 1965년의 한 보고서의 서론에서 저자들은 떨어지는 고양이 문제에게 정중한 경의를 표했다, 역사를 약간 잘못 알고 있었긴 하지만 말이다.

> 이전에 많은 역학 전문가들은 살아있는 생물은 다른 물체가 받쳐주지 않는 상태에서 어떤 축에 관해 그 몸을 회전시킬 수 없다고 생각했다. 그들의 기본적인 논거로서, 그들은 운동량 모멘트의 보존 법칙(면적의 법칙)을 인용했다.
>
> …
>
> 그러한 단정이 잘못되었음은 데프레가 증명했다. 그는 떨어지는 고양이의 사진들을 좀 찍었는데, 고양이는 별 어려움 없이 항상 발을 아래쪽으로 돌렸다. 이 사실은 역학의 기본법칙, 즉 면적의 법칙의 관점에서 설명할 수 없는 것처럼 보였다.[21]

사진을 찍은 것은 데프레가 아니라 마레였다, 그리고 1894년 고양이 뒤집기가 물리적으로 가능함을 처음으로 프랑스 아카데미를 설득시킨 것은 레뷔였다. 사실 데프레는 처음에는 마레의 가장 강력한 반대자였다.

자신들이 고안한 자체-회전 방법들을 지상에서 시험하기 위해, 소련은 자유로이 구르는 구가 포함된 수평의 시험대, '주코브스키 벤치Zhukovskiy bench'를 사용했다. 그 시험대 위에 서 있는 사람은 수평 회전을 위한 방법을 시험할 수 있었다. 예를 들면, 팔을 머리 위로 들어 원뿔 운동을 함으로써 몸을 반대 방향으로 돌게 했다(미공군의 용어로는 올가미). 보다 일반적인 동작을 시험하기 위해서, 소련인들은 대상자들이 트램펄린 위에서 되튀어 떠 있는 동안 그것들을 시도하도록 했다. 우주 비행사들은 '체조 선수, 곡예사, 잠수부, 그리고 떠있는 상태에서 복잡한 회전을 해야 하는 다른 운동선수들처럼 자동적인 동작이 나오도록' 이 동작들을 훈련 받았다.

소련인들과 미국인들이 시험한 간단한 동작들의 대부분은 실행 속도가 느리다. 올가미가 결국에는 우주 비행사가 반대 방향으로 향하도록 해주긴 하겠지만, 팔이 여러 번 회전한 후에야 가능하므로 몇 초 이상의 시간이 걸린다. 반면 고양이들은 1초의 일부분 이내에 뒤집을 수 있다. 국립 항공 우주국은 인간이 고양이들만큼 빨리 뒤집을 수 있는가에 대해 알고 싶어 했다. 해답을 발견해 내려면 보다 정교하고 보다 엄밀한 수학적 방법이 필요했다.

우연히도 1960년대에 한 연구자가 이미 비슷한 문제를 연구해 오고 있었다. 스탠퍼드 대학교의 공업 수학 교수 케인Thomas R. Kane이 무중력 환경에서 서로 연결된 물체 덩어리들로 이루어진 복잡계의 운동을 분석하기 위한 어떤 수학적 양식을 개발했던 것이다. 우주 연구는 이미 우주에서 장기간 체류하는 우주 비행사들을 위한 인공 중력의 유용성을 인식했었다. 인공 중력을 만들기 위한 한 가지 가능한 방법은 자전하는 우주선이나 우주 스테이션을 사용하는 것이다. 그곳에서는 원심력이 바깥 방향으로 향하면서 중력과도 구분할 수 없는 힘을 제공한다. 1967년 케인과 그의 동료 로브T. R. Robe는 부분 탄성을 가진 어떤 종류의 가교로 연결된 한 쌍의 고체로 구성된 인공위성의 안정성을 연구했다. 구조 전체는 그 중심 주위로 자전하고 있었다.[22] 이는 유연한 관절로 연결된 한 쌍의 원통으로 구성된 우리에게 익숙한 떨어지는 고양이 모형과 아주 유사하다.

　　케인은 또한 무중력 환경에 있는 우주 비행사의 운동 문제를 공략했다. 그는 새로운 수학적 기술을 사용하여, 우주 비행사가 방향을 바꿀 수 있도록 하는 최적의 길을 계산적으로 찾아내는 길을 보여주었다.[23] 이 연구에 관심을 가지게 된 국립 항공 우주국은 그에게 그러한 문제를 연구하도록 6만 달러의 보조금을 수여했다. 그때쯤 케인은 떨어지는 고양이 문제와 마주쳤고, 지금까지의 설명에 만족하지 않고 그의 수학적 방법으로 그것을 계산하는데 몰두했다. 그렇게 나온 결과가 그때까지의 떨어지는 고양이에 대한 가장 세부적이고 십중팔구는 가장 정확한 수학적 모형일 것이다.

　　크게 보아 케인은 낙하하는 고양이에 대해서 라디마커와 테르 브락이 제안한 설명에 동의했다, 즉 굽히고-비틀기 설명에 동의했다, 그러나 한 가지 중요한 한계를 지적했다. 라디마커와 테르 브락의 모형에서 고양이는 상반신과 하반신 사이의 굽힌 각을 같게 유지한다. 이는 고양이가 등을 역으로 아치를 그린 상태로 발로 착지함을 의미하나 실제로 보는 것과는 정확히 반대다. 대신에 케인과 그의 학생 셰르M. P. Scher는 고양이가 라디마커와 테르 브락의 운동으로 시작하지만, 몸을 비트는 동안 등을 점차 똑바로 펴기 시작하여 대략적으로 옆을 향하게 되면 등이 거의 똑바로 되게 한다고 주장했다. 그 다음 고양이는 반대 방향으로 굽히면서 또 하나의 굽히고-비틀기를 시작한다, 그리고 굽힌 등과 펴진 다리로 착지함으로 낙하를 완료한다. 간단히 말해 케인의 모형에서 고양이는 라디마커와 테르 브락의 운동을 두 번 한다, 전 과정을 통해 등의 굽은 각을 점차 변화시키면서 말이다.

케인과 셰르의 모형을 간단하게 표현하는 방법은 순서대로 일어나는 세 가지의 서로 다른 운동으로 나타내는 것이다. 고양이는 떨어지기 시작하자마자, 굽히고 비틀어서 측면을 향하고 허리에서 오른쪽으로 굽어지게 한다고 생각하라. 다음, 고양이는 반대쪽으로 굽혀서 허리에서 왼쪽으로 굽어지게 한다. 여기서부터 고양이는 앞으로 굽히고 지면을 마주 볼 때까지 굽히고-비틀기를 계속하면 된다.

1969년 발표된 한 논문에서, 케인과 셰르는 떨어지는 고양이 모형에 대한 모의 풀이를 실제로 떨어지는 고양이의 사진들 위에 겹쳤다.[24] 결과는 설득력이 있었다. 라디마커와 테르 브락이 한 것처럼 케인과 셰르는 고양이를 한 쌍의 원통으로 이루어진 모형으로 대체했다. 그 모형에 그들은 한 가지 추가적인 제한을 가했다, 마레의 접고-돌기 모형에서처럼, 고양이가 상체와 하체 구간들을 상대적으로 비틀 수는 없다는 것이었다.

고양이에 대한 이 새로운 연구는 궁극적으로 무중력 환경에서 우주 비행사들이 회전하는데 도움을 주자는 의도에서 이루어졌다. 그러므로 고안된 방법은 사람들이 직접 시험해 볼 필요가 있었다. 소련인들이 했던 것처럼, 케인은 잠깐 동안의 무중력 환경을 만드는 비싸지 않은 방법으로 트램펄린을 사용했다. 케인은 새로운 회전 기술을 만들어내기 위해 처음에 수학적 방정식들을 통해 최적의 고양이-뒤집기를 위한 방법을 개발했다. 그런 다음 그는 그 운동을 컴퓨터에 입력시켜서 자신이 그 운동을 이해할 수 있도록 스케치할 수 있게 했다. 마지막으로 우주복을 입은 한 노련한 트램펄린 선수가 그 동작을 효과적으로 재생할 수 있는지 시험했다.

그 별난 프로젝트는 1968년 라이프 매거진*Life Magazine* 기자들의 주목을 끌었다. 케인의 한 연구 논문을 위해 촬영된 사진들은 그때까지 나온 과학

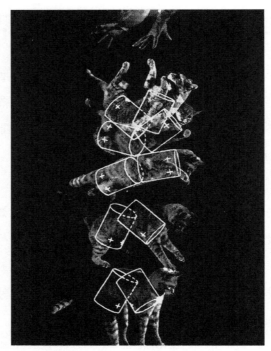

Figure 8.6
케인-셰르의 떨어지는 고양이의 모형에 대한 컴퓨터-모의 결과
를 실제 사진들에 중첩한 것. 케인과 셰르, 떨어지는 고양이 현
상에 대한 한 동적인 설명. *International Journal of Solids and
Structures, 5:663-670, ©1969*년에서 전재함, 엘스비어*Elsevier*
사의 허락에 의함.

사진들 중에서 가장 초현실적인 것들 중의 하나였다.[25] 사진들은 떨어지는 고
양이의 모습과 우주복을 제대로 차려 입고 고양이의 동작을 흉내 내는 트램
펄린 선수의 모습을 나란하게 순서대로 보여 준다.

　　떨어지는 고양이와 우주 비행사의 동작을 비교한 것으로는 케인과 셰
르의 발표가 마지막이었던 듯하다. 두 과학자들은 1970년에 인간을 위해 특
별히 만든 그들의 자체-회전 방법을 자세히 설명하는 정식 논문을 추가로 발

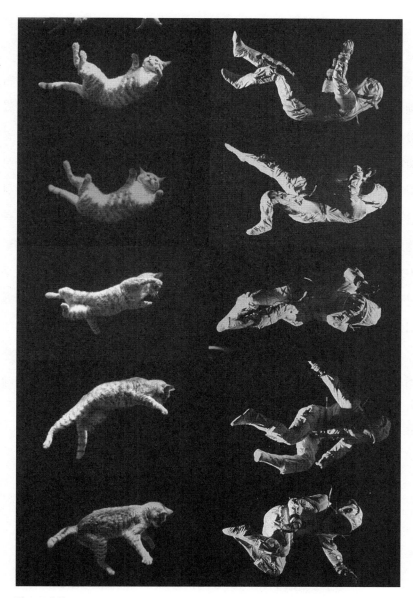

Figure 8.7
떨어지는 고양이와 우주복을 입은 한 트램펄린 선수, *Ralph Crane/The LIFE Picture Collection/ Getty Images.*

표했다.[26] 떨어지는 고양이는 다른 프로젝트들에서 연구자들의 관심거리로 남아 있었지만, 우주 탐사에서 그들의 역할은 1969년에 종료된 것이다.

이 모든 연구에도 불구하고, 한 마리의 고양이만이 성공적인 우주여행을 마치고 안전하게 돌아왔다. 1960년대 초, 초창기 우주 경쟁이 고조되었을 때, 프랑스도 살아있는 생물에 대한 큰 힘과 무중력의 생리학적 효과를 활발하게 연구 조사하고 있었다. 한 애완동물 거래상에 의해 파리의 거리에서 발견된 길고양이 펠리세트Félicette가 프랑스 정부에 의해 구매되어 우주 시험을 위한 14마리의 고양이들 중의 하나가 되었다. 고양이들의 신경 반응을 측정하기 위해 그들 모두에게는 뇌에 영구적인 전극들이 부착되었다. 1963년 10월 18일 펠리세트는 우주로 발사된 최초의 고양이가 되었고, 5분간의 무중력을 포함한 13분간의 비행에서 156킬로미터(96.9마일)의 고도에 도달했다. 그 암고양이는 캡슐에 실려 낙하산으로 안전하게 지구로 귀환했다.

그 위험한 시련에서 살아남은 3개월 후, 프랑스 과학자들은 우주여행이 어떤 생리학적 변화를 일으켰는지 연구 조사하기 위하여 슬프게도 펠리세

Figure 8.8
우주 고양이 펠리세트 우편엽서. 그녀의 성공적인 여행 후에 발행되었다. 적혀 있는 글은, "1963년 10월 18일 나의 성공을 위한 그대의 참여에 감사한다."로 번역된다.

트를 안락사 시켰다. 프랑스 우주 프로그램에서 그 고양이의 핵심적인 역할
에도 불구하고 그녀는 오랫동안 대체로 잊힌 채 있었다. 그러다 2017년 기
Matthew Serge Guy가 펠리세트의 고향 도시 파리에 그의 비행을 기념하기 위한
입상을 세우기 위해 기금을 모으기 시작했다. 돈이 모아지자, 이 책을 쓰고 있
는 중에 조직자들은 우리를 대신한 그 동물의 희생을 영원히 추도하고 기념
하기 위한 기념물을 설치할 적당한 부지를 물색하고 있었다.

케인과 셰르는 복잡계를 모의 실험할 때 새로이 이용 가능해진 기술
한 가지를 이용했다. 그 것은 바로 컴퓨터였다. 정교한 컴퓨터 모형을 사용하
여 인간과 고양이의 운동을 똑같이 묘사할 수 있다면, 실생활에서 그들의 운
동을 행동으로 옮길 수 있는 기계를 만들어 내는 것은 단지 시간 문제였다.
그러나 그 일이 일어나기 전에, 고양이는 높은 곳에서 떨어질 때 또 하나의
새로운 신비를 드러내었다.

신비를 간직한 고양이

지금까지 우리는 주로 실험실의 실험 대상물로 이용된 고양이들을 보아왔으나, 고양이들은 또한 많은 과학자들에게 동반자들로 심지어 실험 조수들로 일을 해 왔다. 그러나 고양이와 인간 사이의 협력이 모두 생산적인 것은 아니었다. 예를 들자면, 1825년 몇몇 영국 신문들은 고양이가 연루된 어떤 사고를 보도했다.

헝가리의 유명한 광학자 스페이거Spaiger의 걸작, 그 유명한 맨하임 망원경 Manheim telescope이 며칠 전에 아주 이례적인 방식으로 파손되었다. 천문대의 하인이 청소를 위해 렌즈들을 끄집어 낸 다음 도로 넣었는데, 고양이한 마리가 관 속으로 기어들어간 것을 보지 못했다. 밤에 강력한 달빛의힘에 놀란 그 동물은 탈출하려고 했다. 그 바람에 장비가 넘어졌고, 탑의꼭대기로부터 땅으로 떨어져 산산조각으로 부서졌다.[1]

이 사건에 고무된 미국의 시인 블리커Anthony Bleecker는 고양이가 떨어지면서 죽었을 것이라고 가정하고, 사랑스런 애완동물을 잃은 그 천문학자의 딸이 지은 것처럼 해서 "융프라우 스페이거Jungfrau Spaiger가 자신의 고양이를 부르다"라는 가상적인 조문을 썼다.[2] 여기에 그 일부가 있다.

오, 나에게 말해다오, 야옹아, 내가 가장 무서워하는 것이 이것이다.
어떤 킬케니Kilkenny 고양이가 너를 유령으로 만들었니?*
너는 말을 할 수 없니? 아, 그렇다면 내가 그 이유를 찾아보아야겠구나.
여기 내가 무엇을 보고 있지? 피 묻은 발자국들.
그리고 아, 정숙한 별들! 저 부서진 사지가 드러나는구나!
여기에 그대의 다리들이 누워있다. 망원경의 다리들도 여기에 누워 있다.
뒤집혀진 망원경, 너무 분명하다, 내가 보기에는
그 이유가, 그대의 참변의 이유가.

이 이야기는 고양이와 천문학자 양자에게 비극적이다, 그 일이 실제로 일어났다고 가정한다면 말이다. 그러나 그 이야기가 보도된 그대로라고 하기에는 의심할 만한 좋은 이유들이 있다. 첫째로는, 1816년과 1846년 사이 독일 만하임Mannheim 천문대(두 개의 n이 있음)의 대장은 니콜라이Friedrich Bernhard Gottfried Nicolai였다. 스페이거에 관한 어떤 기록도 발견되지 않는다. 또한 탑의 지붕 위에서 쉽게 굴러 떨어질 수 있도록 불안정하게 설치된 값비싼 최신식

---

* 킬케니는 아일랜드의 한 지명이다. 그곳에 한 쌍의 고양이가 죽고살기로 싸워 꼬리만이 남았다는 이야기가 전해온다.

망원경을 상상하기란 어렵다. 어떤 천문학의 저널에도 그날의 그 불행한 사건에 대한 언급이 없다. 의문의 그 기간 중에도 맨하임 천문대의 업무는 지장 없이 계속되었던 것 같다.

스페이거의 고양이가 정말 존재했다고 가정하더라도, 그렇게 떨어져 죽었다는 생각에는 도전해 볼만 하다. 고양이-바로서기 반사는 고양잇과 동물들이 예기치 않게 굴러 떨어져도 그들을 살아남도록 도와준다, 그러나 도시에서 고층 건물들이 출현하여 고양이들이, 그에 대응하는, 아마도 더욱 우리를 놀라게 하는 기술을 과시할 수 있도록 했다. 고양이들은 높은 곳으로부터 떨어지더라도 생존율이 높을 뿐만 아니라, 아주 높은 곳으로부터의 추락에서는 더 높은 생존율을 보인다는 것이다. 국립 항공 우주국이 고양이-회전하기 능력에 대한 관심을 잃은 지 오래지 않아, 수의사들이 우연히 이 새로운 수수께끼와 마주쳤다.

새로운 기술과 그에 따른 우리가 살아가는 방식에서의 변화는 종종 기대치 않는 결과를 동반한다. 이를 테면 1887년에 다음과 같은 비판이 *사이언스 Science* 저널에 실렸다. 워싱턴 D.C.의 톰슨 A. G. Thompson 이 쓴 글이다.

모든 발명에는 어떤 불편함 혹은 폐해가 수반되어 나타난다, 그리고 이 점에서는 전깃불도 예외가 아니다. 이 도시에 전깃불들은 건물들, 특히 재무부 청사를 비출 목적으로 적절한 위치에 설치되어 멋지고 놀라운 효과를 보였다. 같은 시간에 거미 한 종류가 전등 주위에 사냥감이 풍부한 것을 발견하고 온갖 기술을 동원하여 밤낮으로 노력했다. 그 결과, 그들의 거미줄들은 아주 두껍고 많아져서 건물 장식들의 여러 부분들이 더 이상 보이지 않게 되었다, 그리고 거미줄들이 바람에 찢어지거나 썩어 떨어져 그 쓰레기가 닿는 모든 것을 음침하고 더러운 모습으로 만들었다. 뿐만 아니라 이 모험가들은 조명을 받고 있는 방 천장의 한 구석을 독점하기도 했다.[3]

국가의 수도에 조명을 설치하는 사람들은 명백히 자신들이 거미들을 위한 한 이상적인 배양 장소를 만들고 있음을 알아차리지 못했던 것이다.

비슷한 시기인 1885년, 시카고에 세계 최초의 현대적 마천루가 올라갔다. 수십 년 동안 비록 여러 채의 높은 건물들이 건설되어 왔었지만, 뼈대에 구조용 강철을 사용한 건물로는 10층짜리 홈 인슈런스Home Insurance 건물이 최초였다. 이러한 자재 강도의 개선으로 상업용과 주거용 모두에서 점차 높은 건물들이 건설되기 시작했다, 그리고 점점 높아지고 있는 곳에 거주하는 고양이들이 많아졌다. 필연적으로 고양이들은 그러한 높이에서 떨어지기 시작했다. 홈 인슈런스 건물의 건축가들은 자신들이 고양이들에게 어떤 새로운 의학적 조건, 고소 증후군high-rise syndrome을 낳을 것이라고 예견하지는 못했을 것이다.

그 현상은 뉴욕 시에 있는 ASPCA 헨리 버그 메모리얼 병원Henry Bergh Memorial Hospital of the ASPCA 외과 책임자인 로빈슨Gordon W. Robinson이 추락 사고의 빈도가 늘어난 것을 알게 되었고, 그렇게 이름을 지어 불렀다.[4]* 로빈슨의 논문은 1976년에 발표되었다. 최초의 마천루가 건설된 후 그 증후군이 인식되

---

*   American Society for the Prevention of Cruelty to Animals(ASPCA)는 미국의 비영리 동물 학대 방지를 위한 단체다.

기까지 거의 100년이 걸린 셈이다. 로빈슨이 지적했듯이, 그렇게 지연된 데에 대한 부분적인 이유는 애완동물의 보호자들이 추락 사고가 있었는지 조차 몰랐던 탓일 수도 있다.

이 증후군의 역사는 좀 혼란스러운 면이 있다. 고양이 소유주들은 종종 사고가 일어나는 것을 알지 못하고 집주인, 건물 관리자, 수리공 혹은 친구가 아파트에 들어오는 바람에 놀란 고양이가 홀, 계단 혹은 비상 탈출구로 내려가서 거리 혹은 뒷마당으로 탈출하여 그곳에서 어떤 종류의 외상이나 독극물 중독이 일어났다고 생각한다.

그 분야에서는 최초인 로빈슨의 논문은 그 증후군에 대한 관심을 불러일으키고, 수의사들이 그것을 이해하도록 도움을 주는데 목적이 있었다. 그는 고소 증후군에 수반하는 전형적인 상해의 삼총사를 확증했다. 바로 비혈epistaxis, 경구개 균열split hard palate, 기흉pneumothorax이었다. 비혈은 코피의 전문 용어이고, 기흉은 찌그러든 폐를 가리키는 용어다. 경구개는 입을 콧구멍nasal passage으로부터 분리하는 입천장에 있는 판상의 뼈다. 높은 곳으로부터의 추락에서 고양이의 경구개는 중앙에서 앞뒤로 갈라진다. 고양이가 추락하면, 이 세 가지 주요 상해들에 더해 치아와 다른 뼈들이 부서질 수 있다.
한편 로빈슨은 고양이가 놀라운 높이의 추락에도 살아남을 수 있음을 주목했다.

고양이가 추락 후 생존한 높이는 놀랄 노 자와 다름없다. 우리가 가진 생존 기록은 다음과 같다. 즉 18층에서 단단한 면(콘크리트, 아스팔트, 자동차 지붕)으로, 20층에서 관목으로, 28층에서 덮개나 차양으로 추락했을 때였다. 의심의 여지없이 이 숫자들은 '독자 투고'를 하게 만들었을 것이고, 그로 인해 이 높이들은 생존과 함께 갱신되어 왔을 것이다.

그러나 약간의 물리적 지식이 있다면, 고양이가 고소 추락에서 살아남는 것이 그렇게 아주 놀라운 일은 아님을 알게 된다, 적어도 인간에 비교해서는 말이다. 먼저, 인간과는 달리 고양이는 바로서기 반사 능력을 소유하며, 그에 따라 대부분 머리를 위로 한 채 착지한다. 그것이 생존에 결정적인 역할을 한다. 고양이의 상대적인 작은 체구 또한 중요한 역할을 한다. 속담에 "당신을 죽이는 것은 추락이 아니라 마지막의 급격한 정지다"라는 말은 사실이다. 추락에 따른 상해는 살아있는 신체의 급격한 *비균일* 감속에서 오는 것이다. 예를 들어, 만일 동물이 발이 먼저인 상태로 착지한다면 발은 즉시 운동을 중지한다, 그러나 위의 신체는 그렇지 않다. 그래서 몸의 아래쪽 부분은 그 위로 내려오면서 덮치는 윗부분의 파괴적인 관성력을 받게 된다. 동물이 큰 질량을 가질수록 자신의 무게로 더 큰 상해를 입는다. 고양이는 단순히 무게가 적게 나가는 것 때문이라도 인간에 비해 장점을 가진다. 더구나 가벼운 고양이는 시간당 약 60마일 정도의 종단 속도terminal velocity 혹은 최대 낙하 속도를 가지며, 이것은 추락하는 인간의 종단 속도의 대략 절반 정도다. 종단 속도란 중력과 공기 저항이 균형을 이루는 속도로 낙하하는 물체가 얻게 되는 최고 속도다.

로빈슨의 논문은 고소 증후군의 문제를 확증했지만 고양이의 생존율에 관한 어떤 정량적인 데이터나 생존율과 추락 높이 사이의 관계를 제시하지는 않았다. 고양이는 나무 사이에서 살면서 사냥하고 숨도록 진화했다, 그리고 나무로부터의 추락에도 적응했다. 우리는 고양이들이 별 부상 없이 한 층 정도의 추락에는 대처할 수 있으나, 그 이상의 높이에서 추락하는 것은 그들의 일상적인 경험을 벗어나고 상해의 수는 높이와 함께 증가한다고 기대해도 좋을 것 같다, 적어도 고양이가 종단 속도에 도달할 때까지는 말이다.

그러한 의문을 조사하기 위한 종합적인 연구를 1987년 뉴욕시 동물 의료 센터 외과Department of Surgery of the Animal Medical Center of New York City의 휘트니 박사Dr. Wayne Whitney와 멜하프 박사Dr. Cheryl Mehlhaff가 수행했다.[5] 그들은 1984년 5개월간 그들의 센터가 의뢰 받은 132사례들의 고소 증후군을 분석하여 90퍼센트의 고양이가 사고에서 살아남았다는 놀라운 사실을 발견했다. 더구나 그들은 상해의 수가 평균적으로 추락의 높이가 증가함에 따라 증가하지만, 8층 혹은 그 이하의 추락에 대해서만 그러함을 확인했다. 이상하게도 더 높은 곳, 즉 지면으로부터 8층 이상으로부터의 추락에서는 평균 상해의 수가 극적으로 감소했다. 특히 골절이 그러했다.

그들의 논문에 있는 핵심 그래프가 Figure 9.1에 주어져 있다. 상해는 로빈슨이 원래 규정한대로 대략적으로 나누어져 있다, 그러나 '코피' 대신에 '골절'로 되어 있다. 우리는 모든 유형의 상해들이 9층 혹은 그 이상에서 추락한 고양이들에 대해서는 현저하게 감소함을 알 수 있다. 놀랍게도 극단적인 높이에서 떨어진 고양이들이 보통의 높이에서 떨어진 것들보다 대체로 덜 부상을 당했다.

이 결과는 전국적인 뉴스거리가 되어 다음 수년간 셀 수도 없이 많은 인쇄물로 나타났다. 로스 앤젤레스 타임즈는 휘트니와 멜하프의 연구를 "그들은 작은 고양이 발들로 착지한다"라는 제목의 기사로 내보냈다. 2년 후 뉴욕 타임즈는 어렵사리 운율을 맞춘 제목 "고양이처럼 착지하기에 관해: 그것

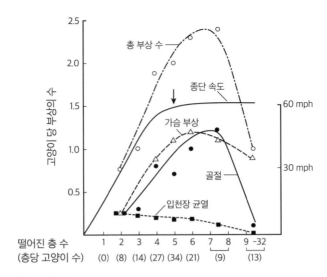

Figure 9.1

여러 가지 높이에서 추락한 고양이들의 부상을 보여주는 그래프. 휘트니와 멜하프, "고양이들의 고소 증후군", p1399에서 가져옴, 미국 수의학회의 허락으로 전재함.

은 사실이다"의 기사에서 그 연구를 특집으로 다루었다.[6]

그 결과는 흥미를 불러일으키면서 반직관적이다, 그러나 과연 정확한가? 다행히 어느 누구도 통제된 과학적 실험에서는 지붕으로부터 고양이를 적극적으로 던지지 않았기 때문에, 고소 증후군에 대한 연구는 수의사 사무실에 도착한 사건들에만 의존한다. 따라서 예기치 않은 방식으로 데이터가 편향되어 있을 가능성이 있다. 이를 테면 아주 높은 곳에서 추락하여 여러 군데 부상을 입은 고양이들은 즉사한다고 가정하자. 그들 고양이들은 수의사 사무실로 오지 않았을 것이고, 휘트니와 멜하프의 데이터는 부상이 적은 보다 건강한 고양이들 쪽으로 왜곡되어 사실을 오해하도록 만들어졌을 수도 있다. 이 이상한 결과에 당연히 다른 이유가 있을 수도 있지만, 이 가능성을 완전히 무시할 수는 없다.

　　한 동안 다른 후속 연구가 없었다. 고양이들은 꾸준히 고소로부터 추락하지만 고층 데이터가 쉽게 입증될 정도로 충분히 높은 건물들이 있는 장소가 별로 없는 탓일 것이다. 고소 증후군에 대한 보다 최신의 연구로는 그리스와 이스라엘에서 수행된 두 건의 연구가 있으며, 이는 8층 혹은 그 이하에서 추락하는 고양이들만 취급했다.[7]

　　극단적인 높이에서의 추락에 대한 휘트니와 멜하프의 결과를 시험할 정도로 충분한 데이터를 수집하게 된 것은 2004년 자그레브 시의 크로아티아 수의사들이 협력한 덕분이었다. 119건의 사례들에 대한 연구에서, 그들은 높은 층들에서 추락하는 고양이들의 골절률은 정말 낮게 나타난다는 것을 발견했다, 비록 가슴 부상이 증가하는 것으로 나타났지만 말이다.[8]

　　데이터가 심각하게 허위가 아니라고 가정하면, 우리는 자연스럽게 다음과 같은 질문을 하게 된다. 왜 8층 이상에서 추락하는 고양이는 적어도 어떤 유형의 부상에 대해서는 낮은 부상률을 가지게 되는가? 부상이 감소하기 시작하는 고도가 고양이가 처음으로 종단 속도에 도달하는 높이와 대략적으로 일치한다는 것에 주목하여 휘트니와 멜하프는 다음 가설들을 제시했다.

　　기대해 봄직한 바와 같이, 우리 고양이들의 부상률은 종단 속도에 도달하는 직후의 지점인 약 7층까지는 거리와 낙하 속도에 비례했다. 그러나 7층 이상에서 추락하는 고양이의 골절률이 감소한 것은 놀랍다. 이것을 설명하기 위해, 우리는 고양이가 종단 속도에 도달하기까지는 가속도를 느끼고 반사적으로 사지를 펼치는 바람에 보다 부상당하기 쉽게 되는 것이 아닌가 생각해 본다. 그러나 종단 속도에 도달한 후, 그리고 안뜰계가 더 이상 가속도에 의해 자극을 받지 않게 된 후, 아마도 고양이는 날다람 쥐 비슷하게 몸을 이완시키고 사지를 보다 수평으로 향하게 할 수도 있을 것이다. 이 수평의 자세가 충격을 몸 전체에 고르게 분포하게 한다.

비록 물리학적 묘사가 약간 잘못되어 있지만, 이 설명은 현재 수용되어 있다. 순전히 중력적으로 낙하하는 고양이는 가속되지만, '가속을 느끼지는 않는다.' 그것은 완전히 무중력이다. 진짜 무중력의 감각은 떨어지고 있는 고양이에게 분명 불편한 느낌을 받게 하여 사지를 아래로 펴게 할 것이다. 그러나 고양이가 종단 속도에 도달한 후에는, 고양이는 자신의 정상적인 무게를 느낄 것이고, 그러면 아마도 긴장을 풀고 충격을 대비해 사지를 수평으로 쭉 뻗을 수도 있을 것이다.

그러나 고양이의 전략에는 이완 이상의 무엇이 있는 듯하다. 고양이가 이완할 때, 등이 아치처럼 휘어지고 배 아래에 오목하게 공기를 모으면서 종단 속도를 줄일 수 있도록 하는 조잡한 낙하산 효과를 일으키게 한다. 휘트니와 멜하프가 제안했듯이, 고양이는 '날다람쥐처럼' 행동할 수도 있다. 이것은 엉성한 유사품 그 이상일지도 모른다. 2012년 보스턴의 슈거Sugar라는 이름의 고양이가 19층에서 추락하였으나 사소한 부상을 입는데 그쳤다.[9] 흥미롭게도 목격자들은 그 고양이가 자신의 착지점을 제어하기 위해 팔 아래에 있는 피부 자락을 사용했을 수도 있다고 말했다. 이는 날다람쥐가 주름 같은 막(비막patagia)을 사용하여 활강하는 방법을 말한다. 슈거는 사방이 온통 벽돌과 콘크리트로 둘러싸인 곳이었지만 용케도 어느 뿌리덮개mulch 더미에 착지했는데, 그것이 믿을 수 없는 행운이 아니라면 고양이가 약간의 비행 제어를 했다고 보아야 할 것이다.* 하나의 일화로부터 우리가 고양이 활강이 가능하다고 결론지을 수는 없지만, 그 생각 자체는 흥미롭다.

어쨌든 고소 증후군을 경험한 고양이들의 평균 생존율은 인상적이다. 대부분의 논문들이 약 90퍼센트의 고양이들이 시험에서 살아남는다는 휘트니와 멜하프의 결론에 동의한다. 추락 고도도 인상적이다. 휘트니와 멜하프의 논문에서 기록 보유자는 32층에서 콘크리트에 떨어져 가벼운 기흉에 한 개의 이빨 끝이 깨어진 사브리나Sabrina라는 고양이였다. 또한 2015년 홍콩에서는 조미Jommi라는 고양이가 26층에서 추락하여 아무런 부상 없이 생존했다, 비록 조미가 지면의 한 텐트에 떨어져 구멍을 내는 좋은 행운을 가졌지만 말이다. 조미의 주인은 그 사건과 조미의 태연한 반응을 이렇게 회상한다.

우리는 신선한 공기가 들어오도록 창문에 작은 틈이 벌어진 것을 그대로 내버려 두었다, 그리고 나는 갑자기 그녀가 그 틈으로 들어갔을 수 있다는 무서운 생각을 했다.

창을 넘어 보았더니 26층 아래의 천막에 큰 구멍이 있었고, 그 때문에 나는 조미가 그것을 뚫고 지나갔다는 것을 알았다.

추락의 충격력은 아주 커서 천막의 알루미늄 틀을 휘게 했다. 그러니 내가 그 안으로 들어가서 아무 일도 없었다는 듯 발을 핥고 있는 고양이를 발견하였을 때, 여러분은 내가 받은 충격의 크기를 상상할 수 있을 것이다.[10]

---

* 뿌리 덮개는 식물 주위에 수분 유지, 잡초 증식 억제 등의 목적으로 덮는 부드러운 식물 부스러기, 부엽토를 말한다.

고양이들은 추락에서 살아남기 위해 유사 낙하산 방략을 사용하지만, 어떤 사람들은 고양이들과 낙하산 사용자들의 거리를 그렇게 멀지 않게 보았다. 1967년 2월 15일, 토론토의 파라슈트 협회는 쿠파리Helen Kupari가 보호하고 있던 고양이 재스퍼Jasper에게 그의 "굉장하고 역사적인 14층으로부터의 자유낙하"에 대해 자유낙하 상을 수여했다.

어떤 고양이 주인은 고소에서 몇 번 떨어졌던 자신의 고양이에게서 동족의 느낌을 가지게 되었다. 1972년 1월 26일, DC-9 여객기가 체코슬로바키아 상공에서 폭발하여 23세의 비행 승무원 불로비치Vesna Vulović을 제외한 모든 탑승객이 사망했다. 그녀는 33,330피트에서 지상으로 떨어졌으나 살아남았다.[11] 그녀는 27일간 무의식 상태였고 16개월간 입원했다, 그러나 재활 과정에서 그녀는 2층 창문에서 두 번 떨어져 중상을 입었으나 회복했던 그녀의 사랑하는 고양이 시스카Ciska로부터 감응을 받았다.

불로비치는 사고 후 비행 승무원으로 되돌아가기를 간절히 바랐지만, 항공사는 그녀에게 지상직을 주었다, 아마도 그녀가 탑승한 것 자체가 나쁜 징조로 여겨지고 항공사의 영업에 불리할 것으로 생각한 것 같다. 그녀가 2016년 12월 23일 사망하자, 이전 유고슬라비아 연방의 사람들이 애도를 표시했다. 그녀는 '낙하산 없는 최고 높이의 낙하'로 기네스 세계 기록 보유자로 남아 있다. 잡지 RTV 레비자RTV Revija의 1973년 4월 호는 "운 좋은 여인의 애완동물"이라는 제목으로 불로비치와 시스카를 표지에 실었다.

고소 증후군에 대한 연구는 오늘날까지 지속되고 있다. 2016년 일단의 체코 연구자들과 학생들은 낙하에 대한 고양이의 반응에 관해서 색다른 관점을 제안했다. 그것은 고양이로 하여금 그 몸을 반사적으로 구부리게 하는 것이 가속도가 아니라 가속도의 변화라는 것이었다.[12] 이 가설은 과거

1950년대 공군의 연구에서 게라테볼과 스탈링스의 생각과 일치한다. 매력적이고 간단한 실험에서, 체코의 연구자들은 고양이 모양 플러시천 장난감에 가속도계를 부착하고, 그것을 고도를 올려가면서 고소의 마루에서 던졌다. 그들은 그들이 '고양이의 공포 계수'라고 부른 가속도의 변화가 약 7층 마루에서 최대가 됨을 발견하였다. 이는 추락하는 고양이의 부상이 감소하기 시작하는 높이에 대략적으로 상응한다.

　　　대부분의 고소 증후군에 대한 연구가 문제의 의학적인 측면에 초점을 맞추고 있었던 것은 사실이다. 고양이가 입는 부상과 높이에 대한 여러 연구가 있었고, 특정한 종류의 부상과 그들의 치료에 관해 초점을 맞춘 연구도 있었다. 결과적으로 과거와 현재에 일어난 고양이 사고들이 다음에 추락하는 고양이들을 돌보고 치료를 개선하는데 이용되고 있다.

　　　고소 증후군에 관한 또 하나의 질문이 있다. 왜 그렇게 많은 고양이들이 건물에서 떨어지는가? 멜하프가 한 가지 설명을 제공했다. "그것은 조정에 관계한다. 우리는 항상 고양이들에게 최고의 조정 능력이 있다고 그들을 칭찬한다. 실제로 그들은 그러하다. 그러나 만일 당신이 두 고양이들이 장난치며 우둔한 짓을 하는 것을 보면, 그들이 어디에서라도 굴러 떨어질 수 있음을 알 수 있다. 어떤 때는 그것이 21층 높이 건물의 끝자락일 수 있다."[13]

　　　지극히 교묘한 낙하 기술만이 고양이들이 오랫동안 비밀로 간직해 온 유일한 물리학-기반의 재주가 아니다. 최근에는 가장 세속적인 고양이의 습관조차 과학적인 경이로 판명되었다. MIT 교수 스토커Roman Stocker는 그의 고양이 쿠타 쿠타Cutta Cutta가 그릇의 물을 마시는 것을 관찰하다가, 고양이가 어떻게 물을 마시는지 흥미를 가지게 되었다. 인간은 다양한 방법으로 마실 수 있다. 예를 들어, 빨대를 통해 빨아들여 조금씩 마시거나 유리잔의 물을 입으로 기울여 마신다. 그러나 개와 같은 동물들은 물을 위로 퍼 올리기 위해 혀를 국자 같은 모양으로 감아서 마셔야 한다.

고양이들은 무언가 다른 짓을 하는 듯 했다, 그러나 육안으로 보기에는 너무 빨랐다. 스토커는 MIT 동료들 리스Pedro Reis, 정승환, 아리스토프Jeffrey Aristoff의 도움을 받아 가장 권위 있는 고양이 물리학 도구인 고속 사진술로 고양이 물마시기 연구를 했다. 그들은 쿠타 쿠타가 물 마시는 동영상을 얻기 위해 끈질기게 기다리다가 다른 집고양이들에게 옮겨 촬영을 하였고, 결국에는 사자, 오셀롯ocelot, 호랑이, 재규어까지 촬영하였다. 그들은 유튜브에 올라와 있는 다른 고양이 종들의 동영상들로 그들의 결과를 보강하였다.

그들이 관찰한 것은, 이전에는 몰랐던, 고양이가 물을 마실 때 사용하는 주목할 만한 방략이었다. 연구된 모든 고양이 종의 동물은 혀를 액체 면에 간신히 닿게 하였다가 재빠르게 도로 끌어온다. 액체의 일부가 고양이의 혀에 달라붙었을 때, 혀를 빠르게 도로 가져가면 끌어 당겨진 액체는 공중에 가는 기둥을 만든다. 고양이는 떠있는 기둥이 접시로 도로 떨어지기 전에 물어서 떼 낸다.

고양이들은 액체 속의 분자간 힘을 이용하여 마시는 것이다. 그 힘이 어떤 양의 액체가 혀끝에 붙어 끌려오게 한다. 액체의 관성력과 중력 사이에는 완벽한 균형이 있다, 그리고 모의실험을 통해 연구자들은 고양이들이 물의 흡수율이 최대가 되도록 물을 핥는다는 것을 입증할 수 있었다. 바로서기 반사의 문제에서와 같이, 여기서도 인간 연구자들이 그 존재를 인식하기 오래 전에 진화가 물리학의 한 문제를 해결하였던 것이다.

어느 다른 연구자가 그 연구의 결과가 진실임을 농담조로 확인해 주었다. 듀크 대학교의 보겔Steven Vogel은 연구 결과에 대해 한 마디 해달라는 요

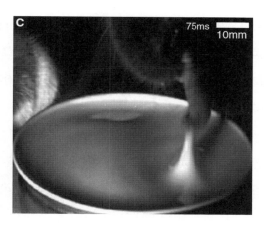

Figure 9.2

우유 마시는 고양이, 고양이가 물어서 떼어 내기 전 공중에 떠 있는 우유 기둥의 모습을 보여준다. 리스Reis 등, "고양이는 어떻게 마시는가"에서 가져옴, 그림 1 (c), 과학 증진을 위한 미국 학회American Association for the Advancement of Science의 허락으로 전재함.

청을 받자 이렇게 말했다. "이제 나는 감을 잡았다, 나는 이 사람들이 묘사하고 설명하는 것과 그 일을 해내는 고양이의 핥기 동작에 관한 나 자신의 우연한 관찰이 전적으로 일치한다는 보고를 올릴 수 있다."[14]

　　MIT 연구팀은 자신들의 모든 연구가 끝난 뒤, 고양이가 가진 그 놀라운 마시기 능력의 증거가 에저턴Harold Edgerton(1903-1990)의 선구적인 사진술이 힘입어 이미 수십 년 동안 어느 누구라도 볼 수 있도록 개방되어 있었다는 것을 알게 되었다. 에저턴은 그의 박사 연구를 MIT에서 했다, 그곳에서 그는 돌고 있는 환풍기처럼 빠르게 움직이는 물체들의 운동을 보기 위해 빠르게 주기적으로 번쩍이는 전자식 플래시를 사용하는 스트로보스코프라는 장치를 연구했다. 그는 그 디지털 플래시가 과거에 상상된 것보다 빠르게 사진을 찍는데 사용될 수 있음을 깨닫고, 사과를 뚫는 총알로부터, 운동 중의 운동선수, 원자폭탄의 폭발, 네스 호Loch Ness의 괴물로 오인된 것까지 모든 것을 촬영하기 시작했다.[15] 2차 대전 중 그는 그의 플래시 기술을 사용하여 점령된 유럽 상공에서 야간 항공 사진을 찍는 임무를 부여 받았고, 그는 그 일을 수행하기 위해 여러 번 위험한 비행 임무를 맡기도 했다.[16] 1950년대에는 그는 유명한 해양학자 쿠스토Jacques-Yves Cousteau와 공동 작업도 했다.

　　1940년에 에저턴은 그의 기술을 시연하도록 할리우드로 초대되었다. 그 이벤트에 이어진 공동 작업의 결과가 1940년 영화 윙크보다 더 빨리 *Quicker'n a Wink* 였다. 영화에는 고양이가 우유를 핥는 짧은 장면이 있다. 해설은 고양이가 혀를 아래로 말아서 뒤집힌 국자를 만든다고 제안하지만, 오늘날 우리는 2010년에 발표된 관성 효과를 분명히 인식할 수 있다. 에저턴은 MIT 에서 많은 고속 사진술 작업을 했다, 스토커의 그룹이 거의 70년 후에 자신들의 발견을 한 그곳에서였다. 사실 그 그룹은 MIT 에저턴 센터의 장비를 사용했다. 그 웹사이트에는 "해롤드 '닥Doc' 에저턴의 발견의 정신이 살아 있다" 그리고 "우리는 체험을 통해 학생들에게 배울 기회를 준다"고 되어 있다.*

　　에저턴은 낙하하는 고양이에 대한 영화도 만들었다. 1930년대에 그와 그의 MIT 파트너 저머샤우전Kenneth Germeshausen이 활발하게 그들의 기술을 과학 사회에 알리는 도중에, 에저턴은 고양이-바로서기 반사가 주목을 끄는 이슈로서 완벽하다는 것을 발견했다. 그들은 고양이 사진들을 1934년 사이언스 뉴스 레터 *Science News-Letter*에 게재하였다.

＊　Doc는 Doctor(의사, 박사)의 준말로, 에저턴이 시골 의사와 같은 면과 MIT에서 사진 기술 연구에 열중하는 박사와 같은 면 두 가지를 모두 소유했다는 것을 의미한다.

고양이가 어떻게 뒤집는지 알아내지 못한다고 하더라도, 당신과 작은 소년들에게 아무런 불명예는 없다. 그 문제를 분명하게 하는 데에는 거대한 공학 실험실의 자원, 그리고 천재적이고 열심히 일하는 두 젊은 과학자들의 영리함이 필요했었다. 그런데 얼마 전에 공중에서 뒤집는 고양이, '이륙하는' 몇 마리의 파리들, 비행을 시작하는 카나리아, 등 너무 빨라 볼 수 없는 살아 있는 동물의 많은 운동에 관한 한 편의 영화가 캠브리지에서 개최된 국립 과학 아카데미National Academy of Sciences의 미팅에서 상연되었다. 그러자 미국에서 가장 학식 있는 사람들이 우주선cosmic rays, 팽창하는 우주, 등 난해한 것들에 대한 논의를 한동안 멈추고 쳐다보다가 박수를 쳤다.[17]

고양이 혀에는 더 놀라운 것이 숨어 있다. 고양이 주인들은 고양이가 그들을 핥을 때 사포질의 느낌을 준다는 것을 잘 안다. 고양이 혀가 거친 것은 나름대로 아주 중요한 실질적인 용도가 있다. 어느 날 박사 과정 학생 노엘Alexis Noel은 그녀의 고양이 머피Murphy가 미세 섬유 담요를 핥다가 혀가 걸려 꼼짝 못하다가 혀를 담요 속으로 더욱 밀어 넣어 풀려나는 것을 보았다. 혀가 처음에 왜 끼었는지 궁금해진 노엘은 고양이 혀의 조직 표본을 얻어서 X선 CT 스캐너를 사용하여 그것의 3차원 상을 만들었다. CT 스캔 결과를 조사한 끝에, 그녀는 고양이의 혀는 전혀 사포 같지는 않고, 혓바닥에 유연한 발톱 같은 가시들이 배열되어 있다가 고양이의 엉긴 털에 걸려 약간 돌 수 있다는 것을 발견했다. 그녀는 그것을 이렇게 묘사했다.

혀가 털 위를 미끄러지며 지나갈 때, 가시들이 털의 엉긴 것들과 구부러

241

진 것들snags에 걸릴 수 있다. 구부러진 것들이 가시를 당기면, 가시는 돌면서 천천히 매듭진 것을 빗어 푼다. 가시의 앞부분은 마치 발톱처럼 휘어져 있고 갈고리 같다. 그래서 가시는 엉긴 것과 마주치면, 그것을 걸어 접촉을 유지할 수 있다. 이와는 달리 표준적인 머리빗의 억센 빗살은 휘어져서 엉긴 것이 그 끝을 미끄러지며 그대로 빠져 나가게 한다.[18]

노엘은 자신의 결과를 2016년 미국 물리 학회 유체 동역학 분과의 미팅에서 발표했는데, 그녀의 고양이가 털 손질할 때 고양이의 혀가 굽어지고 비틀어지면서 마주치는 엉긴 것들을 푸는 과정을 보여주는 고속 사진들이 포함되어 있었다.[19]

노엘은 고양이의 혀에서 또 하나의 경이를 발견했다. 그녀가 고부라진 가시들에 액체가 닿게 하자, 가시들은 속이 비어 있으며 모세관 작용에 따라 그 속으로 액체를 빨아들이는 것을 발견했다. 그녀는 이 메커니즘이 고양이가 털 깊숙이 침을 밀어 넣어 세척하고 얽힌 것을 푸는 과정에 도움을 준다고 생각한다. 노엘은 같은 원리로 작동하는 머리빗에 대한 특허를 출원했다.

고양이의 액체 마시기와 털 정리하기에 대한 조사 연구는 한가로운 일탈처럼 보일 수 있지만, 두 경우 모두 연구자들은 그들의 연구가 참신한 형태의 유연한 로봇을 만드는 방법에 대한 통찰력을 제공한다고 말했다. 사실 고양이-바로서기 반사가 로봇공학 연구자들에게 중요한 관심사가 되었고, 로봇의 조작을 용이하게 하기 위한 일종의 궁극적인 도전 과제가 되었다.

로봇 고양이의 출현

1994년의 늦은 7월 카네기 멜론 대학교Carnegie Mellon University의 과학자들이 어떤 도전적인 임무를 띠고 알라스카로 갔다. 그들은 활화산의 분화구 안으로 들어가서 데이터를 수집하는 모험을 하려 했다. 그러나 국립 항공 우주국을 위한 그 과제에서 연구자들이 직접 그곳으로 들어가는 것은 아니었고, 대신에 그들은 8개의 다리를 가진 자율적인 로봇 단테Dante Ⅱ를 보내서 유독가스 표본을 채집하고 레이저를 사용하여 분화구 내부의 지형을 측량하려 했다. 분화구의 가장자리에 있는 통제 기지에 밧줄로 연결된 로봇은 며칠에 걸쳐 바닥으로 기어 내려간 다음, 비슷한 일정으로 귀환하게 되어 있었다.

임무의 대부분은 성공이었다. 단테 Ⅱ는 바닥으로 내려가서 데이터를 수집한 후 귀환 여정을 시작했다. 그러나 임무 도중에 날씨가 변했고, 단단했던 눈 덮인 지면이 녹아서 불안정한 진흙이 되었다. 결국 돌아 올라오는 중에 단테 Ⅱ는 30도 경사 길에서 미끄러져 뒤집힌 채 꼼짝하지 못했다. 이 약 1톤의 로봇을 되찾아 오는 데는 여러 날이 걸렸다. 멈추어 있는 자리로부터 헬리

콥터로 그것을 들어 올리려는 첫 번째 시도는 실패했고, 결국 지질학자들은 인력을 이용한 직접적인 구조 작전을 실시할 수밖에 없었다. 그 사건은 그러한 위험한 환경에 로봇을 보내는 취지를 바래게 만들었다, 적어도 상징적으로는 그랬다. 과학자들은 로봇에 밧줄을 묶어 화산의 뜨거운 곳으로부터 끌어 올리게 했고, 나중에는 박물관 전시품으로 퇴역시켜 느긋한 노후를 즐길 수 있도록 조처했다, 7개의 부서진 다리들과 1개의 파손된 레이저 스캐너를 가진 채 말이다.[1]

로봇이 굴러 넘어지는 것이 예상되지 않은 것은 아니었다. 그것을 방지하기 위해 가능한 모든 방법으로 준비를 했고, 우려하고 있던 부분이었다. 카네기 멜론 대학교의 로봇공학자인 베어스John Bares가 말했다, "우리가 예상한 최악의 악몽이 현실화된 것으로, 다리들 중의 하나가 흙속에 박혀 도로 나오지를 않았다."[2] 로봇은 정적으로 안정statically stable 하도록 설계가 되었다. 8개의 다리들 중에서 한 번에 2개 이상의 다리는 항상 지면에 닿아 있었다, 심지어 걷는 동안에도 그러했다. 그것은 거친 지면 위를 자율적으로 움직이도록 제작되었다, 그러나 그것의 프로그램에는 예기치 않은 미끄러짐과 추락에서 자세를 바르게 수정하도록 하는 것은 없었다.

이것은 단테 Ⅱ의 설계의 한계가 아니었다, 그것은 당시 최신식이었다. 오랫동안 로봇공학은 기계들이 복잡한 환경에서는 적응할 수 없다는 것에 애를 먹고 있었다. 로봇은 사무실 가구를 나타내는 간단한 기하학적 형태를 가진 가상적인 사무실 환경에서는 쉽게 움직이며 나아갈 수 있었지만, 복잡한 실제 사무실과 마주치면 꼼짝하지 못했다.

그러나 새로운 전략이 개발되고 있었다. 단테 Ⅱ가 실패했을 때, 로봇공학자들은 기계 설계 과정에 새로운 접근을 하고 있었다. 바로 생물 시스템들로부터 아이디어를 얻었던 것이다. 진화는 로봇공학이 사투를 벌이고 있던 많은 문제들을 이미 풀어 놓았다. 따라서 해법을 위해 진화의 산물에 눈을 돌리는 것은 당연했다. 예를 들어, 곤충은 단테 II와 아주 같은 모양을 하고 있지만 복잡한 땅 위를 마음대로 기어 다닐 수 있다. 심지어 곤충은 다리 중에 한두 개를 소실해도 적응할 수 있으며, 이는 위험한 환경에서 작동하는 로봇이 모방할 필요가 있는 기술이다. 생물학과 로봇공학의 교차점에서 발전한 연구 분야가 *생체로봇공학*biorobotics 으로, 떨어지는 고양이가 중요한 연구 주제가 된 분야다. 사실 고양이-회전하기는 로봇들이 모방하기에 특히 어려운 묘기라고 증명이 되었었다.

생체로봇공학은 대체로 두 가지 세부 연구 분야로 나누어질 수 있다.[3] 첫 번째는 *생물학적으로 아이디어를 얻은 로봇공학*biologically inspired robotics 으로 여기서는 생물의 시스템들이 보다 나은 로봇을 제작하기 위해 연구된다. 두 번째는 *생체로봇공학 모델링*biorobotic modeling 으로, 여기서는 동물 생물학을 보다 잘 이해하기 위해 로봇공학으로 동물의 모형들을 만든다.

이 두 방략들은 로봇robot 이라는 단어가 만들어지기 오래 전에 존재했다, 심지어 전기가 생산되어 동력 기계에 사용되기 전에도 그랬다. 이를 테면 최초의 떨어지는 고양이 사진사 마레는 순환계와 나는 곤충들과 새들의 기계적 모형들을 만들었다. 그는 그것들을 스케마schema 라고 부르고, 그것들을 사용하여 동물이 어떻게 살아가고 운동하는지 이해하려 했다.

역설적으로, 비록 아주 조악한 것이지만, 1894년 최초로 떨어지는 고양이의 기계적 모형을 만든 것은 처음에 마레의 낙하하는 고양이 사진들에 가장 격렬하게 반대했던 데프레였다. 데프레는 마레가 생각하는 방식으로 생각을 바꾼 후, 자신의 장치를 묘사한 논문을 발표했다.[4]

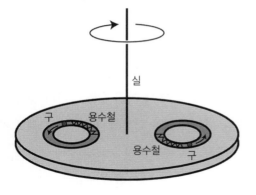

Figure 10.1
마르셀 데프레의 모형. 데프레, "면적 정리
의 어떤 결과를 입증하기 위해 사용한 장
치*Sur un appareil Servant à mettre en évidence
certaines conséquences du théorèeme des aires*"
에서 가져옴.

　납작한 원반이 실에 매달려 자유로이 있다. 원반에는 두 개의 원형 홈
이 파져있고, 금속 구들이 그 홈들에 놓여 있다. 구들은 용수철에 의해 앞으로
나아갈 수 있다. 용수철들을 붙들고 있는 가는 줄을 태워서 용수철들을 놓아
주면 용수철들은 구들을 쏘아서 원주형 홈들을 따라 운동하게 만든다, 그리
고 구들은 돌아와 출발한 자리에 정지한다. 구들은 같은 방향으로 회전한다,
그러면 각운동량의 보존에 의해 전체 원반은 반대 방향으로 어떤 양만큼 회
전해야 한다. 그러나 반대 방향 회전은 완전한 360도는 아닐 것이다, 왜냐하
면 원반은 구들보다 훨씬 무겁기 때문이다. 최종 결과는 시스템이 시작할 때
와 같은 내부적 상태로 마치는 것이다. 다만 그것은 어떤 양만큼 회전하게 된
다. 단 우리는 용수철 장력의 작은 변화는 무시한다. 데프레의 실험에서 장치
는 40도 회전했다. 그는 이 시스템이 고양이와 유사하다고 주장했다. 고양이
도 내부 운동을 이용하여, 마지막에 몸 형태는 시작했을 때와 같지만 다른 방
향을 향하기 때문이다.

　데프레의 고양이 모형은 생체로봇공학 모델링의 좋은 예다. 그는 떨어
지는 고양이 문제를 설명하기 위해 어떤 기계적 모형을 사용했던 것이다. 생

체로봇공학의 다른 예, 즉 생체에서 아이디어를 얻은 로봇공학은 비슷한 시기에 고안된 무어George Moore의 '증기 인간'에서 찾을 수 있다.

오랫동안 인류는 살아있는 생물처럼 운동하고 행동하는 기계인 *자동장치automaton*의 제작에 매료되어 왔었다. 그것을 현대 로봇의 선구체로 생각할 수도 있다. 1893년 *사이언티픽 아메리칸Scientific American*에서 논의된, 무어의 증기 인간은 한 시간에 4내지 5마일의 속력으로 걸을 수 있는 인간 형태의 강력하고 잠재적인 능력을 가진 한 자동 기계였다.[5]

행군하는 기사처럼 보이도록 제작된 증기 인간은 가슴에 있는 증기 보일러로부터 동력을 공급받았다. 배기가스는 코를 통해 나왔다. 보일러가 기어를 작동시켜 증기 인간이 걸을 수 있도록 했다. 그러나 Figure 10.2의 그림들은 어느 정도는 잘못 알려주고 있다, 증기 인간이 설치되어 있는 수평의 막대를 보여주지 않기 때문이다. 이 막대는 회전할 수 있는 장치에 고정되어 있었다. 증기 인간은 원을 그리며 행진했고, 막대기는 그가 넘어지지 않게 지지해 주었다.

그러나 무어는 그의 자동기계를 단순히 쇼를 위해 설계한 것은 아니었다. *사이언티픽 아메리칸*이 전해주었듯이, 그는 훨씬 큰 야망을 품고 있었다.

지난 8년 동안 그 발명가는 보다 큰 증기 인간 제작에 투신하고 있었다, 그는 올해 안에 그것이 작동할 것을 희망하고 있다. 새로운 증기 인간은 일반 거리에서 사용되도록 설계되어 있고, 악대를 실은 마차를 끌 예정이다. 위쪽 그림에서 우리는 사용된 마차에 연결하는 방법을 나타내고 있다. 증기 인간의 측면에 있는 긴 용수철이 탄성을 통해, 지면이 항상 증기 인간의 무게를 받치고 있게 해준다.

THE STEAM MAN.

Figure 10.2

조지 무어의 증기 인간. 증기 인간 *The Steam man*에서 가져옴.

만일 무어의 증기 인간이 인류가 인공 생명의 가능성에 매료되어 왔다는 것을 보여준다면, 그것은 또한 인류가 동시에 그 가능성을 두려워해 왔다는 것도 입증한다. 계획대로, 무어는 그의 자동 기계를 공개한 후 보다 활동성 있게 만들었지만 모든 것이 계획한 데로 되지는 않았다. 1901년 *워싱턴 스탠더드* Washington Standard 가 이를 알렸다.

'철인 허큘리스'는 클리블랜드(오하이오 주)의 한 여름 휴양지에 전시된 증기로 작동하는 기계 인간이다. 그의 키는 8피트이고, 그는 내부에 기름불이 붙어 증기가 생산될 때 어떤 종류의 철제 바퀴의 수레를 밀면서 이리저리 걷는다. 그는 둥근 챙의 펠트 모자를 쓰고 악마 같은 웃음을 지으면서 콧구멍을 통해 증기를 내뿜는다. 어느 늦은 밤 휴양지가 닫히고 '허큘리스'의 주인이 가버린 후에 공원의 일부 야영객들이 '허큘리스'의 불을 점화시켰다. '허큘리스'는 불이 끄진 후에 밸브가 열려진 채 있었으나, 그가 증기를 공급 받자 공원을 걸어 다니기 시작했다. 그는 한동안 프랑켄슈타인의 괴물을 능가했다.* 아무도 그를 멈추게 하는 방법을 몰랐다, 그래서 그는 공원 모든 곳을 걸어 다녔다, 얕은 호수를 지나, 야영객들의 텐트와 곁들이 쇼 텐트 위로 말이다. 그의 행로에서 자던 사람들은 깨워 비켜서도록 했다, 증기 인간의 운동을 제어하기가 불가능했던 것이다. 지면의 기복, 나무, 다른 장애물들이 그를 옆길로 돌려놓았지만 멈추게 하지는 못했다. 그는 한 시간 동안 공원을 공포에 휩싸이게 했다, 그러나 판매대

---

* 프랑켄슈타인은 메리 셸리Mary Shelley의 공상 과학 소설의 제목이자, 소설 중에서 인공적으로 괴물을 창조한 물리학자다.

는 이기지 못했다. 그는 마치 돈을 가진 것처럼 판매대를 향해 행진하다가 그것을 들이받아 넘어뜨렸다. '허큘리스'는 판매대과 함께 넘어졌는데 자신은 반대쪽으로 머리로 땅을 쳐 박았다. 그는 그곳에 머리로 서 있었다, 그의 증기가 줄어질 때 까지 그의 발을 공중에서 차면서 말이다.[6]

크게 과장된 것으로 보이는 이 이야기는 자동 기계들이 나타난 이래로 지속적으로 제기되어 왔던 문제를 담고 있다. 그들에게는 예기치 않는 실제 세상의 장애물들에게 적응할 능력이 없었다는 것이었다. 만일 그 기사를 믿는다면, 허큘리스는 어느 판매대 앞에서 멈추어 섰다, 그리고 그 상황은 단테 II가 진흙 경사 길에서 멈춘 것과 마찬가지였다.

인공적인 생명에 대한 공포는 로봇*robot*이라는 단어 자체와 밀접하게 연관되어 있다, 그것은 1921년 체코의 작가 차펙Karel Čapek이 지은 공상 과학 연극 *R.U.R.Rossum's Universal Robots*에 최초로 나타났다. 그 연극에서는 인조인간, 바로 로봇들이 로섬 사Rossum의 한 공장에서 생산된다. 스스로 생각할 수 있는 그 로봇들은 결국 폭동을 일으키고, 인간을 거의 전멸시킨다. 마지막에는 최후의 인간이 로봇들이 인간과 같은 동정심을 가지게 되었음을 깨닫고, 그들을 도와 그들의 잃어버린 재생의 비밀을 발견하게 하여 그들이 지구를 물려받을 수 있도록 해준다. 단어 로봇은 농노 같은 강제 노동자를 말하는 체코 단어 *로보티roboti*로부터 만들어졌다.

로봇의 봉기에 대한 걱정은 일단 덮어두자, 그러면 기계들이 어떠한 실제 세상 환경에서도 기능할 수 있도록 하는 데에는 어떤 종류의 자유 의지 혹은 적어도 적응하는 능력의 개발이 필수적이다. 이 생각의 선상에서 있었던 한 초기 선구자가 생리학자이자 로봇공학자인 월터w. Grey Walter 였다, 그는

1949년 자신이 설계한 엘머Elmer와 엘시Elsie라는 한 쌍의 자율 로봇 거북을 대중에게 소개했다.

월터의 연구는 생체로봇공학적 모델링의 한 실험으로 시작했다. 그는 살아있는 생물의 신경 체계의 작동에 대한 통찰력을 얻기 위해 그의 로봇들을 제작했다. 1910년 캔자스 시Kansas City에서 태어난 월터는 캠브리지에서 생리학을 공부했고, 그 후에 신경 생리학에 대한 연구를 했다. 1935년 그는 뇌파 기록술, 즉 뇌 속의 전기적 활동에 대한 측정에 관심을 가지기 시작했다. 그는 영국 브리스톨Bristol의 버든 신경학 연구소Burden Neurological Institute에서 생리학 국장으로 일을 하면서, 이후 수십 년 동안 이 분야에 주요한 기여를 하였다.

로봇공학에 관한 그의 연구는 어떻게 해서 살아있는 뇌가 그 부속물들과의 상호 연결을 통해서 복잡한 행동을 할 수 있게 하는지 이해하려는 그의 열정으로부터 나왔다. 그가 제작한 두 개의 거북이 모양의 로봇들, 엘머ELectro MEchanical Robot와 엘시Electro mechanical robot, Light-Sensitive, with Internal and external stability는 외형상으로는 바퀴가 달린 둥근 껍질들이었고, 각자 한 개의 잠망경 같은 눈을 굴렸다. 각 거북이에 있는 전기 부품들의 수는 극히 적었다. 한 개는 빛 감지기, 다른 하나는 접촉 감지기 역할을 하는 두 개의 진공관들(뉴런으로 행동하는), 두 개의 모터들(하나는 기어 다니기 위한 것이고 다른 하나는 조종을 위한 것), 두 개의 전지들이 있었다. 여기 월터의 묘사가 있다. "장치에 든 구성단위들의 수는 의도적으로 2개로 제한되었다, 한 시스템에 최소한의 요소들이 연결되어 최대의 상호연결을 제공할 때, 어떤 수준의 복잡성과 독립성을 얻을 수 있는지 찾아내기 위해서였다."[7] 간단히 말해, 월터는 살아있는 생물의 복잡한 행동이 감각 기관들과 뉴런들의 수많은 상호 연결과 상호 작용으로부터 나오고, 아주 정교한 반응이 단지 두 개의 뉴런을 가진 한 '동물'로부터도 나올 수 있다고 가정했다.

월터가 발표한 시험 결과는 놀라웠다. 거북의 광감지기 '눈'은, 충분히 밝지만 너무 밝지는 않은, 광원을 포착할 때까지 회전했다. 그런 다음 그 기계는 그 광원을 향해 전진했다. 빛이 너무 밝으면, 기계는 빛-피하기 모드로 전환되었고, 보다 우호적인 환경을 찾아 방향을 바꾸었다. 껍데기에 부착된 접촉 감지기가 충돌을 검출하면, 로봇이 길을 바꾸도록 했다, 그래서 로봇이 빛을 찾는 중에 작은 벽들 혹은 심지어 거울들 주위를 성공적으로 돌아갈 수 있도록 해 주었다. 더더욱 눈에 뛰는 것은, 엘시 거북이 충전 능력을 가지도록 설계되었다는 것이다. 그래서 배터리가 충분히 약해지면, 거북의 빛-회피하기 능력은 줄어들어서 거북이로 하여금 자동 충전이 되는 밝게 빛나는 어떤 상자를 찾아가도록 했다.

월터는 거북의 복잡하고 예기치 못한 운동이 자유 의지와 엇비슷하게 닮았다고 주장했다. 자신의 주장의 근거로, 그는 14세기 프랑스 철학자 뷔리당 Jean Buridan 이 도입한 *뷔리당의 당나귀* Buridan's ass 로 알려진 철학적 역설을 인용했다. 그 역설은 한 굶주린 당나귀가 두 동일한 건초 더미들 사이 같은 거리에 있다고 설정한다. 만일 당나귀가 단순히 기계적인 고안품이라면, 두 건초 더미는 차이가 없이 똑같이 좋은 것으로 인식될 것이다. 그러면 원리적으로 당나귀는 굶어 죽게 될 것이다, 왜냐하면 당나귀는 가장 가까운 것 혹은 '최적의' 건초 더미를 선택할 수 없기 때문이다. 하지만 자유 의지를 가진 동물에게는 본질적으로 어떤 임의의 결정을 내리는 데에는 아무 어려움이 없을 것이다.

만일 엘머와 엘시가 같은 거리에 있는 두 광원들 사이에 놓여 있다면, 문제는 간단하게 해결된다, 왜냐하면 빛 감지기가 고정된 한 방향으로 회전하기 때문이다. 그러면 로봇은 어떤 빛이던 먼저 보는 것을 향해서 움직일 것이다. 월터는 이것이 살아있는 생물이 이 역설을 극복하는 방법을 기계적으로 예시한다고 보았다. 비록 불빛들이 공간적으로 같은 거리에 있다고 하더라도, 그들은 각자 다른 시간에 관측되기 때문에 어느 하나가 선택된다는 것이다. 그래서 뷔리당의 당나귀의 문제 혹은 보다 일반적으로 로봇이 똑같이 바람직한 다중 목표들 사이에 '선택 장애' 상태에 있는 문제는 해결될 수 있다.

월터가 장난기 섞인 종 이름 *마시나 스페큘라트릭스*Machina speculatrix로 명명한 그 거북이들은 완벽하지 않았다. 그들이 성공적으로 보였던 것은 그들이 대체로 아주 작고 단순한 환경에서 작동했기 때문이다.[8] 그래도 그들은 생물학에서 힌트를 얻은 가장 초창기의 로봇들이었다, 그리고 어떻게 로봇공학과 생물학의 접목이 놀라울 만치 복잡한 기계를 만들 수 있는가를 보여주었다.

생물학과 기술의 접목은 로봇에게만 한정되지 않았다. 1950년대의 후기에 연구자들은 진화의 교훈들을 새로운 장치와 생산품들에게 적용하려는 의도로 생물학적 시스템들을 연구하기 시작했다. *생체모방학*biomimetics 이라는 용어가 자연으로부터 힌트를 끌어내는 이 방략을 위해 도입되었다. 1960년에 미국 공군의 스틸Jack Steele은 이제는 보다 익숙한 용어가 된 생체공학bionics를 창안했다. 이 방략으로 제작된 초기 생산품이 벨크로Velcro로서, 1941년 드 메스트랄George de Mestral이 자신의 개가 밖에서 산보를 하다가 갈고리가 달린 씨앗들이 털에 달라붙은 것에 힌트를 얻어 개발한 것이다. 다른 생체모방학적 기획 작품의 예들로는 도마뱀의 발이 벽에 붙는 것에서 힌트를 얻은 건성 접착 테이프와 곤충의 눈과 날개에서 아이디어를 얻은 무반사 유리면이 있다.* 고양이의 발톱을 모방하여 개선되고 보다 다양한 마찰력의 타이어들을 개발할 수 있다는 제안도 있었다.[9] 그리고 우리가 이미 주목했듯이, 고양이 몸단장 습관은 이미 새로운 기술을 자극하고 있다.

한동안 로봇공학은 작업-특화적인 적용에 초점을 맞추고 있었다. 이 방식에서 벗어나, 로봇공학을 실제적으로 적용한 기념비와 같은 사건들 중의 하나가 최초의 산업용 로봇인 유니메이트Unimate의 도입이었다. '만능 자동화'를 줄인 유니메이트는 최초의 디지털 프로그램이 가능한 로봇 팔이었다. 그것은 두 가지 목적을 염두에 두고 만들어졌다. 첫째는 작업자들이 독극물과 위험한 기계에 노출되는 공장들에서 위험한 작업을 해낼 수 있는 기계를 창조하는 것이었다. 유니메이트의 창조자 데볼George Devol은 가장 어려운 일들을 로봇들에게 줌으로써 작업장을 보다 안전하게 만들고자 했다.[10] 두 번째 목적은 구식의 제조 기계들이 배출하는 폐기물을 줄이는 것이었다. 로봇 팔을 프로그램 가능하게 만들어서, 생산 방법이 바뀔 때마다 그에 맞게 작동하도록 할 수 있었다. 데볼은 1962년 그의 사업 파트너 엥겔버거Joseph Engelberger와 함께 그들의 기계들을 제작하고 판매할 회사 유니메이션Unimation을 설립했다.

유니메이트는 계획된 작업에는 완벽하게 들어맞았다, 그러나 그것은 정해진 유형의 운동만 하는 고정되어 있는 로봇이었다. 로봇을 더욱더 다양하게 작동하도록 만들기 위해서는 안정적인 운동이 요구되었다, 그리고 이

---

* 건성 접착 테이프는 끈적이는 물질 대신에 많은 수의 마이크로 섬유가 전기적 인력으로 접착력을 가진다.

요구가 1980년대와 1990년대의 생체로봇공학 분야에서 새로운 고안의 출현을 자극했다. 자동화 로봇들에 대한 초창기의 연구자들은, 화산을 기어오르는 단테 Ⅱ에서처럼, 기계 자체로부터 분리된 로봇의 '뇌'와 '신경계'인 제어 센터를 설계했다. 단테 Ⅱ는 분화구의 가장자리에 있는 한 기지와 밧줄로 연결되어 있었고, 그곳에서 환경에 대한 반응을 제어하였다. 그러나 위기에 잘 대응할 수 있는 로봇들은 그들의 감각 작용과 모터 작동과 단단하게 연결된 뇌와 반사 반응을 갖추고 있어야 한다.[11] 간단히 말해, 그들은 보다 살아있는 생물처럼 만들어져야 한다.

이 방법을 위한 힌트는 지상 동물들로부터만 얻을 수 있는 것은 아니었다. 이를 테면, 물고기들이 인간이 만든 배들보다 더 효율적이고 조작하기 쉽다는 것이 오랫동안 알려져 있었던 것이다. 물고기들은 물속에서 운동할 때 에너지를 덜 필요로 한다, 그들은 먹잇감을 쫓는 동안 믿기 힘든 폭발적인 가속도를 만들어 낸다, 또한 그들은 자신들이 막이감이 되지 않도록 급하게 방향을 틀 수도 있다.

1989년 여름 마이클과 조지 트라이언타필러Michael and George Triantafyllou는 케이프 코드Cape Cod에 있는 우즈 홀 해양학 연구소Woods Hole Oceanographic Institute의 동료들과 잡담을 하는 중에, 심해 탐사를 위한 효율적인 로봇에 대한 큰 수요가 있다는 것을 깨달았다. 그들은 물고기의 운동이 아이디어를 제공할 수 있다고 전제했다. 그들은 금붕어로부터 상어까지 여러 물고기들을 연구한 끝에, 추진력을 만들어내기 위한 꼬리 팔락거림에 최적의 방법이 있음을 발견했다. 그들은 관찰을 근거로 49인치 길이의 기계 참다랑어를 제작했다. 그들이 발견한 생물학적 원리는 그들의 기계적 모형에게 잘 작동했다. 특히 그들은 그들이 발표한 논문의 맺는말에서 물고기의 수영에 관한 심원한 의문들을 제기했다.

> 돌고래와 참치는 둘 다 빠르고 헤엄치는 동안 그들의 몸을 비슷하게 구부
> 리지만, 그들의 수영의 세부적인 면에서는 상당한 차이가 있다. 그 둘 모
> 두가 최적의 해법인가? 만일 하나가 다른 것보다 낫다면 그 우월성은 어
> 떤 특정한 상황에만 한정되는가? 더 중요한 것으로, 우리의 수영을 위해
> 서는 그 둘보다 더 좋은 방법이 있는가?[12]

달리 말해 돌고래와 참치의 수영 유형들이 똑같이 효율적인가? 만일
그렇다면 어떻게 우리는 둘 중 나은 것을 선택할 수 있는가? 질문은 뷔리당
의 당나귀 역설의 한 간접적인 형태다. 그것은 이미 진화 중에 선택의 과정을
거친 살아있는 수중 생물들에 대한 문제가 아니라, 로봇공학 과학자들에 부
과된 중대한 문제이다.

로봇 참치가 최초로 헤엄을 쳤을 때, 케이스 웨스턴 대학교Case Western
University의 연구자들은 생물학을 통해서 지상 로봇 운동의 개량에 힘쓰고 있
었다. 그들은 바퀴벌레들과 대벌레들의 해부학과 신경학에 기초를 두고 가
능한 많은 생물학적 아이디어를 고려한 6개의 발들을 가진 곤충 로봇(6족 로
봇) 몇 대를 개발했다. 연구자들은 이렇게 지적했다. "우리는 처음에 정말 필
요하다고 여긴 것보다 더 많은 생물학을 포함시키는 실수를 하기 쉽다. 이 방
략의 이유는 간단하다. 그것은 거의 항상 보상을 해주기 때문이다. 자연의 길
이 유일하지도, 심지어 반드시 최고의 길이 아닐 수도 있지만, 우리가 생물계
의 설계에 꼼꼼하게 주의를 기울이다보면 때로 예기치 않은 혜택을 발견했던
것이다."[13]

곤충 로봇들은 19세기와 20세기 초의 반사에 대한 연구에서 배운 교훈으로 설계되었다. 다리 하나하나는 고유 감각 반사의 효력을 발휘하도록 되어 있었다. 즉 인공 뉴런들이 자신들을 관리하는 조정 뉴런pacemaker neuron 에게 다리가 전방 혹은 후방으로 향하고 있는가에 대한 정보를 보낼 수 있었다. 더구나 다리에 있는 다른 조정 뉴런들은 서로를 억제했다, 살아있는 생물의 대항근의 신경들처럼 말이다. 이 억제가 다리들의 조정 능력을 개선해서, 이웃하는 다리들이 동시에 걸음을 내딛는 것을 막았다. 많은 수의 다른 반사들이 만들어져 그 시스템에 넣어졌다. 하나는 승강 반사elevator reflex라고 불린 것으로, 만일 전방으로 움직이는 다리가 장애물을 만나면 로봇은 뒤로 물러나고, 자신을 보다 높은 고도로 올린다음 다시 걸음 내딛기를 시도한다. 또 하나의 반사가 '탐색 반사searching reflex'로, 만일 다리가 걸음을 내딛다가 안정한 디딜 곳을 찾지 못하면, 그것은 그러한 자리를 발견할 때까지 그 지역을 탐색한다.

1994년 연구자들은 대략 길이 50센티미터(20인치), 높이 25센티미터(10인치)의 대벌레에서 아이디어를 얻은 로봇을 거친 땅 위에서 시험했다. 지면은 대략 11센티미터(대략 4인치)의 고도 변화가 있는 커다란 스티로폼 충진재였다. 스티로폼은 부드러운데다 휘어지고 꺾어지기도 하여 단테 II가 굴러 넘어진 곳과 유사한 불안정한 표면을 만들어내었기 때문에, 좋은 시험 환경을 제공했다. 로봇은 훌륭하게 활동했다. 그것은 승강 반사와 탐색 반사를 적절히 통합시키면서 적용하여 거친 지면 위를 초당 2센티미터(1인치)로 움직였다.[14]

같은 연구단은 또한 신경 연결이 절단되었을 때 그들의 로봇이 어느 정도 기능을 하는지 연구했다. 이는 20세기 초기의 생리학적 연구를 회상하게 하는 한 흥미로운 시험이었다. 그들은 신경 연결부들에 '상해'를 가해 로봇이 손상되어도, 상당한 수준의 기능이 유지됨을 보여줄 수 있었다. 심지어 다리 한 개의 기능이 완전히 소실되어도 로봇의 운동은 심각하게 방해받지 않았다.[15]

6족 로봇들이 미래를 향한 인상적인 한 발자국을 내디뎠지만, 그래도 로봇들은 무질서한 환경에 생존하기 위해 더욱 다재다능할 필요가 있다. 실제 세상의 지면에는 로봇들의 규모보다도 더 큰 급경사가 있다, 그래서 그들은 예측하지 못한 자유낙하에 대응할 준비가 되어 있어야 한다. 이것은 2007년에 제작된 도마뱀에서 힌트를 얻은 로봇들처럼 미끈한 수직면을 오르도록 설계된 로봇들에게는 결정적으로 중요한 문제다.[16] 여기에, 떨어지는 고양이 문제가 다시 등장한다, 로봇들이 스스로 바로 서고 그 발들로 착지하되 최소한의 손상과 지속적인 운동성을 가지도록 해주는 잠재력 있는 방법을 제공하기 위해서다.

실제적인 고양이 로봇의 제작에 대한 연구는 다른 과제들에 비해 뒤졌다. 로봇공학 이외의 분야에서, 떨어지는 고양이에 대한 한 가지 독창적이고 기계적인 모형을 1995년 웨버 주립 대학교 Weber State University 의 갈리 John Ronald Galli 가 소개했다. 로봇공학 참치가 헤엄을 치고 로봇공학 대벌레가 행진하고 있는 때와 대략 같은 시기였다. 갈리는 고양이 비틀기와 인간 다이버들의 물리학에 대한 프로흐리히 Cliff Frohlich 의 1980년의 한 논문을 읽고 고무되어 그 문제를 연구하게 되었다. 프로흐리히의 논문은 인용 없이 1935년의 라디마커와 테르 브락의 굽히고-비틀기 모형을 묘사했다.[17]

갈리는 단계별로 점차 복잡해지는 몇 개의 고양이 모형들을 만들었다. 가장 단순한 모형의 동작을 Figure 10.3에서 보여 주고 있다. 두 개의 원통

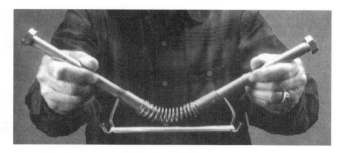

그림 2. 에너지를 가진 기계 척추.

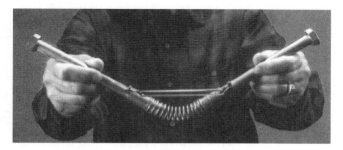

그림 3. 뒤집히는 중의 에너지를 가진 척추

그림 4. 뒤집어진 후의 기계 척추

Figure 10.3

존 로날드 갈리의 기계 고양이가 운동 중 몇 단계로 멈춘 모습. *J. R.* 갈리, "각
운동량 보존과 고양이 비틀기", 피직스 티쳐*Physics teacher, 33:404-407, 1995,
p404*에서 가져옴, 미국 물리 교사 연합회*American Association of Physics teachers*의
허락을 받음.

들이 고양이의 앞과 뒤 절반의 역할을 하고, 용수철은 유연한 척추 역할을 한다.* 몸을 반으로 나누어 만들어진 두 구획들 사이에 한 도막의 고무줄이 동력을 가진 근육으로 행동한다. 고양이를 놓아주면 고무줄의 장력이 몸의 구획들로 하여금 굽히고-비틀기를 하도록 만든다, 그 결과 180도 뒤집어진다.

갈리의 모형은 넓게는 생물로봇공학 모델링의 범주 안에 든다. 그의 장치는 이 문제를 학생들에게 설명하고자 하는 물리 교육자들을 위한 한 표준적인 도구가 되었다. 최근까지 갈리가 설계한 고양이의 한 고급 버전이 온라인 구매가 가능했다. 그것에는 다리들, 몇 개의 척추 관절들, 철사로 만들어진 새끼 고양이 얼굴이 완비되어 있었다.

고양이-회전하기 방략을 로봇이 그대로 실행하게 하는 것은 보다 어려운 일이다. 고양이는 다양한 각도로부터(뒤집힌, 모로 누운, 머리가 아래인 자세 등)떨어질 수 있고, 각운동량을 가진 채 혹은 가지지 않은 채 떨어질 수 있으므로, 단순한 작동 순서로는 모든 환경에서 고양이를 바로 세우지 못할 것이다. 예를 들어, 뒤집힌 고양이를 정밀하게 바른 자세로 착지하게 하는 운동은 옆으로 된 고양이가 그 반대 면으로 착지하게 만들 것이다. 낙하할 때면, 고양이 혹은 로봇은 종종 영점 몇 초 이내에 자신의 낙하의 정확한 상황을 고려해야 하고, 그에 따라 자신의 방략을 적절히 조정해야 한다.

이를 해내는 로봇 설계의 어려움은 뷔리당의 당나귀의 문제로 되돌아온다. 만일 고양이가 가장 짧은 시간 안에 뒤집어야 한다는 기준을 도입한다면, 원리적으로 고양이는 자신을 바로세우기 위해 많은 수의 다른 방법들을

---

* 사진에서는 원통이라기보다는 긴 볼트를 사용하였다.

사용할 수 있으므로, 두 방략들이 같은 크기의 시간이 걸리게 될 수 있고, 로봇은 간단히 어느 하나를 선택할 수가 없기 때문에 등으로 착지할 수도 있게 된다. 두 연구자들은 이렇게 지적했다. "알짜 외부 토크의 사용 없이 복잡한 다중 구획들, 다중 연결 부위들을 가진 시스템의 방향을 변경하는 문제에 대한 일반적인 방략과 제어 방법은 대체로 풀리지 않은 채 남아 있다. 이 의문에 대한 대답이 어려운 것은 일반적으로 알짜 외부 토크의 사용 없이 다중 구획, 다중 연결 부위 시스템을 공간에서 임의로 새 방향을 향하게 할 수 있는 방법이 무한히 많이 있다는 사실에 있다."[18]

그래서 두 가지의 똑같이 좋은 뒤집기 방법들 사이에서 끼어 꼼짝하지 못하는 일이 발생하지 않는 로봇을 만들기 위해, 기술자는 아무 특정한 상황에서도 "좋은"의 매우 정밀한 정의를 도입해야 한다. 그것이 고양이-회전하기에 관한 많은 연구들이 전적으로 문제의 수학적 해법에 초점을 맞춘 이유다. 한 초기 논문은 떨어지는 고양이의 운동 제어에서 안뜰 기관의 역할을 연구하기 위해 낙하하는 고양이의 사진들을 이용했다.[19] 그 연구는 로봇공학에 초점을 맞추지는 않았다, 그러나 결과는 미래의 연구자들에게 연구 방향을 제시해 주었다.

1998년 애리조나 대학교의 아라비안Ara Arabyan과 차이Derliang Tsai는 떨어지는 고양이가 성공적으로 뒤집게 해주는 알고리즘을 이용한 제어 체계를 설계했다. 이전의 6족 로봇을 위한 설계처럼, 이 설계는 분산되어 있었다, 즉 관절을 제어하는 구동기들은, 고유 감각 반사처럼, 서로 상호작용하며 피드백을 제공했다. 저자들은, 원래 케인과 셰르가 제안한 것처럼, 고양이의 운동에 몇 가지 제한을 가해서 해결해야 할 문제의 난이도를 제한하고 묵시적으로 뷔리당의 당나귀를 피하도록 했다. 떨어지는 고양이에 대한 그들이 구한 모의 풀이들 중의 하나는 1990년대 후기의 컴퓨터 애니메이션의 덕을 톡톡히 보았다. 저자들이 지적하듯이, 고양이 문제에 대한 그들의 컴퓨터 풀이는 떨어지는 고양이의 실제 사진들과 잘 부합한다.[20]

떨어지는 고양이 문제에 대한 수학적 연구는 새천년에도 계속되었다. 2007년 중국 연구자들은 떨어지는 고양이 문제의 해답을 찾아내기 위해서 논홀로노미 운동 계획nonholonomic motion planning이라는 기술을 사용했다.* 2008년에 이스라엘 연구자들은 '정사각형 고양이square cat'라는 흥미로운 모형을 도입하여, 그 문제에 내재한 보다 깊은 수학의 일부를 상술하고자 했다. 여기서 고양이는 유연한 관절들로 연결된 4개의 동일 길이의 막대들이었다. 2013년 매사추세츠 대학교 로웰 캠퍼스University of Massachusetts Lowell의 코프만Richard Kaufman은 '전기 고양이'를 소개했다. 그것은 고양이의 단순한 기계적 모형으로 굽히고-비틀기 동작을 할 수 있었다. 코프만의 결론 중 하나는 굽히고-비틀기가 고양이의 능력을 설명하는데 충분하고, 마레의 접고-돌기 방법은 이차적인 기여에 불과하다는 것이다. 2015년 일단의 중국 연구자들은 떨어지는 고양이의 동역학을 연구하기 위해 정교한 수학적 공식인 우드와디아-칼라바Udwadia-Kalaba 방정식을 적용했다.[21]

---

* 논홀로노미 조건이란 역학에서 시스템의 운동에 가해지는 구속 조건을 나타내는 방정식에 속도와 같은 위치 좌표의 시간 도함수가 포함되어 있을 뿐만 아니라, 그 방정식이 적분 불가능해서 위치 좌표들 사이의 방정식으로 환원되지 않는 조건을 말한다. 로봇공학에서는 로봇의 운동 자유도에 비해서 실제로 로봇이 제어할 수 있는 운동의 자유도가 적을 때 논홀로노미 조건이라고 표현한다. 예를 들어, 평면 위에서 구르는 원반은 원반면에 수직한 방향으로는 운동하지 못하고 같은 방향으로만 운동할 수 있다. 이 조건은 원반의 두 속도 성분 사이의 관계를 나타내는 방정식으로 표현된다. 따라서 논홀로노미 조건이다. 한편 원반은 중심 좌표 2개와 방향 1개, 총 3개의 자유도를 가지고 있으나, 실제로 원반의 운동을 제어할 때 사용할 수 있는 자유도는 원반이 굴러가는 방향 1개와 원반의 방향 1개 총 2개 뿐이다.

전기 고양이 모형을 제외한, 대부분의 이 후발 연구에서는 어떻게 해서 고양이가 그 운동을 해내는가를 설명하는 것으로부터 같은 결과를 얻기 위해서 어떻게 수학을 사용하는가를 설명하는 것으로 주안점이 이동했다. 이는 고양이가 이미 최적으로 뒤집는 방법을 알아냈다는 것을 의미하고, 수학자들의 목표는 어떻게 하면 수학적 규칙들이 이 진화가 유도한 결정 과정을 근사적으로 표현할 수 있는가를 알아내는 것임을 의미한다.

고양이-회전하기는 아무 동물에게나 스스로 바로 서는 가장 정교한 방법으로 보이지만, 다른 동물들은 보다 간단한 방법들을 채용했다, 그리고 이들은 로봇공학 연구자들에 의해 훨씬 더 자세히 탐구되어왔다. 2011년의 스스로-바로서기 기술에 대한 한 검토에서는 4가지 옵션이 제시되는데, 그 중 많은 것들은 우리가 이전에 마주쳤던 것들이었다.[22] "땅을 떠나기 전 각운동량의 변경"은 맥스웰과 다른 이들이 떨어지는 고양이에 대해 가졌던 최초의 불충분한 설명과 엇비슷하다. 즉 로봇이나 동물이 낙하를 시작하기 전에 회전을 위한 자신의 각운동량을 조절한다는 것이다. "사지의 운동을 통해 몸통을 다른 방향으로 향하게 하기"는 공군의 올가미 동작과 같은 기술을 말한다. 즉 팔들을 돌리면 몸통이 반대로 돌 수 있다는 것이다. "처음 각운동량 없는 비틀기"는 고양이가 하는 뒤집기인 굽히고-비틀기와 접고-돌기 둘 다를 말한다.

네 번째 기술은 아마도 가장 바람직하지 않은 것이지만, 가장 현실적이다. "사후 스스로-바로서기", 즉 땅에 닿은 후 바로서기를 한다는 것이다. 어떤 동물들은 한 다리가 땅에 닿기만 하면, 몸 전체가 닿기 전에 그 다리를 지레의 팔로 사용하여 방향 수정을 시도할 수 있다.[23] 딱정벌레를 포함한 자연의 어떤 동물들은 거꾸로 착지한 후 일어나기 위해서 멋진 방법을 만들어

내었다.

딱정벌레들의 어떤 종(어리방아벌레과 Eucnemidae와 같은)은 등으로 착지한 경우에, 그들의 몸통을 활처럼 휘게 하여 탄성에너지를 저장하였다가, 스스로-바로서기를 위한 점프를 할 때 그것을 폭발적으로 방출하는 것으로 알려져 있다. 풍뎅이붙이과 Histeridae [광대 딱정벌레]와 같은 다른 종들은 그들의 시초들 elytra(뒷날개 보호를 위한 경화된 날개)을 펼쳐 지면에 대해서 비행 자세를 취했다가 급격히 닫아서 다시 한 번 스스로-바로서기 점프를 하게 된다.[24]

어떤 의미에서, 이 후자의 기술은 될 때까지 반복하기다. 만일 딱정벌레가 등으로 착지하면, 그 딱정벌레는 자신을 도로 공중으로 내던져서 바로서기 착지를 다시 시도한다는 것이다.

어떤 곤충들은 그들의 작은 질량 덕분으로, 스스로-바로서기를 위한 방략을 필요로 하지 않은 것 같다. 대벌레의 유충에 대한 연구는 공기 동력학적 힘 하나로 그들이 뒤집기를 하는데 충분함을 지적한다. 본질적으로, 그들이 낙하 중에 마주치는 '바람'이 그들이 뒤집도록 해준다.[25] 놀랍게도 이 현상은 1700년에 파렝이 고양이의 뒤집기 방법으로 제안했던 것과 아주 가깝다. 그 생각은 고양이들에게는 틀렸지만, 어떤 종의 곤충에 대해서는 정확한 듯하다.

어떤 동물에 대해서는, 해부학이 훨씬 쉬운 뒤집기 방략을 가능하게 한다. 도마뱀은 그 몸통에 필적할 크기의 꼬리를 가지고 있기 때문에, 자신의 몸을 뒤집기 위해서 페아노가 최초로 제안한 '프로펠러 꼬리' 방략을 사용할

264

수 있다. 2008년 캘리포니아 대학교 버클리 캠퍼스의 연구자들은 납작한 꼬리의 집 도마뱀, 헤미닥틸루스 플라티우루스Hemidatylus platyurus의 뒤집기를 분석했다. 생물에서 착안한 스스로 바로 서는 로봇 도마뱀을 설계하기 위해서였다. 그들은 2007년의 도마뱀에서 힌트를 얻은 점착성의 기어오르는 로봇과 같은 크기 및 같은 형태를 가지는 한 견본품을 제작했다. 결과는 아주 인상적이었다. 로봇 견본품은 3분의 1초 이내에 180도로 뒤집었는데, 이는 그들의 모형들에 대한 예측과 일치하고 대부분의 스스로-바로서기 요구 조건에 충분했다.[26]

이 생물들과 그들이 아이디어를 내준 로봇들은 점프 제어를 위해서도 그들의 꼬리를 사용할 수 있다. 역사상 가장 거창한 제목일지도 모르는 한 논문, "도마뱀들, 로봇들, 공룡들의 꼬리-도움에 의한 활공 각도 제어"에서 그 버클리 연구단은 아가마Agama 도마뱀들의 뛰는 동작들을 연구했고, 로봇의 점프 안정성을 개선하기 위해 그 데이터를 사용했다.[27] 듀크 오브 해저드Dukes of Hazzard 유형의 경사로에서 뛰어 내리는 로봇은 얼굴이 먼저 착지하려는 경향을 보일 것이다.* 로봇의 뒷부분이 경사로를 완전히 떠나기 전에 중력이 로봇의 앞쪽을 아래로 당기기 때문이다. 그러나 로봇(혹은 도마뱀)이 꼬리를 흔들어 올리면 몸의 앞 끝이 올라가서 몸이 편평하게 되어 안전하게 착지할 수 있다. 이 역시 각운동량 보존에 의한다. 연구자들은 또한 그들의 결과와 고생물학적 데이터를 사용하였다, 영화로 아주 유명해진 공룡 벨로시랩터 몽골리엔시스Velociraptor Mongoliensis의 활공 각도 제어를 고찰해 보기 위해서였다. 그들

---

* 듀크 오브 해저드는 1980년대 미국의 TV 액션 시리즈물로, 두 젊은이가 자동차 액션 연기를 벌였다.

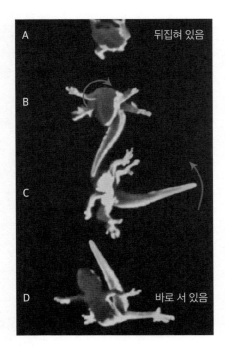

A 뒤집혀 있음

B

C

D 바로 서 있음

Figure 10.4
스스로-바로서기를 하는 도마뱀. 유수피Jusufi 외, "도마뱀의 능동적인 꼬리들이 나무 위의 곡예를 향상시킨다Active Tails Enhance Arboreal Acrobatics in Geckos", PNAS, IOS:4215-4219, 2008에서 가져옴, 판권@(2008) 국립 과학 아카데미National Academy of Sciences, 미국.

은 이렇게 지적했다. "이전에 제안된 수동적인 꼬리들의 한계에도 불구하고 벨로시랍터와 같이 능동적인 꼬리를 가진 작은 수각룡들theropods은 현재의 수상 도마뱀들이 보여주는 것 이상으로 공중 곡예를 할 수 있었을 수도 있었을 것이다."* 만일 벨로시랍터들이 더 이상 무섭지 않은 듯하면, 파쿠르parkour에 익숙한 곡예사들처럼 먹잇감을 뒤 쫓는 그들을 상상해 보는 것도 재미있을 것 같다.**

비록 고양이의 꼬리는 도마뱀의 그것보다 그러한 동작에서 훨씬 덜

* 수각룡은 2족 보행의 육식 공룡을 말한다.
** 파쿠르는 복잡한 환경에서 장비의 도움 없이 달리고, 오르고, 뛰어 넘고, 수영하는 운동을 말한다.

효율적이지만, 실험 연구는 고양이 또한 균형을 잡는데 꼬리를 사용한다는 것을 입증했었다.[28] 여기에 다시 고속 사진술이 등장했다. 연구자들은 좁은 막대 위를 걸어가는 고양이들을 촬영하였다. 고양이들이 막대 위에 있는 동안 갑자기 막대가 옆으로 움직였다. 영상은 고양이들이 그들의 꼬리를 건들거려 예기치 않은 운동을 상쇄하여 균형을 잡는 모습을 보여준다.

또 다른 동물들은 더욱 비상한 각도 조정 기술을 얻기까지 진화했다, 그리고 이들 또한 로봇공학에 응용되어 왔다. 사람들은 깡충거미과salticidae의 뛰는 거미들은 공중으로 뛰기 전에 자신들의 집에 거미줄 견인사를 부착한다는 것을 알게 되었다. 거미들은 그 줄을 늘이면서 줄의 장력을 제어함으로써, 자신들의 각도를 조정하여 납작하게 착지할 수 있다. 2015년 케이프타운대학교의 연구자들은 로봇이 그 방략을 사용할 수 있음을 입증했다.[29] 그들의 로봇 립LEAP;Line-Equipped Autonomous Platform은 가능한 가볍게 만들기 위해서 레고 테크닉 사LEGO Technic 블록용 섀시chassis로 만들어졌는데, 기계의 최종 질량은 88그램(3.1 온스)였다.* 이 로봇은 그 자신의 안뜰 기관의 한 버전인 가속도계를 사용하여 언제 자신의 줄을 제어할지 스스로 결정했다. 발사대 위에 있는 동안 로봇은 정상적인 중력을 느끼고 있었다. 로봇이 발사되어 중력이 사라지고, 그로인해 견인사 제어가 시작되도록 촉발되었다. 이는 고양이의 바로서기 반사가 무중력의 감지에 의해 활성화되는 식과 아주 비슷하다.

더 많은 연구자들이 동물의 운동을 연구할수록, 새로운 공중 자기-회전의 방법들을 발견한다. 세상에서 두 번째로 거창한 제목이라고도 할 수 있

---

* 여기서 섀시는 블록을 꽂아 자동차를 완성할 수 있도록 만든 기본 골격을 말한다.

는 한 논문, "도약하는 여우원숭이들의 공중 동작"에서 푸에르토리코 대학교의 던바Donald Dunbar는 알락꼬리 여우원숭이들ring-tailed lemurs의 특이한 공중 방향 바꾸기를 연구 조사했다.[30] 종종 여우원숭이는 나무의 높은 곳에서 그 나무의 둥치를 마주보고 있다가 다른 나무를 향해 이륙해서는 그 나무의 둥치를 마주보는 자세로 도착할 수 있다. 이 경우 여우고양이는 두 가지 방략을 사용한다. 즉 여우고양이는 출발 전 나무를 잡고 있을 때, 몸의 회전을 시작한다("지면을 떠나기 전에 각운동량의 변경"), 그런 다음 꼬리를 사용하여 도착 전에 회전을 조정한다("사지 운동을 통한 몸통 방향 바꾸기").

날개 달린 동물들도 흔치 않은 스스로-방향 잡기 기술을 이용한다. 2015년 브라운 대학교의 연구자들은 세바 섬Seba의 짧은 꼬리 박쥐들과 작은 개-얼굴 과일 박쥐들lesser dog-faced fruit bats이 놀랄만한 빠른 공중 묘기를 하면서 자신들의 날개 관성을 제어한다는 것을 입증했다.[31]* 그 방략은 고양이의 접고-돌기 모형에서, 두 개의 날개가 고양이의 두 몸통-구획을 대체한 것과 비슷하다고 생각하면 된다. 한 날개를 접음으로써, 다른 날개의 운동이 박쥐의 회전에 아주 큰 효과를 낸다. 연구자들은 이 지식이 공중 로봇들의 성능을 개선하는데 도움이 될 것이라고 말한다.

그러나 실제적인 로봇 고양이의 물리적인 모형이 제작된 적이 있는가? 1992년까지 멀리 거슬러 가면 일본 연구자들이 로봇공학을 이용하여 고양이 뒤집기의 굽히고-비틀기 모형을 연구했음을 알 수 있다. 그 모형이 아마도 떨어지는 고양이의 원리에 근거를 둔 최초의 실제적인 로봇일 것이다.

---

* 세바는 카리브 해의 네덜란드령의 한 작은 섬이다.

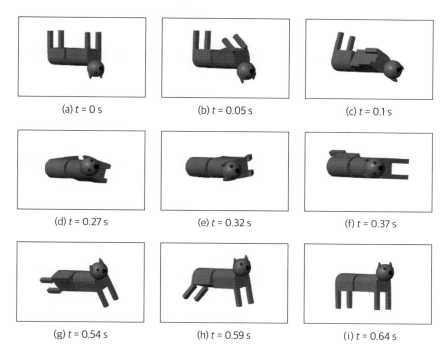

(a) t = 0 s	(b) t = 0.05 s	(c) t = 0.1 s
(d) t = 0.27 s	(e) t = 0.32 s	(f) t = 0.37 s
(g) t = 0.54 s	(h) t = 0.59 s	(i) t = 0.64 s

Figure 10.5

접고-돌기 모형을 채용한 로봇의 모의실험. 쉴즈Shields 외, "낙하하는 고양이 로봇은 자신의 발들로 착지한다Falling Cat Robot Lands on Its Feet"에서 가져옴. 저자들의 허락으로 그림을 전재함.

원 논문이 일어로 되어 있으나, 2014년 저자들 중 하나인 신슈 대학교Shinshu University의 가와무라Takashi Kawamura가 그 연구에 대한 요약문을 영어로 발표했다.[32] 그들의 고양이 모형은 한 개의 유연한 관절로 연결된 두 개의 원통으로 이루어진 갈리의 기계적 고양이와 어느 정도 유사하다. 그러나 그 모형은 어떤 능동적인 제어 체계를 사용한다. 고양이의 '근육들'은 공기압으로 작동하는 장치들이고, 이들이 고양이가 자유낙하 하는 중에 능동적인 제어를 하게 해준다. 그러나 일본 연구자들의 연구 동기는, 다재다능한 스스로-바로서기

로봇을 설계하는 것이 아니라, 굽히고-비틀기 가설을 시험하는데 있었다.

신뢰성 있는 제어 시스템 설계의 어려움 때문에 로봇공학 고양이들에 대한 대부분의 연구는 대체로 최근에야 이루어졌고, 초기 상태에 있는 것으로 보인다. 2013년에 아들레이드 대학교Adelaide University의 연구자들은 떨어지는 고양이 로봇의 모의실험을 했다.[33] 제안되어 있는 다양한 고양이-회전하기 방략들 중에서, 그 호주 그룹은 마레의 독창적인 접고-돌기 모형을 실행할 수 있는 한 로봇을 설계하는데 초점을 맞추었다. Figure 10.5에 있는 그들의 모의실험은 고양이가 0.5초를 약간 상회하는 시간 이내에 뒤집는다고 예측한다. 연구자들은 작동하는 견본품을 제작하려는 계획을 가지고 있다.

2014년 조지아 공과대학Georgia Institute of Technology의 류Karen Liu의 그룹은 공중에서 동역학적으로 자세를 조정하여 바로 설 수 있는 고양이에서 착안한 로봇을 제작해 냈다. 로봇은 크게 고양이처럼 보이지는 않는다. 그것은 방향을 제어하기 위해 서로 독립적으로 굽힐 수 있는 세 개의 경첩이 달린 구획들로 만들어졌는데, 역시 코프만처럼 논홀로노미 운동 계획을 사용하였다. 그들의 로봇은 자유낙하에 따른 속력과 충격에 완전한 준비가 되어있지는 않았다, 그래서 연구자들은 로봇을 경사진 공기-하키 테이블 위에서 아래로 미끄러지게 하여 시험했고 희망적인 결과를 얻었다.* 결과는 일부 논문들에 반농조로 발표되었다. "그래서 먼 미래에 당신이 절벽으로부터 뛰어 내리는 어떤 무시무시한 로봇을 보게 되면, 당신은 고양이 탓을 하면 된다."[34] 그래도 그 연구는 국가적인 관심을 얻었다.

---

* 공기-하키 테이블은 공기가 분사되어 퍽과 테이블 사이에 마찰이 거의 없게 하여, 두 사람이 테이블 상에서 하키 게임을 할 수 있는 놀이 기구다.

2017년 다른 그룹들이 로봇공학의 방법으로 떨어지는 고양이 문제에 관한 상당한 진척을 보았다. 한 협동 과제에서, 영국과 이란의 연구자들은 2개의 몸통 구획들, 3개의 몸통 구획들, 8개의 몸통 구획들로 복잡성이 증가하는 고양이 로봇의 모의실험을 설계했다. 그리고 '특이성', 즉 뷔리당의 당나귀 문제를 피해 가는 로봇 고양이를 위한 제어 시스템을 개발했다. 한 견본품 제작이 계획 중에 있다.[35]

2017년 디즈니 연구소의 포프Morgan Pope와 니마이어Günter Niemeyer가 개발한 떨어지는 로봇에 대해 잠깐 언급할 필요가 있다.[36] 그들의 기계는 전혀 고양이처럼 보이지 않는다. 그것은 회로로 장식한 벽돌 같고, '이진법의 로봇공학의 관성적으로 제어되는 벽돌BRICK'이라는 적절한 이름이 붙여졌다, 그리고 방향 변화를 위해서는 맥스웰의 상상을 따랐다.* 벽돌에게는 낙하하기 전에 큰 수평 회전이 주어진다, 그 다음 벽돌은 자신의 회전율을 변화시키기 위해 내부적으로 관성 모멘트를 제어한다. 로봇은 자신의 방향을 바꾸어서, 훌륭하게 한 벽돌-모양의 구멍을 지나서 떨어질 수 있음을 보여 주었다.

좀 애매하지만 고양이처럼 보이면서, 떨어지는 고양이의 최초의 실제적인 전자공학-기반 로봇 원형이라고 할 수도 있는 것을 3인의 중국 연구자들 자오Jiaxuan Zhao, 리Lu Li, 펑Baolin Feng ㅍ이 제작했다.[37] 그들이 사용한 고양이-회전하기 모형은 주로 굽히고-비틀기 방법에 기반을 두고 있다, 그러나 그들은 로봇의 다리들이 운동에 최적화 되도록 자유로이 흔들거릴 수 있게 했다. 이 로봇 자체는, 비록 인상적이긴 하지만, 미리 입력한 작업순서를 따르고, 실

---

* 단어들의 첫 글자들 혹은 끝 글자로 벽돌brick이라는 단어를 만들기 위해, 문법에 맞지 않은 어순을 사용하였기 때문에 번역이 어색하다.

제 고양이가 하는 방식인 비행 중에 착지를 위한 최적의 운동을 감안하지 않는 듯하다. 떨어지는 고양이 로봇공학에서 수학과 기계 장치들의 완전한 통합은 아직도 이루어지지 못했다.

그러나 보통의 걷거나 달리는 로봇들은 극적으로 진보했다. 2013년 이래로 보스턴 다이나믹스 사Boston Dynamics는 놀라운 조정 능력을 소유한 아틀라스Atlas라고 명명된 한 인간 모양의 로봇을 개발하고 있었다. 거대한 견본품 아틀라스는 키가 거의 6피트이고 무게는 330파운드나 나간다. 2017년에 보스턴 다이나믹스 사는 상자들 위를 뛰어 다니고, 뒤로 공중제비를 넘는 아틀라스의 영상을 공개했다. 1년 후 회사는 잔디와 고르지 않은 지면을 가로질러 달리는 아틀라스의 영상을 공개했다. 한 온라인 작가는 이렇게 보도했다. "보스턴 다이나믹스 사의 아틀라스 로봇은 이제 숲속으로 당신을 잡으러 갈 수 있다".[38] 이런 종말론적인 이야기를 일단 제쳐두고 보면, 아틀라스는 화산의 분화구로부터 기어 나오려 고군분투한 6족의 단테 II로부터 로봇들이 얼마나 멀리 진화했는지 보여준다. 그래도, 아틀라스의 증기 동력 사촌 허큘리스가 100년 전에 나타난 이래로 로봇에 대한 공포는 많이 달라지지 않았다.

제작된 모든 로봇이 인류에게 위협적인 것은 아니다. 장난감 회사 해즈브로 사Hasbro는 브라운 대학교의 연구자들과 협력하여 ARIESAffordable Robotic Intelligence for Elderly Support라고 하는 한 로봇공학 고양이 동반자를 제작하기 위한 최초 설계를 개선하고 있는 중이다.[39] 고양이처럼 보이고, 고양이처럼 가르랑거리고, 고양이같이 야옹 소리를 내는 이 로봇은 노인들을 위한 비싸지 않은 동반자 및 도우미로 설계된다. ARIES는 배를 만져주면 뒤집기를 하는 것처럼 제한적으로 살아있는 고양이의 운동을 흉내 낸다, 그리고 소유주에게 의사 예약과 약 복용 시간을 미리 알려주도록 프로그램 할 수 있다. 고양이처럼 귀엽고 폭신폭신한 것은 바로 현대 로봇이 흉내 내고 있는 생물로부터 착안한 또 다른 특성이다.

고양이-회전하기 다시 보기

소문에 들은 이야기다. 옛날에 장님들이 길가에 앉아 있었다. 그들은 코끼리들이 다가오는 소리를 들었다. 그들은 코끼리를 보고 싶어 했다. 한 장님이 코끼리의 다리를 만지고는 코끼리는 기둥 같다고 말했다. 또 한 사람은 코끼리의 코를 만지고 코끼리가 밧줄 같다고 선언했다. 세 번째 사람은 코끼리의 귀를 만지고 코끼리가 부채와 같다고 확신했다. 네 번째 사람은 그것의 꼬리를 만지고 코끼리는 뱀과 같다고 자신만만해 했다.[1]

떨어지는 로봇공학 고양이에 대한 최근의 연구를 살펴보면, 고양이가 정확히 어떻게 자유낙하 중에 뒤집히는지에 관해 아직도 심각한 의견불일치가 있다는 것에 놀라게 된다. 일부 연구자들은 자신들의 로봇을 설계하기 위해 접고-돌기 방법에 기대를 걸고, 다른 이들은 굽히고-비틀기 모형에 의지한다. 로봇공학자들의 여러 의견들은 물리학자들의 그것들을 반영하고 있다. 로봇공학 연구자 가와무라는 이 혼란을 이렇게 묘사했다. "흥미롭게도 물리학과 동역학 교재에서 고양이의 스스로-바로서기에 대한 설명은 계속 모순적이고 모호하다."[2]

　　자유낙하 중에 어떻게 고양이가 뒤집는가라는 겉보기에 아주 평범한 의문이, 마레의 떨어지는 고양이 사진의 시대로부터 오늘날까지, 한 세기 이상 확실한 답을 얻지 못한 채로 있는 바람에 최첨단의 이론과 기술로 무장한 과학자들마저도 흥미를 가지거나 혼란에 빠지고 있다는 사실은 정말 놀라운 일이 아닐 수 없다. 도대체, 원자에 통달하고, 범지구적인 인터넷을 설치하고, 달로 사람까지 보낸 세상에 살고 있는 과학자들이 아직도 그깟 고양이의 운동을 이해하고 복제하려 끙끙대고 있을 수가 있단 말인가?

　　부분적이긴 하지만, 대답은 물리학자들이 문제들을 분석하려고 전통적으로 사용한 방략이 살아있는 자연이 진화적 과정의 형태로 생물의 문제들을 실제로 푸는 방법과 완전히 일치하지 않는다는 것이다. 물리학자들이 훈련을 받은 사고방식의 좋은 예를 뉴턴의 연구에서 볼 수 있다. 뉴턴은 행성, 혜성, 지상 물체의 운동에 관해 어지러울 정도의 많은 관측을 했고(그의 운동 법칙들과 많은 수학의 도움으로) 그들 모두를 설명할 수 있는 한 개의 중력 이론으로 통합했다. 자연에 관해 복잡한 관찰을 하는 것과 그것을 가장 단순한 형태로 줄이는 아이디어는 그 이후로 물리학의 원칙처럼 되었다. 우리는 1860년대에 남보다 먼저 고양이를 던진 맥스웰이 겉보기에는 다른 현상들인 전기, 자기, 빛 모두를 어떻게 해서 단일의 기본 힘인 전자기력으로 설명했던가를 알고 있다. 한 세기 후인 1970년대 연구자들은 더 나아가 불안정한 기본입자들의 붕괴를 지배하는 약한 핵력이 전자기력과 결합할 수 있고, 그 둘은 한꺼번에 단일의 기본적인 현상인 *전자약력 상호작용*electroweak interaction 으로 설명될 수 있음을 보여 주었다. 이제 입자 물리학자들은 이론과 실험으로, 전자약력 상호작용을 중력 및 강력과 결합시킬 수 있고 그들 각자가 어떤 단일의 기본적인 힘의 다른 측면임을 보여줄 수 있는, 대통일 이론*grand unified theory*을 찾고 있다.

이런 식으로, 물리학자들은 복잡한 물리학적 관찰과 그들을 하나의 현상으로 압축하려는 오랜 역사를 지니고 있다. 그러나 이것이 항상 가능하지는 않다, 그래서 물리학자들은 자신들이 연구하는 문제들이 점점 더 복잡해짐에 따라 새로운 방략을 채용한다, 그래도 단일의 '원인'을 찾아내려하는 획일적인 본능을 결코 버리지 않는다.

그러나 자연은 단순성이 아니라 효율성에 관심을 둔다. 자연계서는, 어느 문제에 가장 간단한 해법이 있다고 해서 어떤 혜택이 있는 아니고, 가장 좋은 해법을 가질 때에만 혜택이 있다. 이 해법에는 몇 가지 행동이나 운동이 결합되어 포함될 수도 있다. 우리는 이 예를 고양이-회전하기 문제에서 볼 수 있다. 지금까지 밝혀진 서로 다른 방략들은, 그 중에서 파렝의 부정확한 가설을 무시한다면, 네 가지다.

1. **맥스웰(약 1850)의 "떨어지는 피겨 스케이터"** 고양이가 떨어질 때 이미 돌고 있는 경우, 고양이는 자신의 발들을 끌어당기거나 뻗어서 전체적인 관성 모멘트를 바꾸어 회전 속력을 바꿀 수 있다.
2. **마레(1894)의 "접고-돌기"** 고양이는 선택적으로 이 쌍 혹은 저 쌍의 발들을 끌어당겨, 몸의 한 구획의 관성 모멘트를 바꿀 수 있다, 그렇게 하여 반대 방향으로는 큰 회전 없이, 첫 절반, 그 다음에 다른 절반을 회전하게 한다.
3. **라디마커와 테르 브락(1935)의 "굽히고-비틀기"** 고양이는 허리에서 몸을

굽히고, 몸의 두 구획들을 반대로 돌게 할 수 있다, 이때 운동량들은 서로 상쇄된다.

4. **페아노(1895)의 "프로펠러 꼬리"** 고양이는 프로펠러처럼 자신의 꼬리를 한 방향으로 돌려서, 몸을 다른 방향으로 돌게 할 수 있다.

이 방략들 중 어느 것이 고양이-회전하기를 위한 **단일의 진짜 방략**일까? 코끼리를 더듬는 속담의 장님들처럼 많은 물리학자들이 고양이의 복잡한 운동에서 다른 것들은 모두 무시하고 한 특별한 측면만을 끄집어내서 그것이 '옳은' 것이라고 선언했다. 시간 순으로 나열된 사진들은 종종 물리학자들에게 로르샤흐Rorschach 검사 같은 역할을 하며, 각 관측자는 바로 앞 사람이 관측한 것과는 무언가 다른 것을 보게 된다.*

고양이-회전하기에 대한 높은 안목의 통찰력은 거의 마레의 시대까지 거슬러 올라간다. 1911년 프랭클린W. S. Franklin은 저널 *사이언스*에 한 통신문을 게재했는데, 글에서 그는, 헤이포드J. F. Hayford로부터 받은, 떨어지는 고양이의 운동에 관한 설명을 소개했다. 그 통신문에서 프랭클린은 고양이의 운동에 관한 삽화와 간단한 설명을 제공했다. "축 AB 주위로 자전 운동량을 가지는 고양이 몸의 운동에는 두 가지 간단한 유형들이 있다, 즉 (a) 고양이의 몸을 강체 구조로 보았을 때 축 AB 주위로 하는 회전과, (b) 고양이 몸의 각 부분이 곡선 CD 주위로 회전하면서 전체적으로는 꿈틀거리는 운동이 있다."

---

* 로르샤흐 검사는 대상자에게 여러 가지 도형이 그려진 카드를 보여주고 느낌을 묘사하게 하여 심리를 진단하는 방법이다.

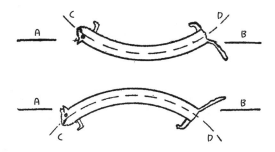

Figure 11.1

*W. S. 프랭클린이 제시한 낙하하는 고양이의 모형. 프랭클린,
"낙하하는 고양이는 어떻게 공중에서 뒤집는가"에서 가져옴.*

이것은 20여년 후 라디마커와 테르 브락이 옹호하게 되는 굽히고-비틀기 모형의 한 미숙한 묘사에 해당한다. 그러나 헤이포드의 설명은 편집자에게 보낸 또 하나의 통신문의 공격을 받고 추락해 버렸다, 이것은 벤튼J. R. Benton이 보낸 것이었다. 벤튼은 마레의 사진과 마레의 설명을 담고 있는 책을 인용하면서, "헤이포드 교수가 제공한 설명은, 비록 한 가능한 것이더라도, 사진술에서 관찰되었던 것과 같은 고양이의 실제 행위와는 일치하지 않는다."라고 썼다.[3] 아마도 이 비판 때문에, 헤이포드의 설명은 아무런 견인력을 얻지 못했고, 굽히고-비틀기가 **단일의 진짜 방략**이 되기 위한 주요 경쟁자가 되기까지는 그로부터 20년이 걸리게 되었던 것으로 보인다.

사진 분석에 기반을 둔 주장들은 아직도 제기되고 있다. 떨어지는 고양이에 관해 내가 어떤 물리학 저널에 제출한 한 논문에서, 나는 고양이의 운동에 대한 단순한 모형으로 굽히고-비틀기를 사용했다. 부정적으로 본 한 심사위원의 보고가 다음과 같은 비평문과 함께 돌아왔다. "떨어지는 고양이에 관한 유튜브 영화들을 조사해 보았으나, 나는 이런 종류의 운동은 보지 못했다." 떨어지는 고양이에 대한 1894년의 바로 그 최초의 사진들은 문제를 해결하기는커녕, 고양이의 신비를 더 깊게 했을 뿐이다. 지금도 그렇게 되고 있다.

떨어지는 고양이 문제에 뛰어든 많은 연구자들 사이에 단지 한 사람만이 그 복잡성을 예민하게 느꼈던 것 같다. 그는 세인트 바르톨로뮤 병원 St. Bartholomew's Hospital 의과대학에 근무하던 런던의 생리학자 맥도널드 Donald McDonald 였다. 그는 이 주제에 관한 그의 최초의 논문을 1955년에 발표했다, 미공군이 그 문제에 관심을 가지고 있었던 시기와 대략 같은 때였다. 맥도널드는 그의 관심을 이렇게 설명했다.

바로서기 반사는 물리학 강의 계획서에 유서 깊은 한 자리를 지키고 있고, 반사를 예시하기 위한 고양이는 과거로부터 그랬던 것처럼 항상 거꾸로 해서 떨어뜨려진다. 고양이가 그것을 해 내는 방식은 오랫동안 생리학의 한 수수께끼였지만, 마그누스는 그것을 그가 처음으로 발견한 머리와 몸통 반사로 묘사했다. 그리고 이것은 이제 모든 교과서에 반복적으로 나온다. 나는 내가 우둔한 것이 분명하다고 생각한다, 볼 수 있는 것을 나는 정말 볼 수 없었다고 고백하기 때문이다.[4]

맥도널드는 호기심에서 스스로 그 문제를 탐구하기로 결정했다. 먼저 그는 초당 64프레임으로 촬영하는 한 동영상 카메라를 사용하여 낙하하는 고양이 촬영을 시도했다, 그러나 이것은 고양이의 행동을 분명하게 관찰하기에 충분할 정도로 빠르지 않았다. 그래서 그는 홀랜드 John Holland 라는 고속 영화 촬영법의 전문가 동료에게 도움을 청해, 그와 함께 낙하하는 고양이를 초당 1500프레임이라는 놀라운 속도로 촬영했다. 그 속도는 카메라 속의 필름이 시간당 60마일만큼 지나가는 것을 말한다. 불과 영점 몇 초 동안에 일어나는 사건을 포착하기 위해서였지만 많은 양의 필름이 사용되었음이 분명하다.

그들은 무엇을 보았을까? 맥도널드는 마그누스, 마레, 라디마커와 테르 브락의 설명을 가리키면서 빈정대는 것처럼 논평했다. "어떻게 해서 서로 다른 세 관찰자들이 그러한 다양한 모습들을 볼 수 있었는지 사람들은 의아하게 생각할 수도 있을 것이다. 해답을 안다는 것은 연구의 진척 상황과 연구자들의 심리에 대해 많은 것을 이해한다는 것이다."

맥도널드는 고양이의 바로서기 과정에 대해 마그누스가 말한 나사와 같은 회전의 증거는 찾지 못했다. 그것이 놀랍지 않은 것은 마그누스의 설명이 각운동량 보존을 위배했기 때문이다. 그렇지만 맥도널드는 마레, 라디마커와 테르 브락이 부분적으로 옳다고 지적했다. 뒤 두 사람들이 주장했듯이 고양이는 정말 굽히고 비튼다, 그러나 마레가 지적한 것처럼, 고양이는 또한 허리에서 돌리고 발들을 뻗었다가 오므린다. 맥도널드는 고양이가 꼬리를 돌리는 것도 관찰했다, 페아노가 제안했었듯이, "종종 회전과는 반대 방향으로" 말이다. 그러나 맥도널드는 꼬리의 유용성을 판단할 정도로 각운동량의 물리학을 충분히 이해하지는 못한 듯하다. 그는 고양이가 공기를 밀어 저항력을 만드는데 "솜털 같은 꼬리"를 사용하거나, 수십 년 후 로봇공학에서 사용한 기술인, 꼬리를 활공 각도 제어에 사용할 수도 있다고 제안했다.

그러나 맥도널드는 그 문제를 연구하는 다른 사람들이 알지 못한 것을 깨달았다. 고양이는 자신을 바로세우는 단 한 가지 방법을 선택하도록 강요받는 것이 아니라 효과를 최적화하기 위해 모든 가용 옵션들을 사용할 수 있다는 것이다. 그러므로 단일의 기본 방략을 가정하고 고양이 뒤집기의 문제에 접근하는 과학자는 모두 혼란을 겪을 수밖에 없다. 접고-돌기와 굽히고-비틀기 사이의 논쟁은 아주 오랫동안 진행되어 왔다, 왜냐하면 연구자는 고양이의 운동에서 어느 한 메커니즘에 대한 증거를 항상 발견할 수 있기 때문이다.

물리학자들이 살아있는 생물을 연구 조사할 때만 이런 어려움이 발생하는 것은 아니다. 사람들은 겉보기에 평범한 많은 물리적 현상에 대해서도 몇 년, 심지어 수십 년간, 쉬운 설명을 찾지 못한 때가 있었다, 왜냐하면 그 현상에 대해서는 많은 수의 가능한 설명들이 있을 뿐만 아니라, 그 설명들을 시험하는 실험들을 설계하는 것 또한 어렵기 때문이었다. 고양이 문제에서처럼, 하나 이상의 인자들이 관여하고 있는 문제에서는 이런 일들이 흔히 일어난다.

이전에 논의한 지구의 챈들러 끄덕임이 한 예다. 물리학자들이 재빨리 지구의 비-강성이 그 끄덕임을 일으킨다는 것을 알아냈지만, 그것의 발견 이후 한 세기가 지나서도 그 끄덕임에 기여하는 몇 가지 중요 인자들에 대한 연구는 아직도 계속되고 있다.

간단하게나마 살펴 볼 가치가 있는 또 하나의 예가 있다. 1969년 다르 에스 살람 Dar es Salaam 에 있는 유니버시티 대학 University College 의 한 탄자니아 학생 음펨바 Erasto Mpemba 와 물리학 교수 오즈번 D. G. Osborn 이 저널 피직스 에 듀케이션 Physics Education 에 주목할 만한 논문 한 편을 발표했다. "cool?"이라는 간단한 제목의 그 논문은 어떤 환경 하에서는 끓어 뜨거운 물이 동일한 양의 실온의 물보다 더 빨리 얼 수 있다는 음펨바와 오즈번의 증거를 제시했다.[5] "cool?"의 발표는 그 이후 50년간 지속한 과학적 미스터리와 논란을 점화시켰다.

음펨바는 그 발견을 했을 때 특별한 열망을 가지고 있지는 않았었다. 1963년 중학교에 재학 중이던 그는 단순히 그의 반 친구들과 아이스크림을 만드는데 관심이 있었을 뿐이었다. 그 일은 재료를 섞어 끓여 상온에서 식힌 다음 그 혼합물을 냉장고에 넣는 것이었다. 그러나 냉장고의 공간이 모자라는 바람에, 한번은 그의 반 친구가 끓였다 식힌 혼합물을 넣을 때 그는 끓인 액체를 그대로 같이 넣었다. 음펨바는 자신의 아이스크림이 먼저 얼었다는데 놀랬다. 그는 그의 선생님한테 이 반직관적인 결과에 대해 질문을 했다, 그러나 그에게 돌아온 것은 조롱뿐이었다. 다행이 오즈번이 음펨바의 학교를 방문했다, 그리고 그는 음펨바의 질문을 받고 자신이 직접 같은 실험을 해 보겠다고 약속했다.

오즈번은 결과에 놀랐다. "다르 에스 살람의 유니버시티 대학에서 나는 한 젊은 기능공에게 그 사실을 검증해보라고 했다. 그 기능공은 뜨겁게 시작한 물이 정말로 먼저 얼었다는 것을 보고한 다음, 과학적이지 않은 열정과 함께 다음과 같이 덧붙였다. '그러나 우리는 올바른 결과가 나올 때까지 실험을 반복할 것입니다.'"[6]

뜨거운 물이 때로는 찬 물보다 먼저 언다고 최초로 지적한 사람이 음펨바가 아니었다. 그에 대한 관찰은 2천년 이상 거슬러 올라간다. BCE 350년 경, 그리스의 아리스토텔레스는 이렇게 썼다.*

---

*   이 인용문은 고대 그리스어를 번역한 것으로, 의미가 분명하지 않은 부분이 있다.

물이 이전에 따뜻했다는 사실이 그것의 냉각을 빠르게 하는데 기여한다, 그것이 더 빨리 식기 때문이다. 그래서 많은 사람들은 물을 빨리 식히고자 할 때, 그것을 먼저 햇빛에 둔다. 그래서 폰토스Pontus의 주민들은 낚시를 하기 위해 얼음 위에서 야영을 할 때(그들은 얼음에 구멍을 뚫고 낚시한다) 그들의 낚싯대 주위에 따뜻한 물을 부어서 물이 더 빨리 얼게 한다.* 그들은 낚싯대를 고정하기 위해 얼음을 납 대신에 사용하는 것이다.** 이제 빨리 만들어지는 물이 따뜻해지는 것은 더운 나라들과 계절이다.[7]***

여러 세기가 지나서 자연 철학자 베이컨Francis Bacon은 1620년 그의 신기관Novum Organum (과학의 새로운 도구)에서 "약간 데워진 물은 아주 차가운 것보다 쉽게 언다."고 말했다. 1637년, 고양이를 던진 사람으로 의심을 받은 데카르트는 그의 유명한 방법서설Discours de la méthode의 한 부록으로 기상학Les Météores을 발표했는데, 그 책에서 그는 "우리는 또한 실험으로 오랫동안 뜨겁게 유지한 물이 어떠한 다른 것보다 빨리 어는 것을 볼 수 있다."고 기록했다.[8]

음펨바의 관찰 이후 많은 후속 실험들이 있었다. 일부는 그 효과를 보

---

* 폰토스는 고대에 터키의 북부 흑해 연안 지방을 부르던 이름이다.

** 여기서 '낚시 대를 고정하기 위해 납을 사용한다.'의 의미는 논란의 대상이다. 낚시 줄에 납을 매달아서 가라앉히는 것을 말하는 것인지, 낚시 대 자체에 무게를 주어서 물속으로 담그기 위한 것인지 분명하지 않다.

*** 다른 번역본에서는 이 문장이, '그리고 따뜻한 곳의 공기 중에서 응결하는 물은 더 빨리 뜨거워진다.'로 번역된다. 이 문장은 첫 번째 문장 다음에 연결되어야 하나 중간에 '그래서 많은 사람들은...납 대신에 사용하는 것이다.' 로 끊어 진 것으로 본다.

여주었고, 일부는 그러지 못했다. 음펨바 효과가 존재하는가라는 질문에 대답하는 것이 아주 어려운 이유 중의 하나는 많은 가설들이 제안되었고, 복수의 효과들이 기여할 수도 있다는 사실 때문이다, 떨어지는 고양이의 경우처럼 말이다.

음펨바 효과를 설명하기 위해 제시되었던 가설들의 일부를 소개하면 다음과 같다.[9]

- **대류에 의한 열 전달.** 액체를 가열할 때, 뜨거운 액체를 빠르게 표면으로 보내는 대류 흐름이 형성될 수 있고, 액체는 그곳에서 증발 과정을 통해 열을 잃는다. 오즈번은 대류가 액체의 최상층을 바닥보다 고온으로 유지할 것이며, 심지어 그 평균 온도가, 대류에 의해 냉각되지 않은, 처음부터 차가운 액체의 온도와 비슷해질 때까지 내려가더라도 그럴 것이라는데 주목했다.* 이 온도차가 보다 빠른 냉각이 일어나게 하며, 그것이 음펨바의 관찰을 설명할 수 있다.
- **증발.** 끓고 있거나 아주 뜨거운 액체는 그 질량의 일부를 증발로 잃을 것이다. 질량이 작으면 액체는 더 빠르게 냉각되어, 십중팔구 음펨바 효과를 가속시킬 것이다. 그러나 오즈번은 이미 증발만으로는 뜨거운 액체의 냉각률 전부를 설명할 수 없다고 지적했다.
- **가스 제거.** 1988년 한 폴란드 연구단이 음펨바 효과를 관측하는데 성공했다, 그리고 그 효과가 물속에 녹아있는 가스의 양에 크게 의존

---

* 상하 온도 차이가 없는 차가운 액체에 비해서, 평균 온도는 같지만 위쪽의 온도가 높은 액체의 냉각 속도가 빠르다는 의미다.

한다는 것을 지적했다. 물에서 공기와 이산화탄소가 없어지면, 그 물이 얼기 위한 시간은 출발 온도에 비례하였다. 연구자들은 가스의 존재가 냉각률을 상당히 느리게 한다는 것을 제시한다. 가스가 제거된 가열된 물은 더 빨리 냉각될 수 있다.[10]

- **초냉각**. 1995년 독일 과학자 아우어바흐David Auerbach는 음펨바 효과가 '초냉각'에 의해 설명될 수 있다고 제안했다, 그리고 그 주장을 뒷받침하기 위한 실험을 했다. 액체가 정상적인 어는점 아래에서 액체로 존재할 때, 초냉각되어 있다고 한다. 이 상태는 아주 순수한 액체가 극히 고요할 때에만 일어난다. 아우어바흐는 차가운 물은 뜨거운 물보다 더 낮은 온도로 초냉각될 것이므로 뜨거운 물이 유리한 입장에 있게 된다고 제안했다. 2010년 경 일련의 실험에서, 뉴욕 주립대학교 빙햄턴Binghamton 캠퍼스의 브라운리지James Brownridge는 초냉각 가설을 시험하여 28회의 시도에서 음펨바 효과를 28회 성공적으로 관찰했다.

- **용질의 분포**. 2009년 워싱턴 대학교의 카츠J. I. Katz는 찬 물에 존재하는 용질들이 어는 과정을 느리게 할 수 있다고 제안했다, 이는 가스와 관련한 이전의 제안과 유사하다. 그 뿐만 아니라 용질이 얼고 있는 물로부터 아직은-얼지 않은 물로 끌려가서 냉각 과정을 더욱 느리게 만든다고 했다.[12]

다른 설명들과 다른 논문들도 있다. 가능성의 다양함이 음펨바 효과를 분리해 내기 어렵게 만든다, 많은 경우 그 효과를 신뢰성 있게 일어나게 하는 것조차도 어렵게 한다. 고양이-회전하기처럼 만일 음펨바 효과가 하나 이상의 구별되는 메커니즘에 의존한다면, 단 한 가지 메커니즘만을 시험하는 통제된 실험은 아무 효과도 보지 못할 공산이 크다. 또 하나의 문제는 언다는 용어를 엄밀하게 정의하기가 어렵다는데 있다. 음펨바 실험에서 액체가 얼었다고 인정받기 위해서는 전체가 고체이어야 하는가, 혹은 얼음이 처음으로 나타나는 것으로 충분한 것인가?

이 모든 의문들은, 2016년 캠브리지 대학교와 임페리얼 칼리지 런던 Imperial College London의 연구자들이 실험 연구 끝에 유감스럽게도 음펨바 효과에 대한 어떤 증거로 전혀 볼 수 없었다고 결론을 내린 후, 미해결 상태가 되어버렸다. 그러나 드라마틱한 역사를 가진 그 이상한 현상에 걸맞은 한 반전이 일어났다. 2017년 두 연구단이 독립적으로, *이론적으로*, 열적 시스템들이 음펨바 효과를 나타내는 것이 가능하다는 것을 입증했던 것이다. 그들의 연구가 그 논란이 건재하도록 잘 지켜주어서 다음 세대의 과학자들이 탐구를 하게끔 할 수도 있을 것이다.[13]

음펨바 자신은 그 일을 계속하지 않았다. 대신에 그는 모시Moshi에 있는 아프리카 야생 관리 대학에 학위를 받기 위해 진학했다. 오스트레일리아와 미국에서 공부를 더 한 후, 그는 탄자니아 자연 자원 및 관광부의 사냥감 책임자가 되었다. 업무상 그는 야생 생물의 관리와 보존 관련 일을 했고, 필연적으로 이 책에서 논의된 고양이들보다 훨씬 큰 규모의 고양이류 동들과 접촉했을 것이다. 은퇴 후인 2011년, 그는 그의 놀라운 발견과 자신의 삶에 대해 다르 에스 살람에서 TEDx 강연을 하였다.*

사냥감 공무원으로 일을 하는 동안, 음펨바가 사자나 호랑이의 뒤집기

---

* TED의 정신과 형식을 따르는, 세계적인 강연과 공연 등의 프로그램을 말한다.

를 보았을 것 같지는 않다. 그 주제에 관한 어떤 연구 발표가 있는 듯하지도 않다, 그러나 아주 비과학적인 한 온라인 영상이 사자들과 호랑이들이 그러한 반사를 지니고 있지 않다는 것을 암시한다. 그들은 곤경에 빠졌을 때 나무에 수직으로 매달린다. 그런 다음 그들의 뒷다리로 아래로 떨어진다. 그러나 어떤 작은 야생 고양이들은 그 능력을 갖고 있다. BBC의 고속 영상에서, 한 아프리카 스라소니는 땅으로 떨어질 때, 분명히 굽히고-비틀기와 접고-돌기의 재주 둘 다 부린다. 또 다른 영상에서는, 표범 한 마리가 먹이를 문채 나무에서 떨어질 때, 아래로 내려오면서 분명이 꼬리를 프로펠러처럼 흔든다.[14]

그러므로 고양이-회전하기에 대해서는 추가적인 과학적 연구를 위한 공간이 아직도 있다. 맥도널드가 1960년대까지 고양이 동작의 간재에 대한 탐구를 지속하다가 그 연구를 당연히 그랬어야 할 방향, 즉 하이 다이빙 high diving 으로 확장한 것을 예로 들어볼만하다. 하이 다이빙은, 마레의 유명한 사진들이 나오기 겨우 몇 년 전인 1889년, 스코틀랜드에서 스포츠로 시작되어 빠르게 인기 있는 이벤트로 진화했으며, 1912년 올림픽에서 '고공 곡예 다이빙'으로 선보였다. 다이버들은 물에 닫기 전에 공중에서 복잡한 비틀기와 회전을 실행할 수 있는데, 분명히 모두 몸의 국소적 비틀기와 회전으로 시작된 것이다.

맥도널드는 인간도 그러한 고양이와 같은 재주를 할 수 있을 것이라면서 1960년에 제시한 그의 아이디어를 시험해 볼 수 있었다. 한 후속 논문에서 그는 이렇게 썼다. "고양이에 대한 연구의 결과, 나는 지난 올림픽에서 동메달을 딴 훌륭한 다이버 펠프스 Brian Phelps 의 훈련을 책임지고 있었던 오너 Wally Orner 씨로부터 연락을 받았다. 우리는 어떤 간단한 실험을 촬영했는데, 영상은 아주 뚜렷하게 펠프스 씨가 [다이빙]보드로부터의 어떠한 도움이 없

Figure 11.2
"고양이 뒤집기"를 하는 사람. 그는 (a)처음에 보드를 놓은 후, (b)굽히고-비틀기를 실행하여, (c)옆으로 향해 왼쪽으로 굽어지게 한다, (d)그 후 오른쪽으로 굽히고, (e)뒤집기가 완성되기까지 굽히고-비틀기를 계속한다.

이 공중에서 완벽하게 적어도 360도 비틀기를 할 수 있다는 것을 보여 주었다."[15] 점프를 시작하기 전에 혹시라도 펠프스가 어떠한 각운동량을 가지지 않도록 하기 위해, 맥도널드는 그에게 보드로부터 단순히 점프만을 하고 큰 소리로 명령이 주어질 때만 비틀도록 지시했다. 정말로 고양이처럼 펠프스는 대략 0.5초 안에 360도 회전을 할 수 있었다. 추가적인 실험에서 펠프스는 보다 더 고양이와 같은 동작을 흉내 냈다, 즉 보드의 아래에 거꾸로 매달렸다가, 그것을 놓은 후 뒤집기를 시도했던 것이다. 그 결과를 나타내는 그림이 Figure 11.2에 주어져 있다. 펠프스는 라디마커와 테르 브락의 굽히고-비틀기를 실행하는 듯했고, 심지어 케인과 셰르가 묘사한 보다 더 복잡한 측면으로 기우는 동작도 활용하고 있는 듯했다.

맥도널드가 고양이와 곡예 운동을 연결시킨 유일한 창시자는 아니다. 1974년 비스터펠트H.J.Biesterfeldt가 체조 선수들이 하는 공중 비틀기가 지금은 굽히고-비틀기로 알고 있는 기술을 사용하여 흔히 얻어진다는 가설을 세웠다. 1979년 프로흐리히Cliff Frohlich 는 스프링보드 다이빙 선수들이 비틀기를 하는데 사용하는 그 메커니즘을 설명하기 위해 떨어지는 고양이를 예로 들었다. 이는 케인과 셰르의 연구에서 비틀기를 하는 우주 비행사들의 역할과 같다. 1993년 예이던M. R. Yeadon 또한 공중제비 도중에 하는 공중 비틀기에 대한 논의에서 고양이를 인용했다. 1977년 다페나Jesús Dapena 는 고공 점프하는 선수들의 비틀기에 '고양이 동작'이 기여하는 것을 목격했다.[16]

이러한 예들에도 불구하고, 스포츠 물리학의 연구에서 고양이-회전하기가 주요 역할을 했다고 하는 것은 과장일 것이다, 그래도 사람의 회전에서 주목할 만한 가능성은 보여주었다. 분명 확실한 예들이 아직도 필요하며, 이를 프로흐리히가 그의 1979년 논문에서 지적했다.

> 최근에, 코넬 대학교 물리학과의 모든 대학원생, 박사후연구원, 교수진에게 어떤 공중제비와 비틀기 묘기의 물리적 가능성에 관해 구체적인 다중 선택 질문으로 설문 조사를 했다. ⋯ 그럼에도 불구하고, 설문에 대답한 59명의 물리학자들 중에서 첫 번째 질문에 34%가 옳지 않게 응답했고, 두 번째에는 56%가 옳지 않게 대답했다. 이는 다중 선택 문제에 대해서는 놀랍게도 높은 오답 비율이다.[17]

이 혼란은 거의 100년 전에 떨어지는 고양이를 촬영한 마레의 사진들에 대한 반응을 생각나게 한다. 현대에도 물리학자들은 복잡한 상황을 보고 있을 때에는 길을 잃을 수 있다, 단순한 물리법칙이 관여하는 것들에 조차도 말이다.

그렇다면 고양이가 어떻게 뒤집는가를 설명하는 우리의 현 위치는 어디인가? 모든 모형들을 고려하며 증거를 조사한 결과는, 1969년 케인과 셰르의 모형에서 제공된 개선점도 포함해서, 굽히고-비틀기가 지배적인 메커니즘임을 강력하게 지적한다. 그러나 어떤 고양이는 십중팔구 이전에 묘사한 4가지 모형들을 어떤 식으로 혼합하여 사용하는 것 같다는 증거도 있다. 이 옵션들 중 어느 것도 상호 배타적이지 않으며, 그들은 쉽게 결합할 수 있다. 고양이는 굽히고-비틀기 방법을 사용할 수 있다, 그러나 뒷발들은 펴고 앞발들을 접어서 몸의 앞부분이 보다 빨리 바른 자세가 되도록 돌 수 있게 한다. 고양이는 자신의 꼬리를 반대로 돌려, 몸의 앞쪽의 회전을 더 빠르게 할 수 있다. 그리고 만일 고양이가 이미 돌고 있다면, 고양이는 기존 회전을 보완하기 위해 이 모든 운동들을 할 수 있다.

　　그러나 모든 고양이가 같지는 않다. 길고 가는 고양이들은 뒤집기 위해서 짧고 뚱뚱한 고양이와는 약간 다른 방략을 채용한다, 그리고 고양이는 각자 유형 혹은 필요에 따라 뒤집기의 어느 한 측면에 약간 더 많은 비중을 둘 수도 있다. 예를 들어, 우리는 꼬리가 없는 고양이가 바로 설 수 있다는 것을 이미 본 적이 있다, 그러나 꼬리가 있는 고양이들은 운동을 더 빨리 하도록 그들의 꼬리를 사용할 것이다. 어떤 두 고양이도 정확히 같지는 않다, 그래서 우리는 어떤 두 고양이도 정확히 같은 방식으로 뒤집기를 할 것으로 기대해서는 안 된다.

떨어지는 고양잇과 동물과
기본 물리학

한 탐험가가 어느 날 아침 산책을 위해 그의 캠프를 나선다. 그는 남쪽으로 1마일, 동쪽으로 1마일, 북쪽으로 1마일을 차례대로 걷는다. 그 결과 그는 정확히 그 캠프로 돌아온다. 그가 텐트 안으로 들어간다. 곧 요란스러운 소리를 듣고, 텐트 자락을 들고 밖을 내다보니 곰 한 마리가 있다. 그 곰은 무슨 색인가?

300여년에 걸친 물리학 연구의 역사에도 불구하고, 고양이들은 아직도 그들의 스스로 바로 서는 능력과 관련된 한 가지 더 놀라운 비밀을 감추고 있다. 고양이-회전하기 문제는 물리학의 *기하 위상*geometric phase 이라고 하는 개념과 연결될 수 있다. 기하 위상은, 실제건 혹은 수학적이든 간에, 전적으로 바탕에 있는 기하 때문에 생기는 시스템의 조건 변화를 말한다. 이 연결 고리를 통해서 우리는 떨어지는 고양이를 양자 역학, 빛의 거동, 심지어 자전하는 지구에서 일어나는 진자의 운동과 비교할 수 있다. 떨어지는 고양잇과 동물들은 실제로 기본 물리학과 깊은 연관이 있는 것이다.

기하 위상의 개념을 이해하기 위해서, 익숙하지만 유의미한 기하를 가진 곡면, 바로 우리의 행성 지구 표면에서의 운동으로부터 시작하는 것이 좋을 듯하다. 장의 시작에 있는 인용문은 오래된 수수께끼의 한 변형이다. 이 수수께끼에는 두 가지 당황스러운, 그러나 서로 관련된 측면들이 있다. 그 탐험가는 서쪽으로 1마일을 걷지 않기 때문에 완전한 일주가 아니다. 그래도 그가 캠프에 돌아올 수 있는 이유는 무엇인가? 그리고 곰의 색깔이 이 산책과 어떤 관련이 있다는 말인가?

정답은 이렇다. 곰은 흰 북극곰이다. 그리고 텐트는 모든 경선들이 수렴하는 지구상의 두 지점들 중의 하나인 북극(다른 지점은 남극이다)에 놓여 있어야 한다. 북극에서 시작하여, 남, 동, 그 다음 북으로 걷는 사람은 맨 위 꼭짓점에 텐트가 위치한 삼각형의 변을 따라가는 것이다.

이 수수께끼에서 얻을 수 있는 한 가지 교훈은 지구와 같은 구의 기하는 놀라우리만치 기이하다는 것이다.[1] 우리가 지구상에서 위치를 정의하기 위해서 사용하는 위선과 경선은 거의 모든 곳에서 서로 수직이다. 그러나 이 선들이 구 위에 그려져 있기 때문에, 이 묘사가 혼란을 일으키는 두 점이 있다, 바로 북극과 남극이다. 동서 방향의 위치를 나타내는 원형의 경선들은 모두 극을 지나간다, 그리고 남북 위치를 나타내는 원형의 위선들은 극에서는 점으로 줄어든다. 구의 기하는 평면의 기하와 본질적으로 다르다. 구면에서 한 평면을 그리려는 어떠한 시도 혹은 그 역도 마찬가지로 비슷한 문제에 부닥치게 될 것이다. 이것이 왜 지구의 평면 지도가 가장자리에서는 육지의 형태와 크기를 왜곡할 수밖에 없는 '사영법projection'을 사용하게 되는지 말해 준다. 이를 테면 유명한 메르카토르 사영Mercator projection은 그린란드를 거의 미국만큼이나 크게 만들고 남극을 모든 대륙들이 합친 것만큼이나 크게 보이게 하는 잘못을 저지른다. 이것은 구의 맨 위와 맨 아래 점들을 늘여서 편평한 사각형 지도를 만드는데 따르는 인위적인 현상이다.

기하 위상이란 시스템이 전적으로, 구와 같은, 특별한 모양의 면을 따라 이동하기 때문에 그 시스템의 조건에 생긴 변화를 말한다. 한 예가 과학박물관들에 흔히 있는 시설물, 나침반 같은 원판 위에 중심을 두고 자유로이 매달려 있는 육중한 진자다. 창시자 푸코Léon Foucault의 이름을 딴 이 푸코 진자 Foucault pendulum는 1851년 대중에게 소개되어 큰 호평을 받았고, 그 이후로 흥

Figure 12.1
1851년 5월 런던 폴리테크닉 연구소London Polytechnic Institute에 전시된 푸코의 진자. 경이의 세상The World of Wonders에서 가져옴.

미로운 주제의 하나로 남아 있다. 이 진자가 인기 있는 이유는 그것이 간단하게 그리고 직접적으로 지구가 돌고 있음을 보여주기 때문이다. 언뜻 보기에 이 진자는 나침반처럼 보이는 원판의 중심을 지나는 한 직선을 따라서 앞으로 뒤로 진동하는 것처럼 보인다. 하지만 몇 분을 관찰해 보면, 어느 누구든지 진자의 경로가 조금씩 변한다는 것을 알 수 있다, 즉 시계의 분침처럼 원반 위에서 어느 한 방향으로 돈다.

그러나 진자 자체가 방향을 바꾸고 있는 것은 아니다. 사실은 자유로이 매달려 있는 진자 아래의 지구가 회전하고 있는 것이다. 만일 푸코 진자가 북극에 매달려 있다면, 진자의 진동 방향은 그 아래의 지구가 회전함에 따라 24시간이 지나면 완전한 360도를 도는 것처럼 보일 것이다. 하루가 지나면 그것은 그 시작점으로 돌아올 것이다. 대신에 만일 진자가 남극에 매달려 있다면, 반대 방향으로 도는 것으로 보일 것이다. 그러므로 푸코 진자는 지구의 회전을 관찰하는 직접적이고 간단한 방법의 한 가지다.

1819년 파리에서 태어난 푸코는 과학자가 되려는 생각은 전혀 하지 않았다. 비록 어릴 때부터 기계에 맞는 적성을 나타냈지만, 처음에 그가 희망한 진로는 의학 방면이었다. 그러나 그는 자신이 직접 피를 보는 것을 견뎌낼 수 없다는 것을 알았고, 그 때문에 그는 과학으로 진로를 급작스레 바꾸게 되었다. 그는 먼저 어느 강사의 조수로 일했고, 곧 그의 창의력과 영리함 때문에 연구자로서 호평을 받게 되었다.

어느 날 푸코는 천문학 장비를 만들다가 불현듯 그의 진자에 대한 아이디어를 떠올렸다. 그는 유연한 쇠막대를 선반 기계의 끝 회전축에 평행하게 물렸다, 그리고 무심코 막대를 진동시켰다. 푸코는, 선반이 돌고 있는 중에도, 그 막대가 같은 선을 따라 진동을 계속하는 것을 목격했다. 어떤 멋진 추론의 도약을 통해, 그는 지구상에서 자유로이 진동하는 물체도 모두 지구의 회전과는 관계없이 같은 식으로 진동해야 한다는 것을 알아 차렸다. 진자가 이 아이디어를 시험하는 데 사용될 자연스러운 장치였다.[2]

　　푸코는 처음에 지하실에 길이 2미터(6 1/2피트)의 와이어와 5킬로그램(11파운드)의 무게를 가진 청동구로 작은 진자를 만들어 설치했다. 진자가 직선으로만 흔들거리고 좌우 혹은 타원 운동을 조금도 하지 않도록 만들기 위해, 그는 실을 사용하여 진자를 그 중심으로부터 벗어나게 매달았다. 실을 태워 끊어지게 하면, 진자는 자유로이 흔들거리게 될 것이다. 푸코는 진자 구의 바닥에 작은 바늘을 부착하여, 진자가 지나가면서 지면을 긁어 진동 방향의 미세한 변화를 관찰할 수 있도록 했다. 1분 이내에, 그는 작지만 진자 방향이 눈에 띄게 서쪽으로 이동해서 지구가 동쪽으로 회전하고 있다는 것을 알아차릴 수 있었다.

　　진자의 진동 주기는 진자가 길어질수록 증가한다. 그래서 긴 진자가 짧은 진자보다 한 번 흔들거리는 동안 더 큰 변위를 나타낼 것이다. 또한 무거운 진자가 공기의 흐름이나 그것이 매달려 있는 장치의 불완전함에 의해 그 예민한 운동이 덜 교란을 받을 것이다. 푸코는 이것을 잘 알고 있었다, 그래서 집에서 첫 실험을 해 본 후에, 그는 파리 천문대에 11미터(36피트) 길이의 진자를 설치했다. 이 진자가 단지 두 번 흔들거리자, 좌측으로의 이동을 분명하게 볼 수 있었다. 더욱 용기를 낸 그는 파리의 팡테온Panthéon의 둥근 천장에 그가 만든 것 중에서 가장 큰 65미터(213피트) 길이의 진자를 설치했다. 이 진자는 1855년까지만 팡테온에 있었지만 국제적으로 유명해졌다. 1955년 복제품이 원래의 자리에 설치되었고, 그이후로 계속 흔들거리고 있다.

푸코의 실험은 세계적인 이야깃거리였다. 작동 중인 진자를 보기 위해 군중이 팡테온으로 몰려 왔다, 그리고 불과 몇 달의 짧은 시간에 같은 실험 시설이 세계 여러 곳에 설치되었다. 청중은 앉아서 저명한 과학자의 과학에 관한 강의를 들었다. 그 다음, 그들은 직접 진자 방향의 변화를 볼 수 있었다. 1856년의 한 논문은 "세계적으로 진자광이 늘어나 엄청나게 큰 괴물 진자가 모든 고상한 가정에 필수적인 장치가 될 조짐까지 보였다."고 썼다.[3]

진자 관찰은 별난 오락의 하나로 비칠 수도 있다, 대부분의 사람들과 모든 과학자들이 푸코가 진자를 고안했던 시점까지는 이미 지구의 회전을 인정했었기 때문이다. 그러나 그의 진자는 이 운동을 분명하고 논의할 여지가 없는 방식으로 볼 수 있게 했다. 그것은 과학자들이 우주의 운동을 강의실로 가져올 수 있게 한 방법의 하나였다.

진자 운동의 한 가지 특이한 측면이 푸코의 시대에는 어느 누구의 신경을 쓰이게 하지 않았다, 그러나 그것은 심원한 결과를 내포하고 있었다. 만일 진자가 북극에 설치된다면, 하루에 360도를 회전할 것이다. 반면 적도에 놓인 진자는 전혀 회전을 하지 않을 것이다. 두 경우 모두, 진자는 하루가 지나면 시작할 때와 같은 선을 따라 진동하고 있을 것이다. 그러나 만일 진자를 파리의 팡테온과 같은 중위도에 놓으면 어떻게 될까? 하루가 지나면 진자의 진동면은 360도보다는 작은 각으로 회전할 것이다. 실제, 팡테온에서 진자는 하루가 완전히 지나면 약 270도를 돈다.

이것은 좀 이상한 일이다. 태양 주위를 도는 지구의 운동은 푸코의 실험에서는 큰 역할을 하지 않는다, 그래서 이를 무시한다면, 하루 후에 진자는 진자를 지나는 위선을 따라 완전한 원형의 경로를 그리면서 우주 공간상의 출발점으로 되돌아올 것이라 말할 수 있다. 그런데 지금 그 진자는 다른 방향으로 진동하고 있다! 지구 구면상의 진자의 경로가, 알 수 없는 이유로, 처음과는 다른 진자의 최종 거동을 낳은 것이다.

이것이 어떻게 가능한지 이해하기 위해서, 사고 실험thought experiment을 해보자. 당신이 작은 푸코 진자를 식당 트레이에 얹어 운반한다고 상상하라. 먼저 당신은 한 원주를 따라 걸어서 당신이 출발한 지점으로 되돌아온다. 만일 당신이 줄곧 왼쪽으로 커브를 그리며 걷는다면 진자의 방향은 오른쪽으로 도는 것처럼 보일 것이다, 그리고 당신이 원래의 위치로 돌아가면 진자는 출발할 때와 같은 방향의 직선을 따라 건들거리고 있을 것이다.[4] 물론 진자가 이 과정 중 방향을 바꾸는 것은 아니고 당신이 바꾼다, 즉 당신이 회전하기 때문에 진자의 겉보기 방향이 변한다. 다음에는 당신이 한 직선을 따라 걷는다고 가정하자. 이 경우 진자는 물론 방향을 바꾸지 않을 것이지만 당신 또한 출발점으로 돌아오지 못할 것이다.

이제 당신이 진자를 커다란 구면 위에서 운반중이라고 상상하라(그 일은 그렇게 어려운 것은 아니다, 우리가 실제 그러한 구면 위에 살고 있으니 말이다). 만일 당신이 지구상 아무 곳에서 작은 원 주위를 걷는다면, 진자는 역시 360도를 회전하는 것처럼 보일 것이다. 이는 당신이 한 평면 위를 걸어갔을 때 진자가 그랬던 것과 마찬가지다, 왜냐하면 비록 구면이라도 작은 면적 내에서라면 근사적으로 편평하기 때문이다. 이는 푸코 진자를 대략 북극에 두는 것과 유사하다. 그곳에서는 지구의 자전이 진자를 360도 만큼 도는 것처럼 보이게 한다. 그런데 지구 표면 위에도 직선처럼 걸을 수 있다. 구면상에서 그러한 경로는 적도처럼 구를 이등분하는 곡선인 대원great circle 이다. 당신이 대원 위를 걸을 때는 진자는 방향을 바꾸지 않을 것이다, 그러나 이 직선과 같은 경로는 평면상의 직선 경로와는 다르다, 왜냐하면 비록 당신이 걷는 중에 결코 회전한 적이 없지만 구의 기하학적 형태가 당신을 출발 상태로 되돌려 주기 때문이다.

마지막으로 당신이 진자와 함께 지구의 북위선들 중의 어느 하나를 따라 걷는다고 생각하자. 적도를 제외하면, 이 위선들 중의 어느 하나도 대원은 아니다. 즉 그들은 구면상의 직선과 같은 경로가 아니다. 그래서 만일 당신이 진자와 같이 지구상에서, 예를 들자면, 파리의 팡테옹을 지나가는 한 위선을 따라 걷는다면, 당신은 그 선상에 계속 머물기 위해 꾸준히 조금씩 왼쪽으로 돌아야 할 것이다. 결과적으로 진자의 방향은 당신이 걷는 동안 오른쪽으로 도는 것처럼 보일 것이다. 그러나 구의 모양이 자연스럽게 당신의 출발점으로 당신을 향하게 만들기 때문에, 당신은 평면상에서 그 출발점으로 되돌아가기 위해서 노력하는 만큼 많이 돌 필요는 없다. 평면 위에서는, 당신은 스스로 360도를 돎으로서 당신의 출발점으로 돌아온다. 일반적으로 구면상에서는, 당신이 부분적으로는 스스로 도는 것과 부분적으로는 지구의 곡률을 따라가는 것이 합쳐져 당신의 출발점으로 되돌아가게 된다.*

푸코의 진자는 기하 위상의 한 예다. 즉 지구의 기본 기하가 진자로 하여금 같은 장소로 돌아 올 수 있게 하지만, 진자가 출발할 때의 조건과는 다른 조건으로 만든다. 그와 아주 비슷한 것이 떨어지는 고양이게도 일어난다.

---

* 이 문단의 내용을 부연하자면 다음과 같다. 자동차로 적도를 따라 간다고 생각하라. 그러면 당신은 핸들을 똑바로 잡고 있어야 한다. 그런 의미에서 직선을 따라 간다고 볼 수 있다. 물론 진행하면서 계속 아래로 떨어진다, 그리고 당신이 원 위치로 돌아오는 것은 전적으로 이러한 구의 기하 때문이다. 이번에는 북극 주위의 작은 원을 따라 돈다고 생각하라. 그러면 당신은 자동차를 어느 한 방향으로 계속 돌려야만 출발점으로 돌아올 수 있다. 당신이 출발점으로 돌아올 수 있는 것은 전적으로 자동차의 회전 때문이다. 만일 당신이 적도와 북극 사이의 어느 한 위선을 따라 자동차를 운전하여 출발점으로 돌아온다면, 그것은 두 가지 즉, 자동차의 회전과 구의 기하의 효과가 합친 결과다.

고양이는 몸이 비틀리지 않은 형태로 거꾸로 된 채 출발하여 여러 가지 내부적인 비틀기와 회전 운동을 한다. 고양이가 이 운동을 한 후, 그 몸은 원래의 비틀리지 않은 상태(같은 '장소')로 돌아온다, 그러나 고양이는 이제 뒤집힌 것이 아니라 바로 서 있다(다른 '조건'에 있다). 고양이의 비틀기와 돌기는 지구 주위로 진자를 이동시키는 것과 비슷하고, 고양이 방향의 변화는 진자 방향의 변화와 비슷하다. 수학적으로 그러한 변화를 나타내는 시스템을 논홀로노미nonholonomy 시스템이라고 한다, 혹은 안홀로노미anholonomy를 나타낸다고 한다.

안홀로노미의 다른 유형들도 있다. 또 다른 예를 들기 위해, 우리의 북극 방랑자에게로 돌아가 보자. 이제 우리는 이런 질문을 해본다. 그 탐험가가 그의 경로를 따라 걸어가는 중에 그의 고도는 어떤 식으로 변하는가? 그는 경로 중의 어떤 지점에서 언덕을 올라갈 수도 있다, 물론 그의 고도가 올라가면서다. 그러나 나중에 그는 경로중의 한 지점에서는 아래로 내려 갈 것이다, 그래서 그가 출발점으로 돌아오면 그의 고도는 같아진다.

이제 그 사람이 층과 층 사이를 연결하는 나선형으로 빙빙 도는 경사로ramp 들이 있는 다층 주차장 안에서 걷는다고 가정하라. 그가 나선형 경사로들 중의 하나를 경로로 선택하여 그 닫힌 루프를 따라서 걸으면, 그는 계속 위로 올라가게 될 것이고 정확히 그가 시작했던 층에서 한 층 위에 도달하게 될 것이다. 이것이 또 하나의 안홀로노미의 한 예다. 비록 그 사람이 북-남-동-서의 관점으로 보았을 때는 닫힌 경로를 걸었었만, 그는 새 고도에 오게 된 것이다. 이와 비슷하게 진자는 결국 다른 방향으로 진동하고, 고양이는 다른 방향으로 착지한다.

푸코 시대의 연구자들은 푸코 진자의 안홀로노미에 의해 특별한 흥미를 느끼지는 않았던 것 같다. 그들은 지구 자전을 입증한 것을 더 경이롭게 여겼고, 진자의 운동을 묘사하는 정확한 수학적 방정식을 유도하는데 더 관심을 기울였다. 한 세기 이상이 지나서야 물리학에서의 안홀로노미가 제대로 인식되었고, 그 진가를 인정받게 되었다, 아주 다른 문맥인 양자 역학에서였다.

물리학자들이 존재하는 모든 것은 파동-입자 이중성이라고 하는 흥미로운 상태로 존재한다, 즉 파동과 입자의 이중적인 본성을 가진다는 것을 인정한 지가 거의 한 세기가 되었다. 나중에 우리는 그것이 슈뢰딩거의 고양이의 개념에서 나왔음을 알게 될 것이다. 전자와 같은 양자적 입자quantum particle 한 개가 폐쇄된 영역에 갇혀 있을 때, 그 파동적 성질은 입자가 어떤 안정적이고 비교적 간단한 운동 상태를 나타내게 한다.* 이 운동 상태를 역설적으로 정상 상태stationary state라고 한다, 그리고 각 정상 상태는 그와 관련된 잘 정의된 이산적인 에너지를 가진다. 우리는 이것을 진동하는 현을 고찰하여 그 상태를 상상해 볼 수 있다, 즉 진동하는 현은 수학적으로 1차원 상자에 갇혀 있는 양자적 입자와 비슷하다. 현은 아무 진동수(에너지)로 진동할 수 있지만, 어떤 진동수들은 현을 아주 간단한 방식으로 진동하게 한다. 이들이 바로 현의 정상 상태들이다. 이 상태들은 한쪽 끝은 단단한 물체에 고정되어 있고, 다른 끝은 조금 팽팽하게 손에 쥐어져 있는 줄넘기용 줄이나 오래된 꼬인 전화선과 같은 굵은 밧줄을 사용하여 보여줄 수 있다. 줄을 빠르게 흔들면, 줄은

---

* 양자적 입자는 특정한 입자를 가리키는 것은 아니고 양자 역학적 특성이 뚜렷이 나타나는 미시적 규모의 입자들, 예를 들면, 전자, 양성자, 원자 등을 말하고, 상황에 따라서는 분자도 포함될 수도 있다.

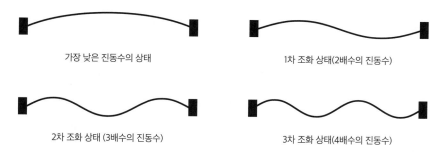

Figure 12.2
낮은 진동수로 진동하는 현의 정상 상태들. 양자적인 입자의 경우 에너지는 진동수에 비례한다. 나의 그림.

Figure 12.2에 있는 모습들과 비슷한 '자연적인' 모드들modes 을 형성한다.*

양자적인 입자들, 혹은 진동하는 파동들은 보다 복잡한 모양의 상자 속에서도 들뜰excite 수 있다.** 예를 들어, 원형의 북 가죽에서 진동하는 파동들은 한 원형의 상자 속에 갇힌 양자적인 입자와 비슷하다. 정상 상태들은 그 북의 가죽과 연관되어 있다. 원형 상자나 사각형 상자들과 같은 간단한 모양에 대해서는, 우리는 정상 상태들의 에너지를 수학적으로 구해낼 수 있으며, 이 기초적인 계산들은 학부 물리학 교육 과정에서 가르치고 있다.

그러나 보다 복잡한 모양의 상자들에 대해서는, 종종 계산이 간단하지 않아 정상 상태들을 찾아내는 것이 상당히 어려울 수가 있다. 1970년대 후반에 브리스틀 대학교의 베리Michael Berry 는 그러한 경우에 정상 상태들을 이해하고자 했다. 특히 그는 둘 혹은 그 이상의 정상 상태가 같은 에너지를 갖는

---

*   모드는 줄의 경우에는 특정한 정상 상태의 진동 자체를 말한다.
** 들뜬다는 것은 가장 낮은 에너지의 상태, 즉 가장 안정한 상태로부터 더 높은 에너지를 가진 상태로 변화
    하는 것을 말한다.

이른바 *겹침*degeneracy 이라고 하는 상황에 있는 시스템을 찾아내는데 관심을 가졌다. 베리가 조사하는 문제에서, 그러한 겹침은 대단히 희귀했다. 그래서 그것을 발견하는 유일한 길은 시스템의 부류 전체를 동시에 수학적으로 연구하고, 겹침이 일어나는 그 시스템들을 찾아내는 것이다. 네잎 클로버를 찾는 사람이 압도적으로 흔한 세 잎 클로버들 사이에서 희귀한 네 잎 짜리를 발견하기 위하여, 클로버 들판 전체를 수색하는 것과 비슷하다.

결국에 베리가 연구 조사한 문제는 삼각형 북 가죽에서 진동하는 파동과 비슷한 삼각형 상자 속에서 이리저리 튀고 있는 한 양자적 입자의 경우였다.[5] 실제로 상상할 수 있는 모든 삼각형 모양의 상자들에서 형성되는 정상 상태를 연구함으로써, 겹침을 가진 상자들을 발견하는 것이 가능하다. 이 문제의 경우, 이 겹침들은 이중-원뿔 구조, 즉 디아블로diablo 와의 관련성 때문에 (하지만 어떠한 타고난 사악함 때문은 아니고) 디아블로 점들diabolical points 이라고 불린다.*

삼각형은 두 개의 매개 변수들, 즉 두 개의 내각들에 의해 규정된다, 그들을 X, Y로 표시하자. 모든 삼각형의 세 각의 합은 180도이므로, 세 번째 변의 맞각은 나머지 둘을 선택하면 정해진다. 그래서 베리와 그의 동료 윌킨슨Mark Wilkinson 은 상자 속에서 모든 가능한 X와 Y의 값으로 디아블로 점들을 찾아내는 수학적 기술을 고안했다. 그들은 디아블로 점이 발견되었다는 것을 어떻게 알았을까? 그들은 조사하고 있는 시스템에서 한 흥미로운 성질을 발견하였다. 디아블로 점은 삼각형 내에서 정확히 같은 에너지를 가진 두 개의

---

* 디아블로는 두 원뿔의 꼭짓점을 닿게 한 모양의 장난감이다. 요요라고도 한다. 여기서 **diabolical point**에서 **diabolical**은 '사악한' 라는 뜻을 가진 형용사가 아니라 '디아블로의'라는 의미를 나타낸다.

서로 다른 정상 상태들을 포함하고 있으므로, 베리와 윌킨슨은 자신들이 고려하고 있는 삼각형들의 집단에서 수학적으로 '걸어' 돌아다니다가, 그 경로가 디아블로 점을 포함하게 되면 걷는 도중에 두 정상 상태의 파동들의 부호가 바뀐다는 것을 발견했다. 이때 그들은 X와 Y를 자신들이 걸어간 경로의 위도와 경도로 취급했다.*

여기서 우리는 이전의 다층 주차 건물과의 직접적인 유사를 끌어낼 수 있다. 북극 탐험가가 주차장의 경사로를 걸어 올라가면 그 주차장의 다른 층에 가게 되는 것처럼, 만일 사람이 한 디아블로 점 주위를 '걸어' 간다면, 삼각형 속의 파동은 부호를 바꾸게 될 것이다. 즉, 각 파동의 '위' 부분은 '아래'가 될 것이고, 반대도 마찬가지가 될 것이다. 핵심적인 차이는 주차 건물에서 걷는 것은 실제 공간에서 걷는 것이지만, 베리와 윌킨슨의 걸음은 수학적인 공간에서 일어나는 이론상의 보행이다. 이 기술로, 그들은 삼각형들의 집합에서 많은 디아블로 점들을 발견했다.

이 경우, 파동의 변화는 토폴로지 *위상*topological phase 라는 이름으로 불러야 할 것이다. 토폴로지는 수학적 대상들을 그 구성 부분들이 연결된 방식

---

* 베리의 양자 역학적 계산의 핵심은 어떤 삼각형 상자들의 집단에 대해서 각 상자 속에 갇힌 입자의 정상 상태와 에너지를 구하여 상자들 중에서 겹침이 일어나는 것을 찾아내는 것이다. 삼각형의 모양은 두 내각 X, Y에 의해 결정되므로, 모든 삼각형에 대해서 겹침의 존재 여부를 판단하려면, X와 Y를 두 좌표축으로 하는 수학적 공간에서 X와 Y의 값을 변화시켜 가면서 조사하는 것이 손쉽다. 그 때문에 평면 X-Y 상에서 '걷다'는 표현을 쓴 것이다. 또한 X와 Y를 평면상의 두 수평 좌표축으로 하고 에너지를 세 번째 수직 좌표축으로 해서, X, Y값에 따른 정상 상태의 에너지를 표시하면, 정상 상태 별로 서로 다른 곡면이 되며 곡면과 곡면 사이는 일반적으로 간격이 있다. 그런데 특정한 한 점에서 인접한 두 에너지가 만난다. 즉 겹침이 일어난다. 그리고 그 점을 주위로 낮은 에너지의 곡면과 높은 에너지의 곡면은 요요와 같은 모양을 나타낸다. 즉 그 점은 디아블로 점이다.

305

에 따라서 구별하는 수학의 한 분야다. 예를 들어, 구와 도넛은 다르다. 도넛은 그 속에 구멍이 있지만, 구는 그렇지 않기 때문이다. 그리고 다층 주차장은 연결 경사로들 때문에 평면들이 단순히 쌓여 있는 것과는 다르다. 베리와 윌킨슨의 토폴로지 위상으로, 한 '층'에서 다른 '층'으로 갈 때 그들이 기대할 수 있었던 가장 큰 변화는 파동이 부호를 바꾸는 것이었다.

이 토폴로지 위상은 어떤 심원한 돌파구의 도래를 암시했다. 베리가 말했던 '잉태의 순간'은 1983년의 봄에 왔다, 그때 그는 그의 연구 결과를 조지아 공과 대학교에서 발표하고 있었다. 베리는 이미 자기장이 삼각형의 상자 속의 입자들에게 영향을 미치지 않고 있을 때에만 디아블로 점들이 존재할 수 있음을 알았다. 그는 그 뒤의 이야기를 다음과 같이 계속했다.

그래서 만일 약한 자기장이 삼각형 속의 입자들에게 가해진다면, 디아블로 점들은 사라질 것이다. 발표 끝 무렵에 폭스Ronald Fox (당시 물리학과의 학과장)가 자기장이 켜질 때 부호의 변화가 어떻게 되느냐고 물었다.

그것이 방아쇠, 잉태의 순간이었다. 나는 즉시 "나는 그것이 π와는 다른 위상 변화일 것이라고 생각한다."라고 대답하고는, 곧 바로 "그것을 오늘밤 연구해서 내일 알려 주겠다."라고 덧붙였다. 그러나 그것은 너무 성급한 장담이었다. 사실 기하 위상을 제대로 이해하는 데는 몇 주가 걸렸다.[6]

베리는 양자적인 입자는, 일련의 느린 변화를 통해 원래 조건으로 도로 가져오더라도, 시작 상태와는 다른 상태로 될 수 있음을 알게 되었다. 더나아가 그는 이 과정에서 누적된 변화는 다루고 있는 양자 시스템의 근저에 있는 수학적 기하에 의존함을 보였다. 즉 그것은 하나의 *기하 위상*이다. 베리는 많은 양자 시스템에서 이전에는 제대로 인식되지 못한 일반적인 모습을 우연히 발견해냈다. 그는 연구 결과를 1984년에 발표했다.[7]

삼각형 상자의 경우에서, 우리가 정삼각형 모양의 상자에 있는 전자에 자기장을 가한다고 가정해 보자. 다음에 상자 모양을 천천히 변형시키되, X와 Y의 총변화가 상자를 연속적으로 다른 모양으로 가져갔다가 도로 한 정삼각형으로 되게 한다. 베리는 그 상자가 비록 처음과 같은 모양이 되지만, 양자적 입자의 파동에는 다른 위상이 누적된다는 것을 보여주었다, 이는 삼각형 상자들의 완전 집합이 형성하는 수학적 기하와 연관되어 발생하는 위상 변화이다.

여기서 푸코 진자에 대한 연결 고리가 분명해진다. 지구상의 한 위선을 따라 어떤 닫힌 경로로 운반된 진자가 처음 방향과는 다른 방향으로 진동하는 것처럼, 시스템 매개변수의 집합의 변화를 통해 어떤 닫힌 경로를 따라 가져온 양자적 입자는 시작할 때와는 다른 상태로 된다. 고양이도, 마찬가지로, 몸의 구획들을 일련의 운동을 하게 하여 몸을 원 모양으로 되돌아오게 하지만, 시작할 때와는 다른 방향으로 된다. 떨어지는 고양이와 푸코 진자는 기하 위상이라고 하는 이 누적된 상태 변화의 예들을 대표한다.

연구의 획기적인 성격에도 불구하고, 베리는 처음에는 다른 연구자들이 이미 같은 방향으로 조금씩 진척을 하고 있다는 것을 듣고 의기소침했었다. 1979년 두 연구자들이 충돌하는 원자핵들의 파동에서 비슷한 위상들을 주목했던 것이다.[8] 그러나 베리의 상황은 얼마간 아인슈타인의 그것과 같았다. 아인슈타인이 1905년 특수 상대성 이론을 체계화한 그의 1905년 논문을 발표한 후, 이미 많은 연구자들이 그 이론의 대소 조각들을 산발적으로 내

어놓았던 것이 인정되었다. 그러나 그러한 관찰 내용을 수집하고, 그들의 보다 넓은 의미를 보여준 것은 아인슈타인뿐이었다. 그와 비슷하게 베리가 찾아낸 기하 위상은 양자 물리학과 다른 분야의 여러 현상들을 설명하는데 사용될 수 있다는 것이 입증되었다.

그 이론이 이미 부지불식간에 확장 적용되어왔던 분야는 광학이었다. 베리는 1986년 인도를 방문하던 중, 그의 동료들을 통해 1950년대 판차라트남Shivaramakrishnan Pancharatnam이 수행한 빛의 편광에 관한 연구에 관해 듣고 관심을 가지게 되었다.[9] 맥스웰이 과거 1860년대에 빛이 전자기파동임을 입증했을 때, 그는 빛이 진동하는 전기장과 자기장으로 이루어져 있고, 그 전기장과 자기장은 빛이 진행하는 방향에 수직하다는 것도 동시에 입증했다. 전기장이 진동하는 방식을 빛의 *편광polarization*이라고 부른다. 만일 우리가 광선을 정면에서 쳐다보면서 전기장의 빠른 진동을 볼 수 있다면, 그 경로는 흡사 위에서 아래로 본 푸코 진자의 가능한 운동 중의 하나처럼 나타날 것이다.[10]

편광의 '상태'는 전기장이 그리는 타원의 모양과 경사각으로 결정된다, 그리고 광학 장치들(편광 선글라스와 같은)에 의해 변경될 수 있다. 판차라트남은 편광이 연속적으로 한 상태로부터 다양한 다른 상태를 지나면서 원래대로 돌아올 때 빛의 거동을 조사했다. 그는 전기장이 원래 편광 상태의 그것과는 약간 부조화적out of sync으로 된다는 것을 발견했다, 이 효과는 오로지 그 편광이 변해온 그 특별한 방식 때문이라고 할 수 있다. 판차라트남은 일찌감치 기하 위상의 예 하나를 발견하였던 것이다. 이 관련성을 알아차린 지 오래지 않아, 베리는 그 관계를 설명하는 한 논문을 썼고, 논문에서는 판차라트남에게 합당한 원저자 표시를 했다.[11]

떨어지는 고양이와 기하 위상 사이의 연관성이 찾아지기까지는 시간

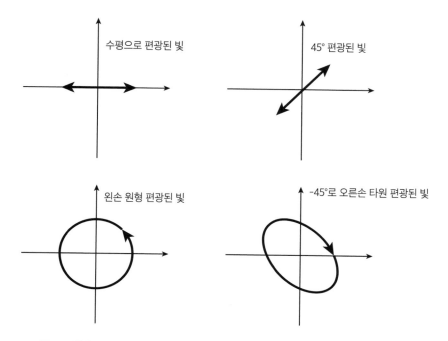

수평으로 편광된 빛

45° 편광된 빛

왼손 원형 편광된 빛

-45°로 오른손 타원 편광된 빛

Figure 12.3
빛의 가능한 편광 상태중의 일부. 굵은 연속선들이 사람이 광선을 정면에서 볼 때 어떻게 전기 파동이 진동하는지 보여준다. 나의 그림.

이 약간 더 걸렸다. 1990년, 마스든Jerrold Marsden, 몽고메리Richard Montgomery, 래티우Tudor Ratiu 는 많은 수의 움직이는 부분들을 가진 역학적 시스템의 문제에서, 기하 위상의 의미와 적용에 관한 방대한 단행본을 썼다. 고양이에 대해서는 다음과 같이 짧게 언급한다. "이 경우 우리는 최적 조건에 관한 흥미로운 질문을 만들어 볼 수 있다, 예를 들면 '고양이가 떨어지면서 공중에서 뒤집기를 할 때(내내 각운동량이 0인 채로!), 이를 테면 소모된 에너지로 보았을 때 최적의 효율로 뒤집는가?'"[12] 그들은 각운동량이 0인 회전의 한 예로 떨어지는 고양이에 대해 페아노가 만든 프로펠러-꼬리 모형의 인간 버전을 제시하

309

며, '엘로이의 모자 Elroy's beanie'라고 불렀다. 이제 머리끝에 프로펠러가 달려 있는 모자를 쓰고 바로 서 있는 한 사람이 있다고 상상하자. 만일 그 사람이 자유낙하 중이라면, 그리고 모자 위의 프로펠러가 돈다면, 그 사람은 각운동 량의 보존 때문에 반대 방향으로 돌아야 한다. 그러나 사람은 프로펠러보다 훨씬 무거우므로, 사람의 몸은 프로펠러가 돌 때 약간만 돌 뿐이다. 프로펠러가 출발할 때의 위치로 되돌아 온 후, 사람-모자 조합 전체는 약간 다른 방향을 가질 것이다.

기하 위상의 관점으로 본 떨어지는 고양이에 대한 가장 면밀한 논의는 2003년에 간행된 물리 철학자 배터맨 Robert Batterman이 쓴 논문이다.[13] 논문에서, 그는 낙하하는 고양이, 푸코 진자, 편광된 빛, 그리고 심지어 평행 주차 모두를 물리학의 기하 위상을 사용하여 연결시킨다. 마지막 예, 즉 평행 주차를 간단히 설명해 보기로 한다. 평행 주차에서 자동차는 앞뒤 운동과 회전을 이용해서 옆으로 움직인다. 이 경우 '위상'은 자동차의 횡 방향의 위치이며, 마지막에 자동차의 방향은 처음과 같지만 횡 방향의 위치는 변했다.*

기하 위상의 발견에서 한 가지 중요한 교훈은 많은 복잡한 물리학 문제가 아름다운 바탕 기하를 가진다는 것이다. 푸코 진자의 경우, 기하는 실존하는 것으로, 바로 지구의 구면이다. 그러나 낙하하는 고양이, 양자적 입자, 빛의 편광에서는 그와 유사한 기하들이 각 문제의 수학 속에 숨어 있다는 것

---

* 평행 주차는 도로변과 같이 일렬로 주차하는 형태를 말한다. 도로 가운데를 주행하던 자동차의 운전자는 앞뒤에 이미 주차해 있는 다른 자동차와 충돌하지 않도록 자신의 자동차를 앞뒤로 움직이면서 조금씩 도로변에 밀착시킨다. 주차가 완료되면 자동차의 방향은 변하지 않았으나 자동차와 도로변 사이의 거리가 작아진다.

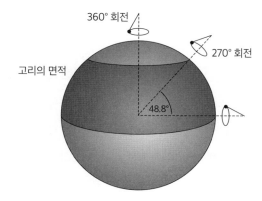

360° 회전

270° 회전

고리의 면적

48.8°

Figure 12.4
24시간 동안에 진자가 회전하는 각도는 적도와 진자가 위치한 위선 사이에 있는 띠의 표면적과 같다. 나의 그림.

을 알 수 있다. 이 기하를 찾아낸다면, 문제를 이해하기가 훨씬 쉬워지고, 어떤 경우에는 거의 식은 죽 먹기가 된다.

푸코 진자에 대해서는, 반지름이 1인 지구의 모형을 만들어서 진자의 거동을 평가한다고 상상해 보자.* 그런 다음 우리는 구면상에서 진자를 따라가면서 그 경로를 그린다. 우리는, 수학을 사용하여, 24시간이 지난 후 진자가 회전하게 되는 각도가 적도와 진자의 위선 사이에 있는 곡면의 면적과 같다는 것을 보일 수 있다, 여기서 각도는 도가 아니라 라디안으로 측정된다.[14]

판차라트남이 발견한 기하 위상을 구하기 위해, 우리는 푸앵카레 구poincare sphere를 사용하여 광파의 지연을 결정할 수 있다.** 먼저, 빛 편광의 모

---

* 반지름과 같은 길이에는 미터나 킬로미터와 같은 단위가 필수적이나, 여기서는 문제를 간단히 하여 수학적으로 다루기 위해 크기는 1로 하고 단위는 사용하지 않는 것이다. 그렇게 해도 결과는 달라지지 않는다.

** 푸앵카레 구는 실제의 구가 아니고 수학적 공간이며, 구면상의 각 점을 편광 상태와 1:1로 짝을 맺게 한 것이다. 파동은 유한한 전파 속도를 가지기 때문에, 어떤 경로를 거치게 되면 전체적인 파동의 도착 시간이 느려진다. 이를 지연lag이라고 한다. 지연의 정도는 매질, 거리, 자기장에 따라 달라진다.

든 가능한 상태가 단위 반경을 가진 구면상의 한 점으로 사영될 수 있음을 보일 수 있다. 푸앵카레 구면상에서, 구의 북극과 남극은 왼손(반시계 방향) 과 오른손(시계 방향) 회전 편광이고 적도는 모든 선편광을 포함한다. 그리고 북반구와 남반구는 각각 왼손과 오른손 타원 편광의 모든 가능한 상태를 나타낸다. 빛의 편광 상태의 연속적인 변화는 푸앵카레 구면상에서 한 경로로 그려질 수 있다, 자동차에 있는 GPS가 출발지로부터 종착지까지 그려내는 경로처럼 말이다. 만일 경로가 닫혀 있다면, 즉 만일 편광이 그 원 상태로 되돌려 진다면, 편광이 변화하는 동안 빛에 누적된 판차라트남 위상은 구면상에서 그 경로가 둘러싸는 곡면의 면적의 절반으로 주어진다.

고양이 문제 또한 적절한 기하학적 구조의 표면적과 연결시킬 수 있다. 허리둘레에 대한 길이의 비가 아주 명확한 값을 가진 고양이에 대해서, 우리는 구를 이용하여 고양이의 방향, 즉 그 기하 위상을 나타낼 수 있다.[15] 라디마커와 테르 브락의 굽히고-비틀기의 모형을 사용한다면, 구면상의 위도가 고양이가 허리에서 굽히는 양을 나타내고, 경도는 고양이가 허리에서 비트는 양을 나타낸다고 말할 수 있다. Figure 12.5를 참고하라. 그러면 고양이의 굽히기와 비틀기 과정은 구면상의 한 경로로 그려질 수 있다, 그리고 고양이의 스스로 바로 서기에서 발생한 전체적인 회전은 이 '고양이 구' 위에 그 경로가 그린 표면적과 같다는 것을 보일 수 있다.

이렇게 기하 위상의 진정한 아름다움은 우리가 아주 단순한 기하를 사용하여 아주 복잡한 문제를 풀 수 있게 해 준다는 점이다. 1960년대 말에 국립 항공 우주국을 위해 개발된 케인과 셰르의 정교한 고양이-회전하기 모형을 다시 살펴보자. 라디마커와 테르 브락의 초창기 모형의 큰 문제는 고양이가 비틀기를 하면서 척추가 같은 크기로 계속 굽힌 채 있다는 가정이었다,

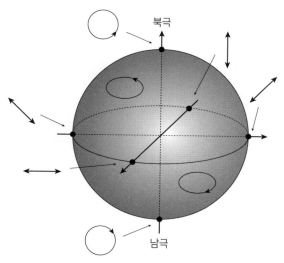

Figure 12.5
푸앵카레 구. 빛 편광의 모든 가능한 상태는 푸앵카레 구 위의 점으로
표시할 수 있다. 그리고 편광 상태가 원 상태로 돌아오는 변화 과정은
구 위의 닫힌 경로로 그릴 수 있다. 나의 그림.

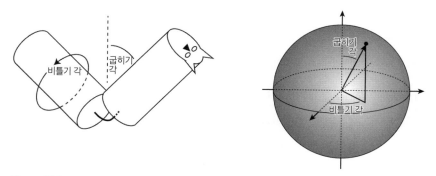

Figure 12.6
라디마커와 테르 브락의 고양이 모형과 고양이의 전체적인 회전의 크기를 계산하는데 사용될 수 있는
'고양이 구'. 나의 그림.

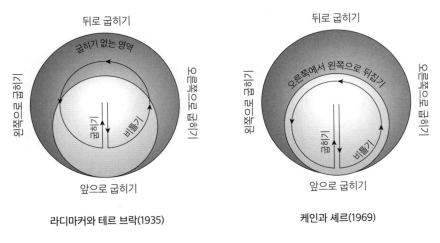

굽히기 없는 영역

뒤로 굽히기

왼쪽으로 굽히기

오른쪽으로 굽히기

굽히기

비틀기

앞으로 굽히기

라디마커와 테르 브락(1935)

뒤로 굽히기

오른쪽에서 왼쪽으로 뒤집기

왼쪽으로 굽히기

오른쪽으로 굽히기

굽히기

비틀기

앞으로 굽히기

케인과 셰르(1969)

Figure 12.7

위에서 본 고양이 구, 라디마커와 테르 브락의 모형과 케인과 셰르의 모형의 비교. 나의 그림.

고양이가 앞으로보다 뒤로는 잘 굽히지 못하는 것이 분명함에도 말이다. 이와는 대조적으로, 케인과 셰르의 모형은 비틀기를 하는 중에 고양이의 후방 굽히기는 줄어들고, 비틀기의 최고점에서 효율적으로 한 쪽에서 반대쪽으로 뒤집는다.

만일 우리가 고양이 구 위에서 둘의 운동을 비교한다면, 케인과 셰르의 모형의 합리성뿐만 아니라 라디마커와 테르 브락 모형의 제약을 볼 수 있다. 고양이 구를 위에서 보면, 우리는 단순한 라디마커와 테르 브락 모형에서 고양이가 극단적인 후방 굽히기를 해야 함을 알 수 있다. 대조적으로, 케인과 셰르의 모형은 극단적인 후방 굽히기를 피해 간다. 고양이는 운동을 완성하기 전, 우측 굽히기로부터 좌측 굽히기로 전환한다.

우리가 고양이 구를 위에서 본다면, 쉽게 케인과 셰르 모형이 최적의 선택임을 알 수 있다. 즉 그 모형이 경로가 둘러싸는 표면적의 크기를 최대로 한다, 그에 따라 고양이 비틀기가 최대로 된다, 고양이에게 불가능한 방식으로 굽히도록 요구하지 않으면서 말이다. 진화의 관점에서 말하자면, 고양이의 그 운동은 가용한 모든 굽히기와 비틀기를 이용하려고 연마된 것이다.

구면을 이용한 고양이-회전하기의 묘사는 얄궂게도 우리를 300년 전의 파렝의 독창적인 연구로 되돌려 놓는다. 파렝은, 수학적 편의를 위해, 낙하하는 고양이를 한 개의 구로 보는 모형을 만들었다. 이제 고양이-회전하기의 현상을 기하 위상으로 보면서, 우리는 고양이가 사실 한 개의 구로 모형화될 수 있다는 것을 알게 된다, 비록 파렝이 상상한 것과는 아주 다른 식이긴 하지만 말이다.

아마도 기하 위상은 낙하하는 고양이가 간직하고 있던 마지막 심원한 비밀이었는지 모른다. 기하 위상은 베리에 의해 1980년대에 처음으로 일반적인 현상으로 인정되었다. 그러니 마레가 파리 아카데미에 낙하하는 고양이의 사진들을 보여 주었을 때인 과거 1894년에는 물리학자들이 그것을 알아차릴 수가 없었다. 낙하하는 고양이 문제가 기하 위상의 한 현상으로 인식되는 데는 약 100년이 걸렸던 것이다. 고양이들은 그들의 비밀을 잘 지키는 셈이다.

기하 위상과의 연관성이 고양이들이 숨기고 있는 마지막 비밀인가? 연구자들은 떨어지는 고양이와 매력적인 물리 문제들 사이의 연결 고리들을 계속 찾아내고 있다. 1993년 몽고메리는 고양이-회전하기를 묘사하기 위해 아주 정교한 수학을 사용하여 "낙하하는 고양이의 게이지 이론"이라는 한 논문을 썼다. 이 연구를 1999년 이와이 Toshihiro Iwai가 이어 받았다. 그는 양자 역학적 관점으로 제로 각운동량 회전의 문제를 고찰했다. 그는 논문에서, 떨어지는 고양이의 공적을 정식으로 인정했다.[16]

그러나 가장 깜짝 놀랄만한 논문은 2015년 멕시코의 연구자들이 "자유낙하 하는 양자 고양이들은 그들의 발로 착지하는가?" 라는 도전적인 제목으로 쓴 것이다.[17] 그 논문에서 연구자들은 고양이의 낙하를 순전히 양자 역학적으로 고찰하여 고양이가 슈뢰딩거의 고양이 상태, 즉 동시에 똑바로 및 거꾸로 착지할 수 있다는 것을 발견했다.

오랫동안 사람들은 고양이가 아홉 개의 목숨을 가지고 있다는 이야기를 해왔었다. 떨어지는 고양이의 물리학이 하나를 그 속에 남겨 두었는지 모른다.

과학자와 고양이

이 책에서 우리는 고양이들이 시험 대상으로 사용된 예들을 많이 보았다. 과학의 발전 과정에서 일어난 이 어두운 모습을 조금 밝게 하기 위해, 역사적으로 많은 물리학자들이 그들의 고양이 친구들을 실험 조수로, 영감을 주는 대상으로, 동반자로, 심지어 과학 공저자 등으로 많은 우호적인 관계를 맺었다는 사실을 지적하는 것이 좋을 듯하다. 우리는 이러한 멋진 협동의 일부를 찾아보는 것으로 이 책의 결론을 맺는다.

먼저 나는 뉴턴이 운동과 중력에 대해서 세상을 바꾼 발견을 했을 뿐만 아니라 고양이 출입문을 고안했다는 이야기의 진실을 밝히고자 한다.

뉴턴은 여러 면에서 고양이와 비슷하다고 생각할 수 있다, 그는 영리했고, 짓궂었고, 목적을 추구할 때는 어느 정도 독자적이었고, 사나웠기 때문이다. 19세의 나이에, 고백하는 투로 써 내려간 죄의 목록에, 뉴턴은 "나의 아버지와 나의 어머니 스미스에게 그들과 집을 불태우겠다고 위협했다."고 하는 것도 포함시켰다.[1] 뉴턴은 그의 양부 스미스Barnabas Smith 목사와 좋은 관계가 아니었고, 그의 어머니가 재혼한데 불만을 가졌던 것이 확실했다.

뉴턴의 고양이 출입문에 관한 이야기는 1800년대에 회자되었다. 한 생생한 버전의 전부가 아래에 주어져 있다.*

콜리지Coleridge, 사우디Southey, 워즈워스Wordsworth의 재치 모두를 합해도 말의 목줄을 그 머리에서 벗겨 낼 수가 없었으나, 그 스코틀랜드 소녀가 단 한 번 홱 하며 그 일을 해 냈다는 일화를 당신을 알고 있다.** 지방 교구 목사가 그것보다 훨씬 나은 일화, 아이작 뉴턴 경의 일화를 말해준다, 그런데 그것을 우리는 그 밖의 어디에서도 결코 보지 못했다. 그 위대한 철학자는 애완 고양이 한 마리와 새끼 고양이를 가지고 있었다, 그들을 그는 그의 서재에 숨겼다. 그러나 그들이 들락날락 할 때마다 현관문을 열어주는 것이 귀찮아 지자 그는 불현듯 다음과 같은 고안품을 생각해냈다. "그는 그의 현관문에 고양이가 출입하도록 큰 구멍 한 개를, 새끼 고양이를 위해서는 작은 구멍 한 개를 뚫었다. 큰 고양이가 통과했던 큰 구멍을 새끼 고양이도 사용할 수 있다는 가장 멍청한 촌놈이라도 기억했을 것을 그는 기억하지 못했다. 구멍들을 만든 후, 그는 그 동물들이 처음으로 그것들을 지나다니는 것을 보기 위해 자신감을 가지고 기다렸다. 벽난로 앞 카펫에 누워있었던 그들이 일어나자, 그 위대한 마음은 어떤 고상한 계산을 멈추고 펜을 놓았다, 그리고 그 위대한 사람만이 그들을 열심히 쳐다보았다. 그들은 문으로 접근했고, 그들의 편의를 위해 만들어진 시설물을 발견

---

* 오래된 영문을 큰 손질 없이 의미만 전달되는 수준으로 번역했다.
** 콜리지, 사우디, 워즈워스는 주로 19세기 초기에 활동한 영국의 시인들이었다.

했다. 어미 고양이가 그를 위해 마련된 큰 구멍을 통해 문을 지나갔다, 그리고 즉시 새끼 고양이가 **같은 구멍을 통해** 그를 따라 갔다." 같은 식으로 상식의 부족으로 성직자들이 꾸준히 비난을 받는 것처럼, 우리가 시인들과 철학자들과 함께 있다는 것을 아는 것이 위안이 될 수도 있다. 그러나 그것은 편의성 뿐만 아니라 힘과 영향력에서 입게 되는 한 실질적인 손실이다, 만일 사람들이 현실적인 측면에서 성장하지 못한다면 말이다.[2]

이 뉴턴의 고양이 출입문의 이야기는 겸손을 가르치는 한 교훈으로, 특히 저 오만으로 채워진 철학자들을 향한다. "물론 당신들은 행성들의 운동을 예측할 수 있다, 그러나 어떤 구닥다리 상식이 없으면 그 지식은 아무 소용이 없다!"

그런데 그 고양이 출입문 이야기가 사실일까? 뉴턴이 고양이 출입문의 아이디어를 고안하지 않은 것은 분명하다, 그것은 이런저런 형태로 뉴턴 이전 수백 혹은 수천 년 동안 존재해 왔었다. 이를 테면 초서Geoffrey Chaucer의 캔터베리 이야기Canterbury Tales(1386)에 고양이의 출입문을 말하는, '고양이 구멍'을 포함하는 한 구절이 있다. "방앗간 주인의 이야기The Miller's Tale"에서 어느 집 외부 문을 두드리던 하인이, 아무런 반응이 없자, 내부를 엿보기 위해 고양이 구멍을 사용한다.

그는 한 구멍을 발견했다, 벽에 아주 낮게 있고
그곳으로 고양이가 들락거리던
그리고 그 구멍을 통해 그는 아주 조심스레 안을 들여다보았다.
그리고 마침내 그는 그 사람을 보았다.

더군다나 뉴턴이 고양이를 가지기나 했던가? 뉴턴이 고양이, 개, 기타 애완동물을 가졌다는 증거는 아무 것도 없다. 그의 편지에나 동료들의 편지에도 언급된 것은 없다. 비록 뉴턴 가족의 집인 울스토프 마노Woolsthorpe Manor가 아직도 건재하지만, 고양이 출입문의 흔적은 없다. 그렇더라도 그것이 어느 한 쪽의 증거는 아니다. 뉴턴의 시대 이래로 집의 문들은 아마도 수백 년의 시간이 지나는 동안 교체되었을 것이기 때문이다.

뉴턴의 고양이 출입문 이야기의 확실한 출처는 수학자 라이트John M. F. Wright다. 그는 트리니티 대학에서 근무했고 1827년 그곳에서의 경험을 비망록으로 출간했다.[3] 그는 이전의 트리니티 학자 뉴턴에 관해 많은 이야기를 들었고, 그중 많은 수를 이야기 했다. 뉴턴과 동물에 관해 그는 다음과 같이 말했다.

많은 일화들이 뉴턴의 '얼빠짐'에 관해 말하는데, 그것은 세상과 그 돌아가는 방식으로부터 완전히 탈속한 탓이라고 할 수 있다. 그리고 그것들을 들어본 적이 없는 독자들에게는 그것이 분명히 재미있을 것이다.

…

자연이 하는 모든 일에서, 지적인 구경꾼에게 강한 인상을 주는 것은 그 단순성이다. 하나님의 아들은 양과 같이 단순하고, 온순하고, 초라했다. 신이 "자신의 모습을 따서 만든" 저 창조물 중에서 가장 높은 자리를 차지하도록 한 뉴턴 또한 인류 중에서 가장 단순했다. 현실적일 뿐만 아니라 이론적인 이 위대한 철학자는, 어느 때에 타고 있는 촛불을, 장기간의 힘든 연구의 결과와 그 외에 아마도 그가 쓴 모든 글처럼 빛나는 발견으로 가득한 종이 더미 근처에 남겨 두었다가, 그의 개 다이도Dido가 그것을 뒤집는 바람에 그것들은 철저하게 파괴되고 말았다고 한다. 그가 돌아와서 말한 유일한 탄식은 "다이도, 다이도, 너는 네가 저지른 장난을 잘 알지 못한다."였다.

또한 어느 때, 한 친구가 장난으로 그의 저녁식사를 위해 제공된 닭고기를 먹어 버렸다, 뼈를 본 뉴턴은 소리를 질렀다, "내가 얼마나 건망증이 심한가! 나는 저녁을 안 먹었다고 생각했다", 그리고는 그의 사색으로 돌아갔다, 모든 것이 제대로 된 것으로 생각하면서 말이다. 애완동물을 무척 사랑하여(그가 애정이 깃든 열정에는 항상 저항했다는 전언을 따르자면, 여자, 달콤한 여자에게는, 정말로 저항할 수 없는 충동을 느끼지 않은 듯했지만, 혹은 어쨌거나 이브의 딸들을 높이 평가하여, 그들이 남자의 시간과 관심의 전부 혹은 전무를 차지할 가치가 있다고 여긴 듯했더라도), 그는 그의 개 다이도의 동반자로 고양이 한 마리를 소유했다.* 뉴턴이 아마도 계산하지는 못했겠지만, 이 고양이는 자연적인 과정으로 새끼 고양이 한 마리를 낳았다. [그러자] 그 훌륭한 사람은 한눈에 그의 가족 증가의 결과를 알아채고 대학의 목수에게 문에 두 개의 구멍을 만들도록 명령했다, 하나는 그 고양이를 위한 것이고 나머지 하나는 새끼를 위한 것이었다. 이 이야기가 진실이던 아니든 오늘날까지 문에 어미 고양이와 새끼 고양이의 출입을 위한 적당한 크기의 구멍들이 막힌 채 있는 것은 사실이다.

트리니티에서 몇 세대의 학생들과 학자들을 통해서 전해 내려온 이

---

*   이브의 딸은 단순히 여자를 의미한다. 괄호 내 문장은 그 의미가 완전히 파악되지는 않는다.

이야기는 의심할 것 없이 미화되었거나 심지어는 완전히 꾸며진 것으로 보인다. 창문 밖으로 고양이를 던졌다는 맥스웰의 이야기를 회상하라, 그 이야기는 맥스웰이 떠난 후 겨우 20년 만에 드라마틱하게 꾸며졌었다. 비록 구멍들이 고양이 문들이라고 하더라도 뉴턴이 그것들을 거기에 만들게 했다는 보장은 없다. 한 학생이 문에서 구멍들을 보았고, 그의 상상력으로 멋대로 이야기를 만들어 냈다는 것이 훨씬 있음직하다.

그러나 뉴턴과 같은 과학자가 혼자서 실험실에서 오랜 시간 고양이를 벗 삼아 지속적으로 일하는 장면은 쉽게 상상이 된다. 실제로 운동의 물리학을 연구하는 또 하나의 중요 인물을 도와준 고양이 동반자가 있었다. 해밀턴 William Rowan Hamilton (1805-1865)은 아일랜드의 천문학자, 물리학자, 수학자로서 그의 가장 유명한 연구는 뉴턴의 운동 법칙을 정교한 수학으로 다른 형태로 표현한 것이다. 그렇게 만들어진 해밀턴의 운동 법칙은 양자적 입자들의 분석에 이상적으로 적합하다고 판명되었으며, 해밀토니안 Hamiltonian 이라고 알려진 함수는 고전 및 양자 물리학 모두에서 사용되고 있다.

해밀턴은 인간과 동물 특히 고양이에 대한 다정함으로 유명하였다. 그의 여동생이 그것을 증언했다.

그는 항상 고양이를 좋아했다, 그리고 그의 어깨에 올려둔 새끼 고양이나 좋아하는 고양이가 장난스럽게 펜을 잡으려 하는 와중에도, 어떤 수학적 논문을 쓰고 있는 그가 종종 목격되기도 했다.

그의 정중함은 다른 사람들에게는 거의 질책의 수준이었다. 한 번은 더블린에서 나와 같이 살고 있던 한 젊은 여자가 말했다, "나는 당신 오빠만큼 그렇게 정중한 신사를 본 적이 없어요. 그는 고양이에게 거의 절을 하다시피 한다고 생각해요." 그리고 어느 날 그가 우연히 고양이의 발을 밟고는, 돌아서서 웃으면서, "내가 미안하다고 하려 했다."라고 말했을 때, 나는 그 여자가 생각나서 이 이야기를 그에게 들려주었고, 그는 즐거워했다.

그는 자신의 개인적인 동물 동반자들만 그러한 인내심으로 다룬 것은 아니었다. 그의 여동생이 이렇게 이야기 했다.

그의 주위에 있는 모든 살아있는 것들에 대한 그의 진정한 존중은 그에게 그들로부터 무한한 신뢰를 이끌어냈다. 한 사례가 그것을 목격한 이들에게 깊은 인상을 심어주었다, 그것은 정말로 사람들을 흥분하게 만들었고, 어느 정도 미신과 같은 경이 탓을 할 수 밖에 없는 사건이었다. 어느 성신 강림절 아침에, 그가 식구들 가운데에서 기도를 하고 있는 중에, 비둘기 한 마리가 열린 창문을 통해 날아 들어와서 그의 머리에 앉았다. 해밀턴은 읽기를 멈추지 않았고, 새는 그에게 신경을 쓰지 않았다, 그리고 조금 후에 새는 평화롭게 날아 나갔다.[4]

고양이를 동반자로 데리고 있는 것을 넘어서, 우드 Rober William Wood (1868-1955)와 같은 과학자들은 고양이로 하여금 실험을 도와주도록 하는 기발한 방법을 발견했다. 우드는 자외선 연구의 선구자였고 빛 스펙트럼(색상)의 측정을 통해 물질 구조를 연구하는 분광학 분야에서 광범위한 연구를 했다. 그는 헌신적인 연구자였고, 심지어 가족과 함께 있는 방학 중에도 연구를 했다, 한 전기식의 비망록에 그 이야기가 묘사되어 있다.

우드와 그의 가족은 롱아일랜드Long Island의 한 오래된 농장에서 여름을 보냈다. 그는 헛간을 임시 실험실로 사용했는데, 그곳의 특징 중의 하나가 이 40피트짜리 격자 분광계grating spectrograph로, 아마도 당시에 존재한 것으로는 가장 크고 이전에 어떤 이가 관찰했던 것보다 나은 결과를 낼 수 있는 것이었다. 그것은 현지 석공이 설치한 하수관으로 만들어졌다. 그 장비가 사용되지 않은 여름과 여름 사이 오랜 시간동안, 모든 종류의 야생 동물이 그것을 보금자리로 사용했다, 그리고 광학적 통로가 거미줄로 엉켜져 있었다. 그 관을 청소하는 우드의 방법이 하나의 고전이 되었다. 그는 가족의 고양이를 관의 한쪽 끝에 놓고 그 끝을 막아버렸다, 그래서 고양이가 탈출하기 위해서는 관 전체를 달려 지나가며 모든 거미줄을 효율적으로 제거하도록 만들었던 것이다.[5]

그 고양이는 기꺼이 실험실 조수가 되려 하지 않았을 수도 있지만, 방해가 되었던 것은 아닌 듯하다.

우드의 상상력은 고양이를 기발하게 사용하는 방법을 발견하는데 한정되어 있지 않았다. 그는 두 권의 과학 공상 소설, *지구를 흔든 사람*The Man Who Rocked the Earth (1915)와 *달을 만든 사람*The Moon-Maker (1916)을 트레인Arthur Train과 공저로 쓰기도 했다. 전자는 지구의 회전을 바꾸게 할 수 있는 핵폭발로 세계의 서로 싸우는 나라들을 위협하여 영구적인 평화를 유지하게 만든 한 신비로운 과학자에 관한 것이다. 여기서 우드와 트레인은 궁극적인 핵무기의 제작을 얼마간 선견지명이 있게 묘사하고 있었다(비록 세부 사항은 분명히 틀렸지만). 속편인 *달을 만든 사람*에서는 지구를 소멸시키는 경로 상에 있는 한 혜성을 비껴가게 하거나 파괴하기 위해 과학자들이 우주로 여행한다, 82년 후인 1998년의 영화 *아마게돈*Armageddon의 줄거리를 미리 알려주는 듯하다.

그의 과학적 발견도 중요하지만, 우드는 간단하고 파괴적인 방법으로 20세기 초 'N선'의 존재를 반증한 것으로 가장 잘 잘려져 있을 듯싶다. 엑스선과 '우라늄선'(방사선)이 발견되었던 시대에, 새로운 형태의 보이지 않는 복사radiation가 여기저기에 있는 듯했다. 프랑스 낭시Nancy에서 연구하던 블롱들로Prosper-Ren Blondlot는 자신이 엑스선과는 달리 전기와 상호작용하는 새로운 종류의 선ray을 발견했다고 생각했다. 그는 이 새로운 선을 그가 거주하던 도시의 이름을 따서 *N선*이라고 이름을 지었다. 여러 과학자들이 블롱들로의 결과를 확인하는 수백 편의 연구 논문들을 발표하였다.

그러나 훨씬 더 많은 연구자들이 N선에 관한 아무런 증거도 발견할 수 없었다. 마침내 1904년 우드는 블롱들로와 함께 연구를 하면서 그 미스터리의 근원을 찾아내기 위해 낭시로 갔다. N선의 존재에 대한 유일한 증거가 전기 방전의 심한 깜빡거림에서 어떤 변화가 나타나는 것이라고 하는 것을 주목하여, 우드는 아무도 보지 않을 때 실험 장치에서 핵심적인 장비 하나를 제거했다. 연구자들은 호기롭게 일을 계속했고, 그들의 결과에서 어떤 변화도 보지 못했다. 우드는 그 프랑스 과학자들의 과도한 낙관적인 상상일 뿐 N선은 존재하지 않는다는 것을 보여주었던 것이다.

공상 과학 소설 쓰기, 고양이를 다른 용도로 쓰기, N선의 정체 폭로하기 등은 우드의 어린이 같은 기발함과 세상에 대해 느끼는 경이감을 예시한다. 1941년에 그의 전기 작가 윌리엄 시브룩William Seabrook은 그를 "결코 자라지 않은 작은 소년"이라고 지칭했다. 이것은 최고의 찬사를 의미했다.[6]

어떤 과학자들은 고양이와의 교류에서 영감과 인생의 방향까지도 발

Figure 13.1

1899년 경, 콜로라도 스프링스Springs에 있는 그의 실험실에서의 니콜라 테슬라, 주위에 번개가 치고 있는 중에 조용히 일을 하고 있다. 이 유명한 사진은 이중 노출로 디킨슨 앨리Dickensen V. Alley가 제작했다. Wikimedia, Welcome Images.

견했다. 가장 주목할 만한 예가 발명가, 물리학자, 미래학자인 테슬라Nicola Tesla(1856-1943)이다. 테슬라는 전력 발전에 대한 그의 연구로 '번개의 대가'로 널리 알려져 있다. 그는 우리가 오늘도 사용하는 교류(AC) 동력 시스템을 개발하여 옹호했다. 웨스팅하우스사Westinghouse Electric and Manufacturing Company의 지원을 받은 그 연구는 테슬라와 웨스팅하우스가 미국에서 직류(DC) 동력을 추진하는 에디슨Thomas Edison과 사업상의 전쟁을 벌이게 했다. 또한 테슬라는 1894년에 X선을 관측하여, 뢴트겐Wilhelm Röntgen을 1년 앞섰지만, 1895년 3월의 화재로 그의 연구 기록을 잃어버렸다. 테슬라는 무선 송수신과 전력의 무선 전송을 시험하면서, 큰 불꽃을 방출하며 전원에 연결되지 않고도 형광등을 빛나게 할 수 있는 테슬라 코일Tesla coil을 발명했다.

누구에게 들어보아도, 테슬라는 아주 어릴 때부터 뛰어났다는 징후들을 보여주었다고 한다. 그러나 그의 말로는, 그가 탁월한 능력을 보여줄 수 있었던 모든 분야들 중에서 전기 현상을 연구하도록 그에게 영감을 준 것은 고양이였다.

1939년, 테슬라는 미국 주재 유고슬라비아 대사의 어린 딸 포티치Pola Fotich에게 한 통의 편지를 썼다.[7] 편지에서 그는 유고슬라비아에서의 그의 어린 시절 집을 묘사한다, 그리고 그의 고양이 동료에 관해서도 말한다.

그러나 나는 누구보다도 행복했다, 내 기쁨의 원천은 세상에서 가장 좋은 고양이, 최고로 멋진 마칵Macak이었다. 나는 너에게 우리 사이에 존재했던 애정에 대해 제대로 표현할 수 있으면 좋겠다. 우리는 서로를 위해 살았다. 내가 어디로 가든지, 마칵이 따라왔다, 그것은 우리 사이의 사랑과 나를 보호하기 위한 열망 때문이었다. 그럴 필요가 있게 되면 그는 보통 때의 키보다 두 배로 늘어났고, 등을 구부렸고, 꼬리를 금속 막대처럼 빳빳하게 그리고 수염을 강철선처럼 만들면서, 그의 분노를 폭발적으로 불어 방출했다. 풋! 풋! 그 모습은 무서웠고, 동물이던 사람이던 누구든지 그를 화나게 한 자는 급히 달아났다.

매일 저녁 우리는 집에서 나와 교회 벽을 따라 달렸고, 그는 나를 따라 달리다 나의 바지를 붙잡았다. 그는 자신이 나를 물것임을 내가 믿게 할 정도로 세게 물었지만, 바늘같이 날카로운 앞니가 옷을 통과하는 순간, 압력은 멈추었고 나의 피부와 그것들의 접촉은 나비가 꽃잎에 내려앉듯이

327

부드러웠다. 그는 나와 함께 잔디 위에서 뒹구는 것을 가장 좋아했다. 우리가 그러고 있는 중에 그는 황홀한 기쁨으로 물고 할퀴고 가르랑거렸다. 그는 나를 완벽하게 매료시켜 나 또한 물고 할퀴고 가르랑거렸다. 우리는 멈출 수가 없었고, 기쁨의 무아경에서 구르고 또 굴렀다. 우리는 비오는 날만 빼고는 매일 매일 이 매혹적인 운동을 탐닉했다.

물에 관해서는 마칵은 아주 까다로웠다. 그는 자신의 발들이 젖지 않도록 6피트를 점프하기도 했다. 그러한 날에는 우리는 집으로 들어가서 놀 수 있는 좋고 아늑한 자리를 골랐다. 마칵은 용의주도하게 깨끗했고, 벼룩이나 벌레가 없었고, 털이 빠지지도 않았고, 불쾌한 모습을 보여주지도 않았다. 밤에 그는 밖으로 나가고 싶어 하는 의사를 알리는 데는 감동적으로 섬세했고, 도로 들어오기 위해서는 조용히 문을 긁었다.

지금까지는 애완동물을 사랑하는 한 아이에 관한 단순한 이야기였다. 그러나 이야기는 과학을 향한 확실한 반전을 한다.

이제 나는 너에게 내 인생 내내 나와 함께 있어온 이상하고 잊을 수 없는 경험을 꼭 이야기 하고 싶다. 우리 집은 해수면에서 약 1,800피트 위에 있었고, 겨울에는 대개 날씨가 건조했다. 그러나 때로는 아드리아 해로부터 따뜻한 바람이 오랫동안 꾸준하게 불어와서 눈이 녹고 물이 땅으로 범람해서 많은 재산과 인명의 손실을 가져왔다. 우리는 온갖 잔해들을 가득 싣고 가면서 움직일 수 있는 것은 사정없이 부수면서 내려가는 강력하고 끓어오르는 듯한 강의 무서운 모습을 목격했었다. 내가 종종 나의 어린 시절의 그 일을 떠올리고 그 장면을 생각할 때는, 물소리가 내 귀를 채우고,

나는 그때만큼 생생하게 그 요란스러운 흐름과 잔해들의 미친 듯한 춤을 보는 듯하다. 그래도 그 건조하고, 차고, 순백의 눈이 있던 겨울에 대한 나의 기억은 항상 나를 기분 좋게 한다.

우연히 다른 때보다 춥고 건조한 날이 있었다. 눈 위를 걷는 사람은 그들 뒤로 빛을 내는 발자국을 남겼고, 표적을 향해 던져진 눈뭉치는 칼로 자른 설탕 덩어리와 같이 번쩍이는 빛을 내었다. 저녁 어둑어둑할 때, 내가 마칵의 등을 쓰다듬고 있었을 때, 나는 어떤 기적을 보고 놀라서 말을 하지 못했다. 마칵의 등이 빛을 내는 시트였던 것이다, 그리고 내 손이 집 전체에서 들을 수 있을 정도로 큰 소리를 내며 소나기와 같이 불빛을 만들었다.

어린 테슬라는 처음으로 정전기를 목격하고 있었다. 나 자신을 포함한 많은 아이들에게 정전기는 처음으로 맛보는 물리 세계의 신비다.

나도 비슷하게 그 현상에 입문을 하였다, 훨씬 고통스러운 것이었지만 말이다. 아마도 내가 여섯 살 때였던 것 같다. 할머니가 나에게 크리스마스 선물로 양모 슬리퍼를 주셨다. 양모 슬리퍼를 신고 카펫 위를 걸으면 고양이의 털을 문지르는 것과 아주 흡사하게 정전기를 만들어 낸다. 어느 날 누나가 나를 놀리는 바람에 나는 누나를 잡으러 뛰기 시작했다. 부엌, 식당, 거실이 한 순환 경로가 되었고, 나는 그녀를 쫓아서 계속 돌았다. 우리의 크리스마스트리가 이 경로 내 거실에 있었다. 트리 주위로 네 바퀴를 돌자, 나는 충분한 정전기를 축적하였고, 트리의 장식용 금속 실이 접근하면서 나에게 전기 충격을 주었다, 그로 인해 나는 마루에 자빠졌다. 누나가 나를 조롱하는 바람에 나는 일어나 그녀를 다시 쫓아가 네 바퀴를 돌고 또 한 번의 전기 충격을 받았다, 이것을 여러 번 반복했다.

테슬라의 이야기로 돌아가서,

나의 아버지는 아주 학식이 있는 분이었다. 그는 모든 질문에 대답을 하였다. 그러나 이 현상은 그에게도 아주 새로운 것이었다. "흠", 그가 마침내 한 마디 하였다, "이것은 전기일 뿐이다, 네가 폭풍 중에 나무를 통해 보는 것과 같은 것이다." 나의 어머니가 관심을 가졌던 것 같았다. "고양이와 놀지 마라", 그녀가 말했다. "그 놈이 불을 일으킬지도 모른다." 그러나 나는 추상적으로 생각하고 있었다. 자연이 커다란 고양이인가? 만일 그렇다면, 누가 그 등을 쓰다듬을까? 그것은 신일 수밖에 없다고 나는 결론을 지었다. 그때 나는 겨우 세 살이었으나 철학적으로 사색을 하고 있었다.

첫 번째 관측으로 멍하게 되었지만, 무언가 더 환상적인 것이 다가 오고 있었다. 점점 어두워지고 있었다, 그리고 곧 초들에 불이 켜졌다. 마칵은 방을 몇 발자국 걸었다. 그는 마치 그가 젖은 땅 위를 걷는 것처럼 발들을 흔들었다. 나는 그를 주의 깊게 바라보았다. 내가 무엇을 보긴 했나, 혹은 그것은 환상이었던가? 나는 긴장하며 내 눈으로 바라보았고, 그의 몸이 성자의 후광과 같은 어떤 후광으로 둘러싸여져 있다는 것을 분명히 알았다!

나의 어린아이 같은 상상력으로는 내가 이 놀라운 밤의 효과를 과장할 수 없다. 날마다 나는 나 자신에게 "전기란 무엇이지?"하고 물었지만 답을 찾지는 못했다. 그 이후 80년이 지난 아직도 나는 같은 질문을 하지만 그에 대한 답을 할 수가 없다. 너무나 많이 있는 가짜-과학자 중 누군가가 자신이 할 수 있다고 너에게 말한다면 그를 믿지 마라. 만일 그들 중 어느 누구라도 그것이 무엇인지 안다면, 나 또한 알고 있을 것이다, 그리고 내 행운은 그들 중의 어느 누구보다도 낫다, 나의 실험실 연구와 실제 경험은 보다 광범위하고 내 인생이 지난 세 세대의 과학 연구를 망라하고 있기 때문이다.

테슬라가 오래 동안 생각해온 그 의문은 놀랍게도 1951년에 아인슈타인이 품은 의문과 비슷하다, 그도 '빛의 양자'에 관한 50년에 걸친 생각을 돌아보고, 자신이 아직도 그것이 무엇인지 모른다는 것을 깨달았던 것이다. 그는 한 친구에게 보낸 편지에서, 스스로 안다고 생각한 사람들은 자신들을 속이고 있다고 썼다.[8] 아인슈타인이 논문을 쓴 빛의 양자는 오늘날 우리가 광양자photon로 알고 있는 것으로, 빛의 이산적인 입자들이다. 우리가 앞에서 보았듯이, 아인슈타인은 광전효과에 관한 그의 1905년 설명에서 광양자의 개념을 도입했고, 그것으로 그는 1921년 노벨 물리학상을 수상했다.

아인슈타인과 테슬라의 언명들은 물리 철학에 관한 한 가지 중요한 점을 강조한다. 즉 물리학은 물체들이 *어떻게* 작동하는지를 수식과 관찰을 통해 설명하는 데에 아주 좋을 수 있다, 그러나 반드시 *왜* 물체들이 그런 식으로 작동하는지에 대해서 말해 주는 것은 아니다. 테슬라와 아인슈타인 두 사람들은 그들의 연구에서 자신들이 이해의 근처조차 가지 못한 깊은 의문이 있다는 사실을 인정했다.

아인슈타인은 동물을 좋아했고, 그에게는 한 때 타이거Tiger라는 이름의 고양이가 있었다. 그 고양이는 비가 내리면 의기소침해졌다. 아인슈타인은 고양이에게 이렇게 말했다고 한다, "무엇이 문제인지 나는 알고 있다, 소중한 친구여, 그러나 나는 그것을 어떻게 멈추게 하는지 모른다." 1924년 아인슈타인은 친구들에게 편지를 썼다, 아마도 같은 고양이에 관한 이야기였을 것이다. "나는 또한 이번 한번만은 나의 은신처로부터 자네들한테 직접 안부를 보내고 싶다네. 여기는 아주 좋아서 나는 거의 나 자신에게 샘을 낼 정도라네. 나는 혼자 한 층 전체를 사용하고 있네. 여기에는 때때로 오는 거대한 수고양이 한 마리와 나 이외에는 아무도 없다네. 고양이는 또한 내 방에서 주로 냄새를 맡고 있는데, 내가 그 방면에서는 그와 경쟁해 보았자 이길 수 없기 때문이지."[9]

아인슈타인은 특별한 종류의 고양이에게 아주 강력하게 매혹되었다, 결코 존재하지는 않았지만 물리학의 모든 이들에게 가장 유명한 고양이를 말한다. 바로 슈뢰딩거의 고양이다. 이 이상한 동물은 이론 양자 물리학이 가진 외관상의 불합리한 의미를 강조하기 위해서 오스트리아 물리학자 슈뢰딩거 Erwin Schrödinger (1887-1961)가 도입하였다. 양자 물리학은 슈뢰딩거가 큰 역할을 하여 발전한 이론이다.

만일 양자 물리학 전부를 몇 마디로 요약해야한다면, 우리는 존재하는 것은 모두 파동적인 본성과 입자적인 본성 모두를 동시에 갖는다고 선언하는 이론이라고 말할 것이다. 이것은, 이전에 우리가 보았듯이, 파동-입자의 이중성 wave-particle duality 라고 불린다. 1905년에 아인슈타인은, 1800년대 초 이래로 파동이라고 생각되어온 빛이, 입자들의 흐름으로도 거동한다는 사실을 합리적으로 주장했다. 1924년 프랑스 물리학자 드 브로이 Louis de Broglie 는 아인슈타인의 의견에서 힌트를 얻어, 그 역이 물질에 대해서 성립한다고 제안했다, 즉 모든 원자들과 전자와 같은 모든 기본입자들이 파동과 같은 성질을 갖는다는 것이었다. 드 브로이의 이 가설은 몇 년이 지나지 않아 실험으로 확인되어, 양자 물리학의 시대를 예고하는 계기가 되었다. 1926년 슈뢰딩거는 한 수식을 만들었다. 바로 *슈뢰딩거 방정식Schrödinger equation*으로서, 물질의 파동적인 성질이 시간과 공간에서 어떻게 진화하는지를 묘사한다. 그의 연구를 발표하는데 필요한 보증 서명은 아인슈타인이 했다.

그런데 큰 문제가 하나 있었다. 모두가 물질이 파동처럼 행동한다는데에는 동의했다, 그러나 아무도 정확하게 무엇이 출렁이는지는 말할 수 없었다. 우리가 물의 파동을 말한다면, 아래위로 움직이는 물 자체의 운동을 말한다. 우리가 음파를 말할 때는, 진동하면서 음원으로부터 청취자에게로 소리를 운반하는 것이 공기 분자들임을 안다. 빛에 대해서는, 맥스웰이 전기장과 자기장이 '흔들리기'를 한다는 것을 알아냈다. 그러나 어느 누구도 물질의 파동에 대해서는 어떻게 생각을 해야 할지 정확하게 확신을 하지 못했다. 테슬라와 아인슈타인이 각각 전기와 광양자에 대해 이야기했을 때처럼, 현상을 묘사하는 것과 해석하는 것은 서로 다른 이야기였다.

그 의문이 덴마크 물리학자 보어Niles Bohr와 독일 물리학자 하이젠베르크Werner Heisenberg를 사로잡았다. 하이젠베르크는 코펜하겐의 한 연구소에서 보어 밑에서 연구했다. 그들은 함께 기존의 모든 양자 물리학의 지식을 오늘날 양자 물리학의 *코펜하겐 해석Copenhagen interpretation*이라고 알려진 한 일관성 있는 체계로 결집시켰다. 간단히 말해, 전자 등 입자의 물질파는 물리적인 파동이 아니라 입자가 어떤 특별한 시간에 특별한 장소에 나타날 확률과 연관된다는 것이다. 큰 파동은 입자가 나타날 높은 확률을, 작은 파동은 낮은 확률을 나타낸다.

그러나 우리가 양자적 입자의 위치를 측정하더라도, 결코 퍼져 있는 파동을 볼 수는 없고 공간의 한 점에 한정되어 있는 입자만을 보게 된다. 코펜하겐 해석의 핵심 요소는 *파동함수 붕괴wave function collapse*의 아이디어다. 누군가 입자의 위치를 측정하려 들면, 입자의 파동은 입자의 위치를 나타내는 한 장소로 '붕괴'한다. 이는 양자적 입자의 측정은 그 입자의 거동을 극적으로 변화시킨다는 것을 함축적으로 말하고 있다. 더구나 코펜하겐 해석은 양자적 입자는 측정되기 이전에는 한 장소 혹은 다른 곳에 확정적으로 존재하지 않는다는 것을 시사한다. 입자는 측정할 때에만, 어떤 신비한 방법으로, 자신이 정확히 어디에 있고 싶어 하는지를 스스로 '결정한다.'

만일 이 해석이 불만스럽게 느껴진다면, 당신은 코펜하겐 해석이 터무니없는 결과로 이어질 수 있다는 슈뢰딩거와 한 편이 된다. 그는 고양이와 같은 살아있는 생물의 존재 자체가 원자와 같은 단 한 개의 양자적 입자에 종속하게 하는 것이 가능함을 알았다. 그는 1935년에 "사람들은 아주 우스꽝스러운 사례들도 만들어 낼 수 있다"고 하면서 한 예를 제시했다.

고양이 한 마리가 다음과 같은 사악한 장치(고양이가 직접적인 방해를 하지 못하도록 확실히 보장되어 있는)와 함께 강철 방에 가두어져 있다. 그 장치에는 아주 적은 방사성 물질이, 그 양이 아주 적어서 어쩌면 한 시간 안에 원자들 중 하나가 붕괴하거나 같은 확률로 하나도 [붕괴]하지 않을 정도인, 들어 있는 가이거 계수기Geiger counter가 포함되어 있다. 만일 붕괴가 일어난다면 계수기 관은 방전하고 릴레이를 통해 망치가 떨어지면서 시안화수소수(청산)가 든 작은 플라스크를 부순다. 만일 이 전체 시스템을 한 시간 방치해 두고 그동안 아무 원자도 붕괴하지 않았다면, 사람들은 고양이가 아직도 살아있다고 말할 것이다. 그러나 첫 번째로 일어난 원자 붕괴가 고양이를 중독사시킬 것이다. 계 전체의 [파동함수]는 살아있는 고양이와 죽은 고양이(표현을 용서하기를)가 같은 양만큼 혼합된 혹은

Figure 13.2
개박하_catnip_를 사용한 슈뢰딩거의 실험. 죽은 고양이를 상상하는 것을 피하기 위해 나는 개박하에 취한 고양이와 취하지 않은 고양이를 동시에 상상한다, 그 상태는 방사성 원자의 거동에 의해 결정된다. 그림 새라 애디.

얼룩진 상태로서 표현될 것이다.[10]

이 실험 구성이 약간 다르게 수정된 형태로 Figure 13.2에 도시되어 있다.

슈뢰딩거는, 본질적으로, 코펜하겐 해석을 따른 양자 세계는 우리가 일상적으로 경험하는 세상과는 근본적으로 다르다고 말했다. 우리가 동전을 던진 다음 그것을 보지 않은 채 손으로 덮으면, 우리는 그것이 이미 앞면 혹은 뒷면 중의 어느 하나라는 것을 안다. 그러나 코펜하겐 해석에 따르면 동전은 우리가 실제로 그것을 관찰하기 전까지는 앞과 뒤의 파동적인 상태에 있을 것이다. 그러나 이는 또 하나의 문제를 일으킨다, 즉 무엇이 파동함수가 붕괴하도록 만드는가, 달리 말해 누가 관찰을 하는가? 실험실에서 파동함수의 붕괴는 실험 도구로 실험 결과를 읽는 인간 과학자에 의해서 일어난다, 그러나 이는 철학적으로 인간이 우주에서 특별한 역할을 한다는 결과를 낳는다. 이 생각은 여러 세기동안 과학이 엄격히 거리를 두어 왔던 것이다.

아인슈타인은 슈뢰딩거의 비판을 인정했다. 1950년의 한 편지에서 그는 이렇게 썼다.

> 우리 시대에 실재의 전제를 피할 수 없다는 것을 아는 물리학자는 라우에 Laue를 제외하고는 당신이 유일합니다, 만일 사람들이 정직하다면 말입니다. 그들 대부분은 자신들이 실재와 어떤 종류의 위험한 게임을 하고 있는지 정말 알지 못합니다, 실험적으로 확립된 것과는 관련이 없는 어떤 것으로서의 실재를 말합니다… 그러나 이 해석은 방사성 원자 + 가이거 계수기 + 증폭기 + 한 발 분의 화약 + 상자 속의 고양이로 구성된 당신의 시스템에 의해서 가장 우아하게 논박됩니다, [파동함수]가 살아있기도 하고 조각나 날아가 버렸기도 한 고양이 둘 모두를 포함하고 있는 그 시스템 말입니다… 실제로 어느 누구도 고양이의 존재 혹은 부재가 관찰 행위에 무관하다는 것을 의심하지 않습니다.[11]

아인슈타인은 고양이의 죽음을 위해 독가스보다는 발포를 선호했다. 슈뢰딩거가 왜 독극물 중독 실험에 고양이를 선택했는지는 상상만 해 볼 수 있을 뿐이다. 그가 애완동물을 가졌기는 하지만 고양이는 아니었다. 그에게는 2차 대전 동안 어려운 시간을 같이 한 동반자였고 위안의 원천이었던 버쉬 Burshie (젊은이)라는 이름의 콜리 종 개 한 마리가 있었다.

철학적인 제약에도 불구하고, 양자 물리학의 코펜하겐 해석은 요즘도 강의되고 있으며 양자 세계에서 무엇이 일어나고 있는지에 대한 현실적인 모형으로 아직도 사용되고 있다. 이에 대해서는 두 가지의 간단한 이유가 있다. 먼저, 그것은 현재까지 모든 양자 실험실의 실험을 해석하고 설명하는데 충분할 정도로 잘 맞는다. 그것에 대한 반대들은 주로 철학적인 관점에서다. 비록 이 철학도 아주 중요하지만, 양자 세계의 실험적 연구를 지연시키지는 못하고 있다. 두 번째로, 80년이 지났지만 어느 누구도 그것을 다른 무엇으로 대체할지 전적으로 확신하지 못한다. 평행 우주들parallel universes의 무한 집합과 관련된 인기 있는 한 이론이 처음에는 양자 역학의 다세상 이론many worlds theory of quantum mechanics으로 불렸는데, 이 해석을 따르자면, 슈뢰딩거의 고양이는 한 우주에서는 살아 있고 다른 우주에는 죽어 있다, 그리고 양자 역학의 파동적 성질은 우주들 사이의 어떤 상호작용 같은 것을 나타낸다. 그러한 평행 우주들이 존재하는지 시험하는 방법은 아직 알려지지 않았다, 그러나 많은 물리학자들에게 다세상 이론은 양자 물리학의 기묘함을 다룰 때 선호하는 수단이 되었다.

고양이들이 우리의 우주에 대한 해석에 문제점을 암시했을 수도 있지만, 그들은 또한 한 천문학자를 도와서 우주에 대한 우리의 이해를 넓혀 주기도 했다, 적어도 심리적으로는 말이다. 20세기 이전에는, 일반적으로 우리 태양계가 놓여 있는 우리 은하가 우주의 전부라고 생각되었다. 기존의 망원경으로 관측할 수 있었던 성운은 우리 은하의 내부나 바로 바깥에 숨어 있는 가스의 구름이라고 생각되었다. 그러한 때인 1919년에, 1차 세계대전에서 돌아온 캠브리지 대학교의 1학년생인 미국 천문학자 허블Edwin Hubble (1889-1953)은 캘리포니아의 패서디나Pasadena 부근의 윌슨산 천문대Mount Wilson Observatory에서 직원 자리를 제의받았다. 허블은, 그곳에 새로이 완성된, 당시로서는 세계 최대의 망원경인 후커 망원경Hooker telescope 을 사용하여 성운들을 광범위하게 관측한 끝에, 그들이 우리 은하의 일부라고 생각하기에는 너무 멀리 있음을 입증하는데 성공했다. 사실, 구분이 잘 되지 않는 흐릿한 그것들은 우리 은하로부터 엄청나게 먼 다른 은하들이었다.

허블의 발견은 1924년 11월 23일 뉴욕 타임즈 지를 통해 세계로 알려졌다.[12] 이 발표가 우주가 이전의 상상보다 측정할 수 없을 정도로 크다는 것을 전 세계가 알게 된 순간을 나타냈다. 기사의 한 발췌문이 그 장엄한 이야기에 대한 약간의 암시를 준다.

하늘에 소용돌이치는 구름으로 나타나는 나선 성운들이 실제로 먼 별의 시스템들 혹은 '섬 우주들island universes'이라는 관점을 카네기 연구소Carnegie Institution 의 윌슨산 천문대의 에드윈 허블 박사가 천문대의 강력한 망원경으로 수행된 연구 조사를 통해 확인했다.

천문대의 관계자들은 나선 성운들의 수가 아주 많아 수만에 상당하고, 그들의 겉보기 크기는 특성이 거의 별과 같은 작은 천체로부터, 3도의 각으로 하늘을 가로질러 펼쳐져 보름달 지름의 약 6배나 되는 안드로메다자리Andromeda 에 있는 거대 성운의 범위까지 있다고 연구소에 보고했다.

당시 단어 은하는 사용되지 않았고 대신에 '섬 우주'가 사용되었다, 우리 은하가 우주의 전부라고 생각되었던 것이다. 요즘 천문학자들은 관측 가능한 우주에 대략 2조 개의 은하들이 있다고 추산한다.

천문학에 대한 허블의 주요 기여는 이 기념비적이고 획기적인 사건만이 아니었다. 1929년 조심스러운 관측을 통해, 그는 먼 은하들이 우리 은하

Figure 13.3

1953년 3월의 에드윈 허블과 코페르니쿠스. 캘리포니아 산마리노San Marino의 헌팅턴 도서관Huntington Library에 있는 과학 수집품을 위한 카네기 연구소 천문대의 호의에 의한 사진.

로부터 후퇴하고 있으며, 그 속력이 우리로부터 그들까지의 거리에 비례한다는 것을 알게 되었다. 허블의 법칙Hubble's law으로 알려진 이 법칙은 이제 우주에서 거리를 측정하는 한 핵심적인 도구이다.

허블은 여생을 윌슨산 천문대에서 일하며 보냈다. 오랫동안 밤늦도록 별을 쳐다보는 천문학적 관측은 고독한 직업일 수 있다. 허블과 그의 아내 그레이스Grace는 1946년 한 동료를 발견했다. 그것은 검은 털이 많은 새끼 고양이로, 에드윈은 그 고양이의 이름을, 1543년 최초로 그리고 올바르게 지구가 아니라 태양을 태양계의 중심에 두었던 폴란드 천문학자의 이름을 따서, 니콜라스 코페르니쿠스Nicolas Copernicus라고 지었다.

코페르니쿠스는 허블 가족의 사랑받는 한 일원이 되었다. 에드윈은 그를 위해 고양이 출입문을 하나 만들었다. "모든 고양이들이 [그런 것을] 가져야 한다, 그것은 그들의 자존심을 위해 필요하다."[13] 또한 코페르니쿠스가 가지고 놀도록, 그가 좋아했던 장난감 담배 파이프 소제 용구들이 집 여기저기에 놓여 있었다.

코페르니쿠스는 종종 에드윈의 일을 '도왔다'고 그레이스가 그녀의 일기에 썼다. "E가 그의 서재에 있는 그의 큰 책상에서 일할 때, 니콜라스는 최대한 많은 페이지를 덮으면서 근엄하게 큰대자로 드러누웠다. '그는 나를 돕고 있어.'라고 E가 설명했다. 그가 E의 무릎에 앉아 있을 때는, 그는 특히 느리고 사자처럼 가르랑거렸다... '오빠의 고양이가 가르랑 거리고 있나요?' 내가 물으면 E는 그의 책으로부터 고개를 들어 쳐다보면서, 웃으면서, 그의 머리를 끄떡였다."[14] 에드윈은 1949년 한 차례 심장마비를 겪었다. 1953년에 그가 뇌 혈전으로 숨을 거둘 때, 코페르니쿠스는 침대에 누운 그의 곁에 있었다. 그 후 그는 그의 주인이 집으로 돌아오도록 몇 달을 창가에서 기다렸다.

코페르니쿠스는 허블의 연구 동반자이자 좋은 친구였었는지 모른다, 그러나 그는 미시건 주립 대학교의 헤더링턴Jack H. Hetherington의 샴Siam 고양이 체스터Chester 만큼이나 과학 연구에 개입하지는 않았다.

1975년 헤더링턴은 한 편의 논문을 써서 권위 있는 저널 *피지컬 리뷰 레터Physical Review Letters* (PRL)에 단독 저자로서 제출하려던 참이었다. 제출 전, 그는 초벌 원고를 한 동료에게 넘겨주며 마지막으로 혹시나 실수가 있는지 확인하게 했다. 불행하게도, 그 동료는 헤더링턴이 자신을 "우리"로 썼지만, PRL은 보통 단독 저자 논문의 경우 "나"로 쓰도록 요구한다는 것을 지적했다. 1975년에는 수정 작업 자체가 타자기로 전체 원고를 다시 타이핑해야 하는 성가신 일거리였다. 그래서 헤더링턴은 그의 고양이를 공저자로 추가했다.

헤더링턴의 친구들과 동료들이 그의 고양이 체스터의 이름을 알고 있었으므로, 헤더링턴은 이름을 늘려서 F. D. C. Willard로 했다. 'F. D.'는 종명인 *Felix domesticus*를 말하고, 'C'는 물론 'Chester'이다. 윌라드Willard는 체스터의 아버지였다.

논문은 받아들여져 저널의 1975년 11월 24일 호에 게재되었다. 헤더링턴은 공동 저자의 정체를 오랫동안 비밀로 유지하지는 않았다. 논문이 게재된 하루 뒤에, 그는 학과장에게 잔머리 쓴 것에 관해 메시지를 보냈고, 학과장 우드루프Truman Woodruff는 답장에서, 윌라드를 객원 저명 교수로 만들 것을 제안했다.

친애하는 잭에게

당신의 11월 25일 자의 소중한 편지에 대해서입니다. 만일 당신이 나에게 알려주지 않았더라면 내가 무분별하게 F. D. C. Willard와 같은 저명한 물리학자와 연락해 보겠다고 생각하지 못했을 것임을 바로 인정합니다, 어쨌든 1969년 루스-앤더슨 조사Roose-Anderson study에서 상위 30위

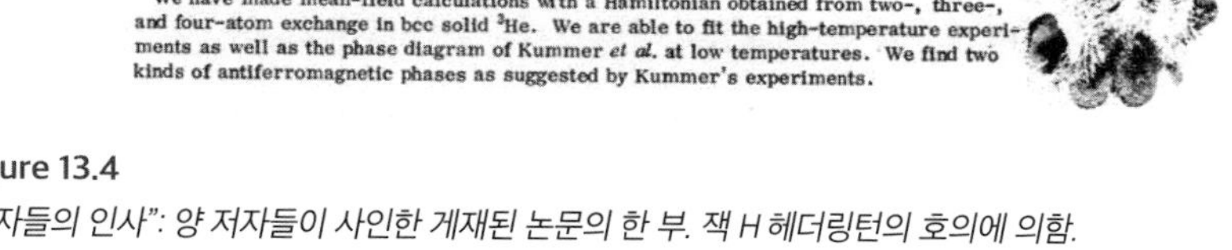

Compliments of the authors
J. H. Hetherington 24 NOVEMBER 1975

VOLUME 35, NUMBER 21   PHYSICAL REVIEW LETTERS

Two-, Three-, and Four-Atom Exchange Effects in bcc ^{3}He

J. H. Hetherington and F. D. C. Willard
Physics Department, Michigan State University, East Lansing, Michigan 48824
(Received 22 September 1975)

We have made mean-field calculations with a Hamiltonian obtained from two-, three-, and four-atom exchange in bcc solid ^{3}He. We are able to fit the high-temperature experiments as well as the phase diagram of Kummer *et al.* at low temperatures. We find two kinds of antiferromagnetic phases as suggested by Kummer's experiments.

Figure 13.4
"저자들의 인사": 양 저자들이 사인한 게재된 논문의 한 부. 잭 H 헤더링턴의 호의에 의함.

이내로 평가조차 받지 못한 우리 학과와 같은 학과에 합류하는 일에 그가 관심을 갖게 할 목적으로 말이지요. 분명, 윌라드는 보다 저명한 학과와의 연결을 갈망할 자격이 있습니다.

그러나 황송하게도, 우리가 제공하는 소박한 제의를 그가 호의로 여기실 수도 있다는 당신의 예상에 힘을 얻어, 나는 그의 친구이자 공동 연구자인 당신에게 간청하노니, 가장 적절한 시간(이를 테면, 브랜디와 시거가 돌려지는 어떤 저녁)에 그에게 그 여쭈어(내가 더 이상 더할 필요가 없도록 모든 가능한 배려와 함께) 주시기 바랍니다. 정말로 윌라드를 설득하여 우리와 합류하게 할 수 있다면, 단지 객원 저명 교수로서 만이라도, 당신은 그 온 세상의 환호성을 상상할 수 있을까요?[15]

이 소문은 물리학계에 빠르게 퍼져나갔다. 헤더링턴은 1977년의 한 편지에서 이렇게 썼다. "그 후 곧 MSU 방문자 한 사람이 나와 대화를 요청했다, 그런데 내가 시간을 낼 수 없게 되자 윌라드와의 대화를 요청했다. 모두가 웃었고, 곧 그 고양이가 가방에서 나왔다."[16] 헤더링턴은 나중에 가까운 친구들과 동료들에게 양 저자들이 사인한 발표된 논문 몇 부를 돌렸다. 이 사인과 그가 실제로는 고양이라는 것이 드러나는 바람에 윌라드는 적어도 한 과학 컨퍼런스에는 초청을 받지 못했던 것 같다. 헤더링턴 자신은 이렇게 덧붙였다. "나 자신마저도 그 컨퍼런스에 초청을 받지 못한 일은 중요할 수도 있고 그렇지 않을 수도 있다."[17]

어떤 사람들은 분명히 다른 이들보다 그 사건에 더 즐거워했다. 잭 헤더링턴의 아내 마지Marge는 자신이 논문의 양 저자들과, 때로는 동시에, 잤다고 말할 수 있는 것을 개인적인 자랑 거리로 여긴다.

이어서 윌라드 F. D. C. Willard 는 "고체 헬륨-3: 반강자성 핵 L'hélium 3 solide: un antiferromagnétique nucléaire"이라는 논문의 단독 저자가 되기까지 했다. 이 논문은 1980년 9월에 프랑스의 인기 있는 과학 잡지 *라 르세르쉬* La Recherche 에 게재되었다. 분명 그 논문의 인간 공동 저자들은 자신들의 원고의 일부 세세한 점들에 관해서는 동의를 할 수 없었다, 그래서 그들은 모든 비난과 책임을 그들의 고양이 동료에게 넘겼던 것이다.

헤더링턴은 30년 후 미시건 주립 대학교에서 은퇴하였으나 계속 활동 중이다. 지금 그는 그의 시간을 나누어 미시건과 프랑스에서 공업 회사를 위해 일을 할뿐만 아니라 수학적 함수를 미술적으로 표현하는 가능성을 탐색하고 있다.[18]

*피지컬 리뷰 레터*를 발행하는 미국 물리 학회 American Physical Society (APS)는 그 사건에 대한 유머 감각이 있었다. 2014년 4월 1일 그 저널은 웹사이트에 미래의 고양이 연구자들을 대상으로 한 새로운 '공개 액세스 계획'을 발표했다.

APS는 보다 넓은 저자들의 집단에 공개 액세스의 혜택을 더욱 확대하도록 설계된 새로운 공개 액세스 계획을 발표하게 됨을 자랑스럽게 생각한다. 오늘 발효하는 새 정책은 고양이들이 저자인 모든 논문들을 무료로 열람하게 한다. 이 편견 없는 갱신은 공개 액세스와 애완동물의 발표 모두에서 APS의 주도적 임무의 자연스러운 확장이다. 일찍이 1975년부터, APS는 고양이 저자들의 논문들을 게재하기 시작했다, 가장 주목할 만한 것은 F. D. C. Willard라고 하는 고양이의 기여[J. H. Hetherington and F. D. C. Willard, Two-, Three-, and Four-Atom Exchange Effects in bcc

Figure 13.5
F. D. C 윌라드의 실제 모습.
잭 H 헤더링턴의 호의에 의함.

3He, Phys. Rev. Lett. 35, 1442(1975)]다. 앞으로는 단독 저자 논문들만 고려할 것이다. APS는 가까운 미래에 개 저자들의 게재를 허용하는 일에 대한 평가를 희망한다. 슈뢰딩거 이후로 물리학에서 고양이를 위한 이와 같은 기회는 없었다.

윌라드F. D. C. Willard는 세계에서 가장 권위 있는 물리학 저널에 발표를 할 수 있었지만, 결코 학위를 받지는 못했다. 그러나 다른 고양이들은 학계에 중요한 봉사를 하면서 이 일에서도 성공을 거두었다.

2001년 경 카츠Zoe D. Katze는 최면 요법의 시술을 인정받아 카츠 박사가 되었다, 카츠는 심리학자 아이클Steven Eichel의 고양이 동료였다. 그는 카츠를 위해 미국 최면 요법 연합을 통해 원격으로 면허를 받아냈다. 이 일의 목적은 가능한 가장 극적이고 황당한 방법으로, 어떻게 하면 쉽게 환자와 일할 면허를 받을 수 있는지를 보여주는 것이었다. 또 다른 공인된 고양이는 헨리에타Henrietta로, 과학 기자 골드에이크Ben Goldacre의 고양이 동료다. 헨리에타는 2004년 미국 영양 자문인 협회로부터 학위를 받았다, 그 업적의 인정은 특히 인상적이었다, 왜냐하면 그 고양이는 1년 전에 죽었기 때문이다. 그러한 조사들은(많은 다른 것들이 있다) 적당한 가격에 누구에게나 학위를 수여하는 떳떳하지 못한 '졸업 증서 제작소'를 강조하기 위해 이용되어 왔다.*

고양이가 정말 물리학의 학위를 받을 수 있을 것인가? 최근의 연구가 암시하는 바로는, 우리가 생각한 것 이상으로 그들은 물리학을 많이 알고 있다. 2016년 교토 대학교의 연구자들은 고양이들이 얼마나 인과관계를 잘 이해하는가에 대한 한 연구를 맡았다. 인과관계란 원인과 결과 사이의 관계를 말한다.[19] 그 연구를 위해 그들은 한 개의 깡통을 제작했다. 그 속에는 전자석 1개와 내부에서 달그락 소리를 낼 수 있는 3개의 금속 공들이 있었다. 자석이 활성화되면, 공들은 제자리에 고정되고 깡통을 흔들어도 달그락거리지 않았고 깡통이 뒤집혀도 밖으로 떨어져 나오지 않았다. 자석을 끄면, 공들은 요란하게 달그락거렸고 밖으로 떨어져 나올 수 있었다.

실험의 목적은 고양이들이 달그락거리는 소리를 공들이 깡통으로부터 떨어질 것이라는 기대감과 연관시키는지를 시험하는 것이었다. 자석은 4가지 시나리오가 일어나도록 했다. 연구자들은 자석을 끄고서 '조화적인 조건들', 즉 채워진 깡통이 달그락거리고 공들이 밖으로 떨어져 나오거나, 혹은 빈 깡통이 달그락거리지 않고 공도 나오지 않는 것으로 고양이들을 시험할 수 있었다. 또한 자석을 켠 채 절반의 경우에, 그들은 '부조화 조건들', 즉 채워진 깡통이 달그락거리지만 공이 떨어지지 않거나, 혹은 채워진 깡통이 달

---

* 골드에이크는 영국의 텔레비전 사회자이자, 영양사, 및 작가인 맥키스Gillian McKeith의 학위를 의심하고 학위를 발행한 같은 협회에 60달러를 내고 자신의 죽은 고양이의 이름으로 학위를 받을 수 있음을 보여주었다.

Figure 13.6
나의 대 고양이 가족의 일원인 소피Sophie가 끈이론string theory 책을 응시하고 있다.

그락거리지 않지만 공은 떨어져 나오는 것으로 고양이들을 시험했다.

　　조화 조건과 비조화 조건에 대한 고양이들의 반응을 측정하기 위해, 연구자들은 8마리의 집고양이와 고양이 카페에서 데려온 22마리, 총 30마리의 길들인 고양이들을 촬영했다. 고양이들은 각 사건 이후에 원하는 데로 깡통을 조사하도록 두었다. 만일 시범이 정상적인 기대에 부조화적이었다면 고양이들은 더 오랜 시간 동안에 깡통 속을 들여다보는 것으로 판명되었다. 즉 만일 깡통이 달그락거렸지만 공이 떨어져 나오지 않거나, 깡통이 달그락거리지 않았지만 공들이 떨어졌다면, 고양이들은 무슨 일인지 더 궁금해 했다. 연구자들은 그들의 연구 결과가 "고양이들이 보이지 않는 물체의 출현을 예측하기 위해 청각 자극의 인과-논리 사고력을 사용했다"는 것을 암시한다고 해석했다. 돌이켜 보면, 이것은 놀랄 일이 아니다, 야외에서 사냥을 할 때 만일 고양이들이 어떤 부류의 소리를 숨어 있는 먹이 동물의 존재와 연결시킬 수 있다면 사냥에 성공할 확률이 높을 것이기 때문이다.

어떤 언론 매체들은 그 결과에 대해 보다 흥미진진한 기사를 내 보냈다. 스미소니안Smithsonian 지의 한 기사는 "고양이들은 귀여운 물리학자들이다"라는 머리기사로 그 연구를 다루었다.[20] Figure 13.6의 사진이 입증하듯이, 내 자신의 경험으로는, 어떤 고양이들은 이미 물리학으로 몸을 기울이고 있다.

주

1   떨어지는 고양이에게 매료된 유명 물리학자들

1   Campbell and Garnett, *The Life of James Clerk Maxwell*, p. 499. 맥스웰은 아마도 '인치'가 아니라 '피트'를 의미했을 것이다, 연구에서 2피트가 고양이가 뒤집기를 할 수 있는 최소 높이로 판명된 거리이기 때문이다. 여기서 연구란 피오렐라 갬베일 Fiorella Gambale이 수행하여 반쯤-해학적인 잡지 *Annals of Improbable Research*에 게재한 Gambale, "Does a Cat Always Land on Its Feet?"와 같은 자료를 말한다. 맥스웰의 언명은 그의 아내에게 보낸 비전문적인 자필 편지 속에 있으므로, 그는 오타를 몰랐거나 정정할 필요를 느끼지 못했을 것이다. 그의 아내는, 사실, 숙련된 과학자였고 일부 실험 연구에서 남편을 도왔다.

2   Stokes, *Memoir and Scientific Correspondence*, p. 32.

3   G. R. Tomson, *Concerning Cats*. 에 있는 "To My Cat"에서 발췌함.

2   떨어지는 고양이의 (풀린?) 수수께끼

1   Ross, *The book of cats*.

2   이곳의 전기 자료는 대부분 Woods, "Stables, William Gordon"에서 가져온 것이다.

3   Stables, *Cats*, p. 391.

4   Stables, *From Ploughshare to Pulpis*, pp. 126-127.

5   Battelle, *Premières Leçons d'histoire naturelle*, p. 48. 나의 번역.

6   Defieu, *Manuel Physique*, pp. 69-70. 나의 번역.

7   Quitard, *Dictionnaire Étymologique, Historique et Anecdotique des Proverbes*, p. 211. 나의 번역.

8   Errard, *La Fortification Démonstrée et Réduicte en Art*.

9   Hutton, *A Mathematical and Philosophical Dictionary*, vol. 2, pp. 200-201; "Éloge de M. Parent".

10   Parent, "Sur les corps qui nagent dans des liqueurs".

11   나는 스카이다이빙 유경험자로서 개인적으로 이것을 알고 있다.

12   Grayking, *Decartes*, p. 160에서 묘사된 것이다. 이 전설이 얼마나 오래된 것인지는 불분명하다, 그리고 그것이 사실인지는 더욱 더 그렇다.

13   Bossewell and Legh, *Workes of Armorie*, p. F 0.56.

14   Garnett, *The Women of Turkey and their Folk-Lore*, pp. 516-517.

15   Chittock, *Cats of Cairo*.

16   Stables, *Cats*, pp. 3-6.

③ 운동 중의 말

1   Lankester, "The Problem of the Galloping Horse".

2   Renner, *Pinhole Photography*, p. 4.

3   '과학'과 '자연 철학'이 학문 분야들로 인정되기 이전에, 자연 현상과 관련된 범상한 묘기들은 '자연의 마술'이라고 생각했다.

4   *Dictionnaire Technologique*, p. 391. 나의 번역.

5   Potonniée, *The History of the Discovery of Photography*, pp. 47-48.

6   Potonniée, *The History of the Discovery of Photography*, pp. 97-99.

7   Potonniée, *The History of the Discovery of Photography*, pp. 114-115(인용문, p.114).

8   Potonniée, *The History of the Discovery of Photography*, pp. 160-161.

9   탤벗의 아내, 콘스탄스 폭스 탤벗Constance Fox Talbot은 다게르의 아내가 다게르를 지원한 것보다 자신의 남편을 더 많이 지원했다. 콘스탄스는 최초로 사진을 찍은 여성으로 인정된다, 그녀는 1839년 사진술을 잠깐 시험했었다. 탤벗은 또한 애나 앳킨스Ana Atkins(1799-1871)에게 사진술을 가르쳤다, 그녀는 1843년 사진들이 담긴 첫 번째 책인 *Photographs of British Algae: Cyanotype Impressions*을 출간했다.

10   Gihon, "Instantaneous Photography".

11   마이브리지와 그의 활동에 대한 인기 있는 전기는 Rebecca Solnit의 *River of Shadows*이다.

12   Helios, "A New Sky Shade".

13   Solnit, *River of Shadows*, p. 80; 강조 표시는 내가 함.

14   "A Horse's Motion Scientifically Determined".

15   Lankester, "The Problem of the Galloping Horse".

16   Personal and Political, *Philadelphia Inquirer*, August 6, 1881.

17   Marey, "Sur les allures du cheval reproduites", p. 74.

④ 사진 속의 고양이

1   마레에 관한 많은 정보는 마르타 브라우스Marta Braus의 한정적인 전기, *Picturing Time*에서 가져온 것이다. 인용문은 p. 2를 보라.

2   Toulouse, "Nécrologie-Marey". 나의 번역.

3   Nadar, "Le nouveau president". 야나 슬로운 반 기스트Jana Sloan van Geest의 번역.

4   Marey, *Animal Mechanism*, p. 8.

5   Muybridge, "Photographies instanées des animaux en mouvement". 나의 번역.

6   이것은 Paris의 *Le Globe* 지의 기사를 번역하여, 1881년 11월 16일의 *Daily Alta California* 지에 실은 것이다.

7   이 일화는 널리 알려졌었다, 그러나 나는 그 충분한 가능성에도 불구하고 확실한 출처를 찾아내지는 못했다.

8   Marey, "Des mouvements que certains animaux".

9   "Why Cats Always Land on Their Feet".

⑤ 빙글빙글 돌기

1   자세한 역사는 Coopersmith, *Energy, the Subtle Concept*에서 찾아볼 수 있다.

2   "Perpetual Motion".

3   Newton, *The Mathematical Principle of Natural Philosophy*.

4   Rankine, *Manual of Applied Mechanics*.

5   "Par-ci, par-là", p. 706. 야나 슬로운 반 기스트의 번역.

6   Anderson, "Analyzing Motion", p. 490.

7   Delaunay, *Traité de Méchanique Rationnelle*, p. 450. 나의 번역.

8   Tait, "Clerk-Maxwell's Scientific Work".

9   *The Nation*, November 29, 1894, pp. 409-410.

10   Guyou, "Note relative à la communication de M. Marey".

11   Lévy, "Observations sur le principe des aires"; Deprez, "Sur un appareil servant à mettre en évidence certaines conséquences du théorème des aires".

12   "Photographs of Tumbling Cat", *Nature*, 1849, pp. 80–81.

13   Routh, *Dynamics of a System of Rigid Bodies*, p. 237.

14   Lecornu, "Sur une application du principe des aires".

15   W. Wright, *Flying*.

16   "Meissonier and Muybridge", *Sacramento Daily Union*, December 28, 1881.

❻ 고양이가 세상을 흔들다

1   Peano, "Il principio delle aree e la storia d'un gatto".

2   Fredrickson, "The Tail-Less Cat in Free-Fall".

3   이 장에서 사용한 페아노에 관한 많은 정보들은 케네디H. C. Kennedy의 *Peano: Life and Works of Giuseppe Peano*에서 얻은 것이다.

4   Peano, "Sur une courbe".

5   챈들러의 발견과 그의 영향에 관한 논의는 Carter and Carter, "Seth Carlo Chandler Jr."에서 찾아볼 수 있다.

6   Chandler, "On the Variation of Latitude, Ⅰ"; Chandler, "On the Variation of Latitude, Ⅱ".

7   "Notes on Some Points Connected with the Progress of Astronomy during the Past Year". 미팅에서의 Simon Newcomb의 반응에 대해서는 Newcomb, "On the Dynamics of the Earth's Rotation"을 보라.

8   Peano, "Sopra la spostamento del polo sulla terra". 나의 번역.

9   Volterra, "Sulla teoria dei moti del polo terrestre".

10   전기 정보는 E. T. Whittaker가 쓴 Volterra의 부고에서 가져옴; Whittaker, "Vito Volterra"를 보라.

11   Volterra, "Sulla teoria dei moviementi del polo terrestre".

12   "Adunanza del 5 maggio 1895"; Volterra, "Sui moti periodici del polo terrestre".

13   Volterra, "Sulla teoria dei moti del polo nella ipotesi plasticità terrestre"; Volterra, "Osservazioni sulla mia Nota".

14   Peano, "Sul moto del polo terrestre"(1895).

15   Volterra, "Sulla rotazione di un corpo in cui esistono sistemi ciclici".

16   Volterra, "Sul Moto di un sistema nel quale sussistono moti interni variabili". H. C.

케네디의 번역.

17   Peano, "Sul moto di un sistema nel quale sussistono moti interni variabili". 나의 번역. 여기서 페아노가 언급한 두 "노트들"은 "Sorpa la spostamento del polo sulla terra"와 "Sul moto del polo terrestre"이다. 아카데미에서 발표되었을 때, 그들은 같은 제목이었으나, 인쇄물로 출판되었을 때는, 새로이 다른 이름들이 주어졌다.

18   Volterra, "Il Presidente Brioschi dà communicazione della sequente lettera, ricevuta dal Corrispondente V. Volterra". H. C. 케네디의 번역.

19   Peano, "Sul moto del polo terrestre"(1896).

20   Malkin and Miller, "Chandler Wobble"; Gross, "The Excitation of the Chandler Wobble".

⑦ 고양이—바로서기 반사

1   Galileo, *Dialogue concerning the Two Chief World Systems*, pp. 186-187.

2   A. Einstein, "Excerpt from Essay by Einstein on Happiest Thought in his Life", *New York Times*, March 28, 1972.

3   나는 직접 이를 확증할 수 있다. 열기구로부터 뛰어 내리는 순간, 공기 저항이 커지기 전에, 사람은 확실히 자유낙하 중에 있고 무게가 없다.

4   Hall, "Medulla Oblongata and Medulla Spinalis".

5   Bell, "Nerves of the Orbit."

6   이를 테면, 영화 *Lethal Weapon* 1편에서 개리 부시Gary Busey의 역 '조수아 씨Mr. Joshua'를 보라.

7   여기에 주어진 많은 셰링턴의 전기 정보는 그의 부고 Liddell, "Charles Scott Sherrington"에서 가져온 것이다.

8   셰링턴의 혈통에 관한 이야기는 아직도 논란의 문제가 있다, 비록 여기에 주어진 표현이 분명 가장 널리 인정된 것이긴 하지만 말이다.

9   Sherrington, "Note on the Knee-Jerk".

10   Sherrington, "On Reciprocal Innervation of Antagonistic Muscles".

11   Sherrington, *Inhibition as a Coordinative Factor*.

12   Levine, "Sherringtons' 'The Integrative Action of the Nervous System'."

13   Weed, "Observations upon Decerebrate Rigidity".

14 Muller and Weed, "Notes on the Falling Reflex of Cats".

15 Sherrington, *The Integrative Action of the Nervous System*, p. 302.

16 마그누스에 관한 전기 정보는 그의 아들, 오토 마그누스Otto Magnus가 쓴 전기 *Rudolf Magnus-Physiologist and Pharmacologist*에서 가져온 것이다.

17 R. Magnus, "Animal Posture".

18 R. Magnus, "Wie sich die fallende Katze in der Luft umdreht". 나의 번역.

19 Rademaker and ter Braak, "Das Umdrehen der fallenden Katze in der Luft".

20 라디마커의 이력에 관한 제한적인 정보는 1957년의 베르비스트H. Verbiest가 쓴 그의 부고, "In Memoriam"에서 가져온 것이다.

21 브린들리는 1983년 라스베이거스에서 열린 비뇨기학 콘퍼런스에서 발표한 내용으로도 유명하다. 그 발표는 청중들에게 충격을 주었으나, 그럼에도 불구하고 발기 부전 치료에 한 중요한 이정표가 된 것으로 인정된다.

22 Brindley, "How Does an Animal Know the Angle?"; Brindley, "Ideal and Real Experiments to Test the Memory Hypothesis".

23 Kan et al., "Biographical Sketch, Giles Brindley, FRS".

8 우주로 간 고양이!

1 전체 비디오, *Biometrics Research*는 항공 시스템부 영화과 https://www.youtube.com/watch?v=HwRdcv8azvk에서 온라인으로 볼 수 있다. 기록 시리즈의 날짜 때문에 그것을 종종 1947년에 촬영된 것으로 잘못 이해하는 경우가 있다. 고양이들은 '무중력' 부문에 나타나며 3:00에 시작한다.

2 우주 비행의 초창기 역사에 관한 아주 좋은 논의는 애미 쉬라 타이텔Amy Shira Teitel의 *Breaking the Chains of Gravity*에서 찾아 볼 수 있다.

3 예를 들어, 2016년 3월, 미국 우주 비행사 스코트 켈리Scott Kelly는 국제 우주 기지 International Space Station에 탑승하여 우주에서 한 해를 완전히 보냈다. 그의 쌍둥이 형제는 지구에 있었으며, 그것이 우주에서 개인에게 어떤 종류의 생물학적 변화가 일어날 수 있는지 살펴볼 수 있는 희귀한 기회가 되었다.

4 Haber, "The Human Body in Space."

5 Gauer and Haber, *Man under Gravity-Free Conditions*, pp. 641-644.

6 Haber and Haber, "Possible Methods of Producing the Gravity-Free State".

7   2016년, 그룹 오케이-고OK-Go는 그들의 노래 "Upside Down & Inside Out"을 위해 비행기 안에서 이 무중력 아래 위 동작을 실행하면서 한 편의 뮤직 비디오를 찍었다. 비디오에서 당신은 비행사가 다이빙에서 빠져 나올 때 그 밴드가 그들의 무중력 익살을 잠깐 멈추는 순간을 볼 수 있다.

8   Gerathewohl, "Subjects in the Gravity-Free State."

9   Gerathewohl, "Subjects in the Gravity-Free State."

10 Ballinger, "Human Experiments in Subgravity and Prolonged Acceleration."

11 Henry et al., "Animal Studies of the Subgravity State."

12 Gazencko et al., "Harald von Beckh's Contribution."

13 Von Beckh, "Experiments with Animals and Human Subjects."

14 Gerathewohl and Stallings, "The Labyrinthine Postural Reflex."

15 Schock, "A Study of Animal Reflexes."

16 이 비행기에서의 실험은 브라운E. I. Brown의 두 논문들, "Human Performance and Behavior during Zero Gravity"와 "Research on Human Performance during Zero Gravity"에 설명되어 있다.

17 E. L. Brown, "Research on Human Performance during Zero Gravity."

18 "Pioneer Space Group to Mark Lab Foundation", Associated Press, February 8, 1959.

19 Kulwicki, Schlei, and Vergamini, *Weightless Man*.

20 Whitsett, *Some Dynamic Response Characteristics of Weightless Man*. 이것을 지나치게 분석적이고 산문적인 과학자들과 공학자들의 한 전형적 예로 보기 쉽다. 그러나 그러한 사람들이 많이 있는 만큼, 나는 저자가 이 문장을 쓰면서 크게 웃고 있었을 거라고 생각한다.

21 Stepantsov, Yeremin, and Alekperov, *Maneuvering in Free Space*.

22 Robe and Kane, "Dynamics of an Elastic Satellite- I ."

23 Smith and Kane, "On the Dynamics of the Human Body in Free Fall."

24 Kane and Scher, "A Dynamical Explanation of the Falling Cat Phenomenon."

25 "A Copycat Astronaut", *Life Magazine*, June 30, 1968.

26 Kane and Scher, "Human Self-Rotation by Means of Limb Movements."

⑨ 신비를 간직한 고양이

1   *Kentish Times*, March 4, 1825.

2   Bleecker, "Jungfrau Spaiger's Apostrophe to Her Cat."

3   Thompson, "Spiders and the Electric Light."

4   Robinson, "The High Rise Trauma Syndrome in Cats."

5   Whitney and Mehlhalf, "High-Rise Syndrome in Cats."

6   A. Parachini, "They Land on Little Cat Feet", *Los Angeles times*, December 28, 1987; "On Landing Like a Cat: It is a Fact", *New York Times*, August 22, 1989.

7   Papazoglou et al., "High-Rise Syndrome in Cats"; Merbl et al., "Findings in Feline High Rise Syndrome in Israel."

8   Vnuk et al., "Feline High-Rise Syndrome."

9   Skarda, "Cat Survives 19-Story Fall by Gliding Like a Flying Squirrel."

10 Binette, "Cat Is Unharmed after 26 Story Fall from High Rise Building."

11 폭발이 일어났을 때 10,000피트 정도로 비행기의 고도가 훨씬 낮았을 수도 있다는 주장도 있다, 그러나 이것은 생존의 이야기와는 무관하다, 사람은 1,500피트 낙하 후에 종단 속도에 도달하기 때문이다.

12 Studnicka, Slegr, and Stegner, "Free Fall of a Cat-Freshman Physics Exercise."

13 A. Parachini, "They Land on Little Cat Feet", *Los Angeles Times*, December 28, 1987.

14 Brehm, "The Surprising Physics of Cat's Drinking."

15 Stratton, "Harold Eugene Edgerton."

16 Vandiver and Kennedy, "Harold Eugene Edgerton."

17 Thone, "Right Side Up". 콤마 추가됨.

18 K. Bruillard, "A Cat's Sandpapery Tongue Is Actually a Magical Detangling Hairbrush", *Washington Post*, November 29, 2015, 온라인.

19 Gaal, "Cat Tongues Are the Ultimate Detanglers."

⑩ 로봇 고양이의 출현

1   "Dante Spends Another Night Inside Volcano", *Ukiah Daily Journal*, August 9, 1994, p. 17; "Dante II Bound for Museum", *Daily Sitka Sentinel*, October 20, 1994, p. 3.

2 "Robot to Be Turned to Inspection of Volcano", *Daily Sitka Sentinel*, July 6, 1994, p. 7.

3 더 자세한 생체로봇공학에 대해서는 Beer, "Biologically Inspired Robotics"를 보라.

4 Deprez, "Sur un appareil servant à mettre en évidence certaines conséquences du théorème des aires."

5 "The Steam Man."

6 "Hercules, the Iron Man", *Washington Standard*, November 22, 1901, p. 1. 마침표 삭제함.

7 Walter, "An Imitation of Life."

8 Holland, "The First Biologically Inspired Robots."

9 Vincent et al., "Biomimetics."

10 Ballard et al., "George Charles Devol, Jr.."

11 Brooks, "New Approaches to Robotics."

12 Triantafyllou and Triantafyllou, "An Efficient Swimming Machine."

13 Beer et al., "Biologically Inspired Approaches to Robotics."

14 Espenschied et al., "Biologically based Reflexes in a Hexapod Robot."

15 Espenschied et al., "Leg Coordination Mechanisms in the Stick Insect."

16 Kim et al., "Whole Body Adhesion."

17 Galli, "Angular Momentum Conservation and the Cat Twist"; Frohlich, "The Physics of Somersaulting and Twisting."

18 Arabyan and Tsai, "A Distributed Control Model for the Air-Righting Reflex."

19 O'Leary and Ravasio, "Simulation of Vestibular Semicircular Canal Responses."

20 Arabyan and Tsai, "A Distributed Control Model for the Air-Righting Reflex."

21 Ge and Chen, "Optimal Control of a Nonholonomic Motion"; Putterman and Raz, "The Square Cat"; Kaufman, "The Electric Cat"; Zhen et al., "Why Can a Free-Falling Cat Always Manage to Land Safely?"

22 Davis et al., "A Review of Self-Righting Techniques for Terrestrial Animals."

23 많은 무술에서, 수련생들에게 구르거나 떨어질 때 한 팔로 땅과 먼저 접촉하라고 가르친다. 그렇게 하는 것이 몸의 나머지가 안전하게 착지하도록 유도할 수 있다.

24 Davis et al., "A Review of Self-Righting Techniques for Terrestrial Animals."

25   Jusufi et al., "Areal Righting Reflexes in Flightless Animals."

26   Jusufi et al., "Active Tails Enhance Arboreal Acrobatics in Geckos"; Jusufi et al., "Righting and Turning in Midair Using Appendage Inertia."

27   Libby et al., "Tail-Assisted Pitch Control in Lizards, Robots and Dinosaurs."

28   Walker, Vierck, and Ritz, "Balance in the Cat."

29   Shield, Fisher, and Patel, "A Spider-Inspired Dragline."

30   Dunbar, "Areal Maneuvers of Leaping Lemurs."

31   Bergou et al., "Falling with Style."

32   Yamafuji, Kobayashi, and Kawamura, "Elucidation of Twisting Motion of a Falling Cat"; Kawamura, "Falling Cat Phenomenon and Realization by Robot."

33   Shields et al, "Falling Cat Robot Lands on Its Feet."

34   Bingham et al., "Orienting in Mid-Air through Configuration Changes"; Wagstaff, "Purr-plexed?"

35   Sadati and Meghdari, "Singularity-Free Planning for a Robot Cat Freefall."

36   Pope and Niemeyer, "Falling with Style."

37   Zhao, Li, and Feng, "Effect of Swing Legs on Turing Motion."

38   Haridy, "Boston Dynamics' Atlas Robot."

39   H. Pettit, "Scientists Create an AI Robot CAT That Helps Keep the Elderly Company and Reminds Them to Take Their Medication", *Daily Mail*, December 19, 2017, 온라인.

⑪ 고양이-회전하기 다시 보기

1   L. E. Brown, "Seeing the Elephant."

2   Kawamura, "Falling Cat Phenomenon and Realization by Robot."

3   Franklin, "How a Falling Cat Turns Over in the Air"; Benton, "How a Falling Cat Turns over."

4   McDonald, "The Righting Movements of the Freely Falling Cat"; McDonald, "How Does a Falling Cat Turn Over?" (인용).

5   Mpemba and Osborne, "Cool?"

6   Mpemba and Osborne, "Cool?"

7   Aristotle, *Meteorology*.

8   Bacon, *Novum Organum*, p. 319; Descartes, *Discourse on Method*, p. 268.

9   음펨바 효과와 그 발전 과정에 관한 훌륭한 대안적인 논의가 Quellette, "When Cold Warms Faster Than Hot"에 있다.

10   Wojciechowski, Owczarek, and Bednarz, "Freezing of Aqueous Solutions Containing Gaese."

11   Auerbach, "Supercooling and the Mpemba Effect"; Brownridge, "When Does Hot Water Freeze Faster Than Cold Water?"

12   Katz, "When Hot Water Freezes before Cold."

13   Burridge and Linden, "Questioning the Mpemba Effect"; Lu and Raz, "Nonequilibrium Thermodynamics of the Markovian Mpemba Effect"; Lasanta et al., "When the Hotter Cools More quickly."

14   "How Do cats Always Land on Their Feet?"; "Leopard Cub Falling Out of a Tree."

15   McDonald, "How Does a Cat Fall on Its Feet?"; McDonald, "How Does a Man Twist in the Air."

16   Biesterfeldt, "Twisting Mechanics II"; Frohlich, "Do Springboard Divers Violate Angular Momentum Conservation?"; Yeadon, "The Biomechanics of Twisting Somersaults"; Dapena, "Contributions of Angular Momentum and Catting."

17   Frohlich, "Do Springboard Divers Violate Angular Momentum Conservation?"

⑫ 떨어지는 고양잇과 동물과 기본 물리학

1   '곰 수수께끼'에 대한 다른 풀이도 있다. 사실 무한히 많은 풀이들이 존재한다. 이 수수께끼는 고전적인 퍼즐광 마틴 가드너Martin Gardner가 *My Best Mathematical and Logic Puzzles*에서 제시하고 설명했다.

2   Foucault, "Physical Demonstration of the Rotation of the Earth".

3   "Foucault, the Academian."

4   "내가 만일 앞으로 10피트를 걷고, 옆걸음으로 왼쪽으로 10피트 걸은 다음, 뒤로 10피트를 걷고, 다음에 옆걸음으로 오른쪽으로 10피트 걷는다면 어떻게 되는가? 진자는 방향을 바꾸지 않을 것이다."라고 주장할 수도 있다. 당신 말이 옳다. 그러나 우리의 예제에서-그리고 물리학에서- 우리는 평행 이동이라고 하는 것에 한정한다,

그것은 우리가 걸어가고 있는 방향에 대하여 트레이를 계속 같은 방향으로 유지하는 것을 의미한다.

5   Berry and Wilkinson, "Diabolical Points in the Spectra of Triangles."

6   Berry, "Geometric Phase Memories."

7   Berry, "Quantal Phase Factors Accompanying Adiabatic Changes."

8   Mead and Truhlar, "On the Determination of Born-Oppenheimer Nuclear Motion Wave Functions."

9   Pancharatnam, "Generalized Theory of Interference."

10 우리는 직접 가시광선의 진동을 볼 수는 없다, 그것은 대략 초당 100조 번 진동한다.

11 Berry, "The Adiabatic Phase and Pancharatnam's Phase."

12 Marsden, Montgomery, and Ratiu, "Reduction, Symmetry, and Phase in Mechanics."

13 Batterman, "Falling Cats, Parallel Parking, and Polarized Light."

14 원주 상으로 완전히 돌면 360도다, 그것은 2π라디안과 같다.

15 길고 야윈 고양이들은 달걀과 같은 기하학적 모양으로 나타내어진다.

16 Montgomery, "Gauge Theory of the Falling Cat"; Iwai, "Classical and Quantum Mechanics of Jointed Rigid Bodies."

17 Chryssomalakos, Hernández-Coronado, and Serrano-Ensástiga, "Do Free-Falling Quantum Cats Land on Their Feet?"

⑬ 과학자와 고양이

1   Levenson, *Newton and the Counterfeiter*, p. 8.

2   "Philosophy and Common Sense."

3   J. M. Wright, *Alma Mater*, pp. 15-18. 대시 기호 추가했고 오타 수정했음.

4   Graves, *Life of Sir William Rowan Hamilton*, vol. 3, pp. 235-236.

5   Diecke, "Robert William Wood."

6   Seabrook, *Doctor Wood*.

7   "A Story of Youth Told by Age: Dedicated to Miss Pola Fotich, by Its Author Nikola Tesla", in *Tesla: Master of Lightning*.

8   이 자주 인용되는 언명은 1951년 12월 12일 앨버트 아인슈타인이 미셸 베소 Michele Besso에게 보낸 편지에 있다. 번역을 도와준 젠스 포엘Jens Foell박사에게

나의 감사를 보낸다.

9   1924년 5월 21일 일사 카이저-아인슈타인Ilse Kayser-Einstein과 루돌프 카이저 Rudolf Kayser에게 보낸 편지로서, *The Collected Papers of Albert Einstein*, vol. 14, p. 214에 수록되어 있다.

10 Schrödinger, *The Present Situation in Quantum Mechanics*, pp. 152-167.

11 Maxwell, "Induction and Scientific Realism", p. 290.

12 "Finds Spiral Nebulae Are Stellar Systems", *New York Times*, November 23, 1924.

13 Wehrey, "Hubble and Copernicus."

14 Wehrey, "Hubble and Copernicus."

15 Woodruff, "WoodruffLetter."

16 Hetherington, "Letter to Ms. Lubkin."

17 Weber, *More Random Walks in Science*.

18 C. Opper, "Jack Hetherington Finds Beauty in Data", *Lansing City Pulse*, June 8, 2016.

19 Takagi et al., "There's No Ball without Noise."

20 Blakemore, "Cats Are Adorable Physicists."

참고문헌

"Adunanza del 5 maggio 1895." *Atti della Reale Accademia delle scienze di Torino*, 30:513–514, 1895.

Anderson, A. "Analyzing Motion." *Pearson's Magazine*, 13:484–491, 1902.

Arabyan, A., and Derliang Tsai. "A Distributed Control Model for the Air-Righting Reflex of a Cat." *Biological Cybernetics*, 79:393–401, 1998.

Aristotle. *Meteorology*. Princeton University Press, Princeton, NJ, 1984.

Auerbach, D. "Supercooling and the Mpemba Effect: When Hot Water Freezes Quicker Than Cold." *American Journal of Physics*, 63:882–885, 1995.

Bacon, F. *Novum Organum*. William Pickering, London, 1844.

Ballard, L. A., S. Šabanović, J. Kaur, and S. Milojević. "George Charles Devol, Jr." *IEEE Robotics and Automation Magazine*, pages 114–119, December 2012.

Ballinger, E. R. "Human Experiments in Subgravity and Prolonged Acceleration." *Journal of Aviation Medicine*, 23:319–321, 1952.

Battelle,G.M.*Premières Leçons d'Histoire Naturelle: Animaux Domestiques*. Hachette, Paris, 1836.

Batterman, R. W. "Falling Cats, Parallel Parking, and Polarized Light." *Studies in History and Philosophy of Modern Physics*, 34:527–557, 2003.

Beer, R. D. "Biologically Inspired Robotics." *Scholarpedia*, 4(4):1531, 2009. Revision #91061.

Beer, R. D., R. D. Quinn, H. J. Chiel, and R. E. Ritzmann. "Biologically Inspired Approaches to Robotics." *Communications of the ACM*, 40:31–38, 1997.

Bell, C. "Second Part of the Paper on the Nerves of the Orbit." *Philosophical Transactions of the Royal Society of London*, 113: 289–307, 1823.

Benton, J. R. "How a Falling Cat Turns Over." *Science*, 35:104–105, 1912.

Bergou,A.J.,S. M.Swartz,H.Vejdani,D.K.Riskin,L. Reimnitz, G. Taubin, and K. S. Breuer.

"Falling with Style: Bats Perform Complex Aerial Rotations by Adjusting Wing Inertia." *PLOS Biology*, 13:e1002297, 2015.

Berry, M. V. "The Adiabatic Phase and Pancharatnam's Phase for Polarized Light." *Journal of Modern Optics*, 34:1401–1407, 1987.

Berry, M. V. "Geometric Phase Memories." *Nature Physics*, 6:148–150, 2010.

Berry, M. V. "Quantal Phase Factors Accompanying Adiabatic Changes." *Proceedings of the Royal Society of London A*, 392:45–57, 1984.

Berry, M. V., and M. Wilkinson. "Diabolical Points in the Spectra of Triangles." *Proceedings of the Royal Society of London A*, 392:15–43, 1984.

Biesterfeldt, H. J. "Twisting Mechanics II." *Gymnastics*, 16:46–47, 1974.

Binette, K. H. "Cat Is Unharmed after 26 Story Fall from High Rise Building." *Life with Cats*, February 17, 2015. https://www.lifewithcats.tv/2015/02/17/cat-is-unharmed-after-26-story-fall-from-high-rise-building/.

Bingham, J. T., J. Lee, R. N. Haksar, J. Ueda, and C. K. Liu. "Orienting in Mid-Air through Configuration Changes to Achieve a Rolling Landing for Reducing Impact after a Fall." In *IEEE/RSJ International Conference on Intelligent Robots and Systems*, pages 3610–3617, 2014.

Blakemore, E. "Cats Are Adorable Physicists." *Smithsonian*, June 16, 2016. Online.

Bleecker, A. "Jungfrau Spaiger's Apostrophe to Her Cat." In S. Kettell, ed., *Specimens of American Poetry*. S. G. Goodrich, Boston, 1829.

Bossewell, John, and Gerard Legh. *Workes of Armorie: Deuyded into three bookes, entituled, the Concordes of armorie, the Armorie of honor, and of Coates and creastes*. In aedibus Richardi Totelli, London, 1572.

Braun, M. Picturing Time. University of Chicago Press, Chicago, 1992. Brehm, D. "The Surprising Physics of Cats' Drinking." *MIT News*, November 12, 2010. Online.

Brindley, G. S. "How Does an Animal That Is Dropped in a Non-Upright Posture Know the Angle through Which It Must Turn in the Air So That Its Feet Point to the Ground?" *Journal of Physiology*, 180:20–21P, 1965.

Brindley, G. S. "Ideal and Real Experiments to Test the Memory Hypothesis of Righting in

Free Fall." *Journal of Physiology*, 184:72–73P, 1966.

Brindley, G. S. "The Logical Bassoon." *The Galpin Society Journal*, 21:152–161, 1968.

Brooks, R. A. "New Approaches to Robotics." *Science*, 253:1227–1232, 1991.

Brown, E. L. "Human Performance and Behavior during Zero Gravity." In E. T. Benedikt, ed., *Weightlessness—Physical Phenomena and Biological Effects*. Springer, New York, 1961.

Brown, E. L. "Research on Human Performance during Zero Gravity." In G. Finch, ed., *Air Force Human Engineering, Personnel, and Training Research*. National Academy of Sciences, Washington, DC, 1960.

Brown, Rev. L. E. "Seeing the Elephant." *Bulletin of Comparative Medicine and Surgery*, 2:1–4, 1916.

Brownridge, J. D. "When Does Hot Water Freeze Faster Than Cold Water? A Search for the Mpemba Effect." *American Journal of Physics*, 79:78–84, 2011.

Burridge, H. C., and P. F. Linden. "Questioning the Mpemba Effect: Hot Water Does Not Cool More Quickly Than Cold." *Scientific Reports*, 6:37665, 2016.

Campbell, L., and W. Garnett. *The Life of James Clerk Maxwell*, page 499. Macmillan, London, 1882.

Carter, M. S., and W. E. Carter. "Seth Carlo Chandler Jr.: The Discovery of Variation of Latitude." *In Polar Motion: Historical and Scientific Problems*, volume 208 of ASP Conference Series, pages 109–122, 2000.

Chandler, S. C. "On the Variation of Latitude, I." *Astronomical Journal*, 248:59–61, 1891.

Chandler, S. C. "On the Variation of Latitude, II." *Astronomical Journal*, 249:65–70, 1891.

Chittock, L. *Cats of Cairo: Egypt's Enduring Legacy*. Abbeville, New York, 2001.

Chryssomalakos, C., H. Hernández-Coronado, and E. Serrano-Ensástiga. "Do Free-Falling Quantum Cats Land on Their Feet?" *Journal of Physics A*, 48:295301, 2015.

Coopersmith, J. *Energy, the Subtle Concept*. Oxford University Press, Oxford, revised edition, 2015.

"A Copycat Astronaut." *Life Magazine*, June 30, 1968.

Dapena, J. "Contributions of Angular Momentum and Catting to the Twist Rotation in High Jumping." *Journal of Applied Biomechanics*, 13:239–253, 1997.

Davis, M., C. Gouinand, J-C. Fauroux, and P. Vaslin. "A Review of Self-Righting Techniques for Terrestrial Animals." *In International Workshop for Bio-inspired Robots*, 2011. Online.

Defieu, J. F. *Manuel Physique*. Regnault, Lyon, 1758.

Delaunay, M. C. *Traité de Méchanique Rationnelle*. Langlois and Leclercq, Paris, 1856.

Deprez, M. "Sur un appareil servant à mettre en évidence certaines conséquences du théorème des aires." *Comptes Rendus*, 119:767–769, 1894.

Descartes, R. *Discourse on Method, Optics, Geometry, and Meteorology*. Translated by P. J. Olscamp. Bobbs-Merrill, Indianapolis, 1965.

Dictionnaire Technologique. Chez Thomine et Fortic, Paris, 1823.

Diecke, G. H. "Robert Williams Wood, 1868–1955." *Biographical Memoirs of Fellows of the Royal Society*, 2:326–345, 1956.

Dunbar, D. C. "Aerial Maneuvers of Leaping Lemurs: The Physics of Whole-Body Rotations while Airborne." *American Journal of Primatology*, 16:291–303, 1988.

Einstein, A. *The Collected Papers of Albert Einstein*, volume 14 (English Translation Supplement). Princeton University Press, Princeton, NJ, 2015.

"Éloge de M. Parent." *Histoire de l'Academie Royale*, pp. 88–93. 1716.

Errard, J. La *Fortification Démonstrée et Réduicte en Art*. Paris, 1600.

Espenschied, K. S., R. D. Quinn, H. J. Chiel, and R. D. Beer. "Leg Coordination Mechanisms in the Stick Insect Applied to Hexapod Robot Locomotion." *Adaptive Behavior*, 1:455–468, 1993.

Espenschied, K. S., R. D. Quinn, R. D. Beer, and H. J. Chiel. "Biologically Based Distributed Control and Local Reflexes Improve Rough Terrain Locomotion in a Hexapod Robot." *Robotics and Autonomous Systems*, 18:59–64, 1996.

Foucault, L. "Physical Demonstration of the Rotation of the Earth by Means of the Pendulum." *Journal of the Franklin Institute*, 21:350–353, 1851.

"Foucault, the Academician." *Putnam's Monthly*, 8:416–421, 1857.

Franklin, W. S. "How a Falling Cat Turns Over in the Air." *Science*, 34:844, 1911.

Fredrickson, J. E. "The Tail-Less Cat in Free-Fall." *Physics Teacher*, 27:620–625, 1989.

Frohlich, C. "Do Springboard Divers Violate Angular Momentum Conservation?" *American*

Journal of Physics, 47:583–592, 1979.

Frohlich, C. "The Physics of Somersaulting and Twisting." *Scientific American*, 242:154–165, 1980.

Gaal, R. "Cat Tongues Are the Ultimate Detanglers." *APS News*, 26(1), 2017. Online.

Galileo. *Dialogue Concerning the Two Chief World Systems*. Translated by Stillman Drake. University of California Press, 1953.

Galli, J. R. "Angular Momentum Conservation and the Cat Twist." *Physics Teacher*, 33:404–407, 1995.

Gambale, F. "Does a Cat Always Land on Its Feet?" *Annals of Improbable Research*, 4:19, 1998.

Gardner, M. *My Best Mathematical and Logic Puzzles*. Dover Publications, New York, 1994.

Garnett, L. M. J. *The Women of Turkey and Their Folk-Lore*. D. Nutt, London, 1891.

Gauer, O., and H. Haber. *Man under Gravity-Free* Conditions. U.S. Government Printing Office, Washington, DC, 1950.

Gazenko, O. G., et al. "Harald von Beckh's Contribution to Aerospace Medicine Development (1917–1990)." *Acta Astronautica*, 43:43–45, 1998.

Ge, X.-S., and L.-Q. Chen. "Optimal Control of a Nonholonomic Motion Planning for a Free-Falling Cat." *Applied Mathematics and Mechanics*, 28:601–607, 2007.

Gerathewohl, S. J. "Comparative Studies on Animals and Human Subjects in the Gravity-Free State." *Journal of Aviation Medicine*, 25:412–419, 1954.

Gerathewohl, S. J., and H. D. Stallings. "The Labyrinthine Postural Reflex (Righting Reflex) in the Cat during Weightlessness." *Journal of Aviation Medicine*, 28:345–355, 1957.

Gihon, J. L. "Instantaneous Photography." *The Philadelphia Photographer*, 9:6–9, 1872.

Graves, R. P. *Life of Sir William Rowan Hamilton*, volume 3. Hodges, Figgis, Dublin, 1889.

Grayling, A. C. *Descartes*. Pocket Books, London, 2005.

Gross, R. S. "The Excitation of the Chandler Wobble." *Geophysical Research Letters*, 27:2329–2332, 2000.

Guyou, É. "Note relative à la communication de M. Marey." *Comptes Rendus*, 119:717–

718, 1894.

Haber, F., and H. Haber. "Possible Methods of Producing the Gravity-Free State for Medical Research." *Journal of Aviation Medicine*, 21:395–400, 1950.

Haber, H. "The Human Body in Space." *Scientific American*, 184:16–19, 1951.

Hall, M. "On the Reflex Function of the Medulla Oblongata and Medulla Spinalis." *Philosophical Transactions of the Royal Society of London*, 123:635–665, 1833.

Haridy, R. "Boston Dynamics' Atlas Robot Can Now Chase You through the Woods," May 10, 2018. New Atlas website, https://newatlas.com/boston-dynamics-atlas-running/54573/.

Helios. "A New Sky Shade." *The Philadelphia Photographer*, 6:142–144, 1869.

Henry, J. P., E. R. Ballinger, P. J. Maher, and D. G. Simon. "Animal Studies of the Subgravity State during Rocket Flight." *Journal of Aviation Medicine*, 23:421–432, 1952.

Hetherington, J. H. "Letter to Ms. Lubkin," January 14, 1997. Jack's Pages, P. I. Engineering.com, http://xkeys.com/PIAboutUs/jacks/FDCWillard.php.

Holland, O. "The First Biologically Inspired Robots." *Robotica*, 21:351–363, 2003.

"A Horse's Motion Scientifically Determined." *Scientific American*, 39(16):241, 1878.

"How Do Cats Always Land on Their Feet?" March 31, 2016. Life in the Air, BBC One, available on YouTube at https://www.youtube.com/watch?v=sepYP_knGWc.

Hutton, *C. A Mathematical and Philosophical Dictionary*, volume 2. J. Johnson, London, 1795.

Iwai, T. "Classical and Quantum Mechanics of Jointed Rigid Bodies with Vanishing Total Angular Momentum." *Journal of Mathematical Physics*, 40:2381–2399, 1999.

Jusufi, A., D. I. Goldman, S. Revzen, and R. J. Full. "Active Tails Enhance Arboreal Acrobatics in Geckos." *Proceedings of the National Academy of Sciences*, 105:4215–4219, 2008.

Jusufi, A., D. T. Kawano, T. Libby, and R. J. Full. "Righting and Turning in Midair Using Appendage Inertia: Reptile Tails, Analytical Models and Bio-Inspired Robots." *Bioinspiration and Biomimetics*, 5:045001, 2010.

Jusufi, A., Y. Zeng, R. J. Full, and R. Dudley. "Aerial Righting Reflexes in Flightless Animals." *Integrative and Comparative Biology*, 51:937–943, 2011.

Kan, J., T. Z. Aziz, A. L. Green, and E. A. C. Pereira. "Biographical Sketch, Giles Brindley, FRS." *British Journal of Neurosurgery*, 28:704–706, 2014.

Kane, T. R., and M. P. Scher. "A Dynamical Explanation of the Falling Cat Phenomenon." *International Journal of Solids and Structures*, 5:663–670, 1969.

Kane, T. R., and M. P. Scher. "Human Self-Rotation by Means of Limb Movements." *Journal of Biomechanics*, 3:39–49, 1970.

Katz, J. I. "When Hot Water Freezes before Cold." *American Journal of Physics*, 77:27–29, 2009.

Kaufman, R. D. "The Electric Cat: Rotation without Net Overall Spin." *American Journal of Physics*, 81:147–152, 2013.

Kawamura, T. "Understanding of Falling Cat Phenomenon and Realization by Robot." *Journal of Robotics and Mechatronics*, 26:685–690, 2014.

Kennedy, H. C. *Peano: Life and Works of Giuseppe Peano*. D. Reidel, Dordrecht, 1980.

Kim, S., M. Spenko, S. Trujillo, B. Heyneman, V. Mattoli, and M. R. Cutkosky. "Whole Body Adhesion: Hierarchical, Directional and Distributed Control of Adhesive Forces for a Climbing Robot." In *IEEE International Conference on Robotics and Automation*, pages 1268–1273, 2007. Online.

Kulwicki, P. V., E. J. Schlei, and P. L. Vergamini. *Weightless Man: Self-Rotation Techniques*. Technical report AMRL-TDR-62-129. Aerospace Medical Research Laboratories, Wright-Patterson Air Force Base, OH, 1962.

Lankester, R. "The Problem of the Galloping Horse." In *Science from an Easy Chair*, pages 52–84. Henry Holt, New York, 1913.

Lasanta, A., F. V. Reyes, A. Prados, and A. Santos. "When the Hotter Cools More Quickly: Mpemba Effect in Granular Fluids." *Physical Review Letters*, 119:148001, 2017.

Lecornu, L. "Sur une application du principe des aires." *Comptes Rendus*, 119:899–900, 1894.

"Leopard Cub Falling Out of a Tree in the Serengeti NP, Tanzania," August 17, 2014. Zoom Safari Videos, available on YouTube at https://www.youtube.com/watch?v=m7iwnbkax-U.

Levenson, T. *Newton and the Counterfeiter*. Mariner Books, Boston, 2010.

Levine, D. N. "Sherrington's 'The Integrative Action of the Nervous System': A Centennial Appraisal." *Journal of Neuroscience*, 253:1–6, 2007.

Lévy, M. "Observations sur le principe des aires." *Comptes Rendus*, 119:718–721, 1894.

Libby, T., T. Y. Moore, E. Chang-Siu, D. Li, D. J. Coheren, A. Jusufi, and R. J. Full. "Tail-Assisted Pitch Control in Lizards, Robots and Dinosaurs." *Nature*, 481:181–184, 2012.

Liddell, E. G. T. "Charles Scott Sherrington, 1857–1952." *Obituary Notices of Fellows of the Royal Society*, 8:241–270, 1952.

Lu, Z., and O. Raz. "Nonequilibrium Thermodynamics of the Markovian Mpemba Effect and Its Inverse." *PNAS*, 114:5083–5088, 2017.

Magnus, O. *Rudolf Magnus—Physiologist and Pharmacologist*. Kluwer Academic Publishers, Dordrecht, 2002.

Magnus, R. "Animal Posture." *Proceedings of the Royal Society of London B*, 98:339–353, 1925.

Magnus, R. "Wie sich die fallende Katze in der Luft umdreht." *Archives néerlandaises de physiologie de l'homme et des animaux*, 7:218–222, 1922.

Malkin, Z., and N. Miller. "Chandler Wobble: Two More Large Phase Jumps Revealed." *Earth, Planets and Space*, 62:943–947, 2010.

Marey, É. J. *Animal Mechanism*. D. Appleton, New York, 1874.

Marey, É. J. "Des mouvements que certains animaux exécutent pour retomber sur leurs pieds, lorsquils sont précipités dun lieu élevé." *Comptes Rendus*, 119:714–717, 1894.

Marey, É. J. *La méthode graphique dans les sciences expérimentales et principalement en physiologie et en médecine*. G. Masson, Paris, 1885.

Marey, É. J. "Sur les allures du cheval reproduites par la photographie instantanée." *La Nature*, 1st semester:54, 1879.

Marsden, J., R. Montgomery, and T. Ratiu. "Reduction, Symmetry, and Phase in Mechanics." *Memoirs of the American Mathematical Society*, 88, 1990.

Maxwell, N. "Induction and Scientific Realism: Einstein versus van Fraassen Part Three: Einstein, Aim-Oriented Empiricism and the Discovery of Special and General Relativity." *British Journal for the Philosophy of Science*, 44:275–305, 1993.

McDonald, D. A. "How Does a Cat Fall on Its Feet?" *New Scientist*, 7:1647–1649, 1960.

McDonald, D. A. "How Does a Falling Cat Turn Over?" *St. Bartholomew's Hospital Journal*, 56:254–258, 1955.

McDonald, D. A. "How Does a Man Twist in the Air?" *New Scientist*, 10:501–503, 1961.

McDonald, D. A. "The Righting Movements of the Freely Falling Cat (Filmed at 1500 f.p.s.)." *Journal of Physiology—Paris*, 129:34–35, 1955.

Mead, C. A., and D. G. Truhlar. "On the Determination of Born-Oppenheimer Nuclear Motion Wave Functions Including Complications due to Conical Intersections and Identical Nuclei." *Journal of Chemical Physics*, 70:2284–2296, 1979.

Merbl, Y., J. Milgram, Y. Moed, U. Bibring, D. Peery, and I. Aroch. "Epidemiological, Clinical and Hematological Findings in Feline High Rise Syndrome in Israel: A Retrospective Case-Controlled Study of 107 Cats." *Israel Journal of Veterinary Medicine*, 68:28–37, 2013.

Montgomery, R. "Gauge Theory of the Falling Cat." *Fields Institute Communications*, 1:193–218, 1993.

Mpemba,E.B.,andD.G.Osborne."Cool?" *Physics Education*, 4:172–175, 1969.

Muller, H. R., and L. H. Weed. "Notes on the Falling Reflex of Cats." *American Journal of Physiology*, 40:373–379, 1916.

Muybridge, E. "Photographies instantanées des animaux en mouvement." *La Nature, 1st semester*:246, 1879.

Nadar, P. "Le nouveau president." *Paris Photographe*, 4:3–9, No. 1, 1894.

Newcomb, S. "On the Dynamics of the Earth's Rotation, with Respect to the Periodic Variations of Latitude." *Monthly Notices of the Royal Astronomical Society*, pages 336–341, 1892.

Newton, I. *The Mathematical Principles of Natural Philosophy*. Translated by AndrewMotte. H. D. Symonds,London, 1803.

Noel, A., and D. L. Hu. "Cats Use Hollow Papillae to Wick Saliva into Fur." *PNAS*,

115:12377–12382, 2018.

"Notes on Some Points Connected with the Progress of Astronomy during the Past Year." *Monthly Notices of the Royal Astronomical Society*, 53:295, 1893.

O'Leary, D. P., and M. J. Ravasio. "Simulation of Vestibular Semicircular Canal Responses during Righting Movements of a FreelyFalling Cat." *Biological Cybernetics*, 50:1–7, 1984.

Ouellette, J. "When Cold Warms Faster Than Hot." *Physics World*, December 2017.

Pancharatnam, S. "Generalized Theory of Interference, and Its Applications." *Proceedings of the Indian Academy of Sciences A*, 44:247, 1956.

Papazoglou, L. G., A. D. Galatos, M. N. Patsikas, I. Savas, L. Leontides, M. Trifonidou, and M. Karayianopoulou. "High-Rise Syndrome in Cats: 207 Cases (1988–1998)." *Australian Veterinary Practitioner*, 31:98–102, 2001.

"Par-ci, par-là." *La Joie de la Maison*, 202:706, 1894.

Parent, A. "Sur les corps qui nagent dans des liqueurs." *Histoire de l'Academie Royale*, pages 154–160, 1700.

Peano, G. "Il principio delle aree e la storia d'un gatto." *Rivista di Matematica*, 5:31–32, 1895.

Peano, G. "Sopra la spostamento del polo sulla terra." *Atti della Reale Accademia delle scienze di Torino*, 30:515–523, 1895.

Peano, G. "Sul moto del polo terrestre." *Atti dell'Accademia Nazionale dei Lincei*, 5:163–168, 1896.

Peano, G. "Sul moto del polo terrestre." *Atti della Reale Accademia delle scienze di Torino*, 30:845–852, 1895.

Peano, G. "Sul moto di un sistema nel quale sussistono moti interni variabili." *Atti dell'Accademia Nazionale dei Lincei*, 4:280–282, 1895.

Peano, G. "Sur une courbe, qui remplit route une aire plane." *Mathematische Annalen*, 36:157–160, 1890.

"Perpetual Motion." *Modern Medical Science (and the Sanitary Era)*, 10:182, 1897.

"Philosophy and Common Sense." *Monthly Religious Magazine*, 29–30:298, 1863.

"Photographs of a Tumbling Cat." *Nature*, 51:80–81, 1849.

Pope, M. T., and G. Niemeyer. "Falling with Style: Sticking the Landing by Controlling Spin during Ballistic Flight." In *IEEE/RSJ International Conference on Intelligent Robots and Systems*, pages 3223–3230, 2017.

Potonniée, G. *The History of the Discovery of Photography*. Tennant and Ward, New York, 1936.

Putterman, E., and O. Raz. "The Square Cat." *American Journal of Physics*, 76:1040–1044, 2008.

Quitard, P. M. *Dictionnaire Étymologique, Historique et Anecdotique des Proverbes*. P. Pertrand, Paris, 1839.

Rademaker, G. G. J., and J. W. G. ter Braak. "Das Umdrehen der fallenden Katze in der Luft." *Acta Oto-Laryngologica*, 23:313–343, 1935.

Rankine, W. J. M. *Manual of Applied Mechanics*. Griffin, London, 1858.

Reis, P. M, S. Jung, J. M. Aristoff, and R. Stocker. "How Cats Lap: Water Uptake by *Felis catus*." *Science*, 330:1231–1234, 2010.

Renner, E. *Pinhole Photography*. Focal Press, Boston, 2nd edition, 2000.

Robe, T. R., and T. R. Kane. "Dynamics of an Elastic Satellite—I." *International Journal of Solids and Structures*, 3:333–352, 1967.

Robinson, G. W. "The High Rise Trauma Syndrome in Cats." *Feline Practice*, 6:40–43, 1976.

Ross, C. H. The Book of Cats. Griffith and Farran, London, 1893.

Routh, E. J. *The Elementary Part of a Treatise on the Dynamics of a System of Rigid Bodies*. Macmillan, London, 1897.

Sadati, S. M. H., and A. Meghdari. "Singularity-Free Planning for a Robot Cat Freefall with Control Delay: Role of Limbs and Tail." In *8th International Conference on Mechanical and Aerospace Engineering*, pages 215–221, 2017.

Schock, G. J. D. "A Study of Animal Reflexes during Exposure to Subgravity and Weightlessness." *Aerospace Medicine*, 32:336–340, 1961.

Schrödinger, E. *The Present Situation in Quantum Mechanics*. Princeton University Press, Princeton, NJ, 1983. Translated reprint of original paper.

Seabrook, W. *Doctor Wood, Modern Wizard of the Laboratory*. Harcourt, Brace, New York,

1941.

Sherrington, C. S. *Inhibition as a Coordinative Factor*. Elsevier, Amsterdam, 1965.

Sherrington, C. S. *The Integrative Action of the Nervous System*. Charles Scribner's Sons, New York, 1906.

Sherrington, C. S. "Note on the Knee-Jerk and the Correlation of Action of Antagonistic Muscles." *Proceedings of the Royal Society of London*, 52:556–564, 1893.

Sherrington, C. S. "On Reciprocal Innervation of Antagonistic Muscles." Third note. *Proceedings of the Royal Society of London*, 60:414–417, 1896.

Shield, S., C. Fisher, and A. Patel. "A Spider-Inspired Dragline Enables Aerial Pitch Righting in a Mobile Robot." In *IEEE/RSJ International Conference on Intelligent Robots and Systems*, pages 319–324, 2015. Online.

Shields, B., W. S. P. Robertson, N. Redmond, R. Jobson, R. Visser, Z. Prime, and B. Cazzolato. "Falling Cat Robot Lands on Its Feet." In *Proceedings of Australasian Conference on Robotics and Automation*, 2–4 Dec 2013, 2013.

Skarda, E. "Cat Survives 19-Story Fall by Gliding Like a Flying Squirrel." *Time Magazine*, March 22, 2012. Online.

Smith, P. G., and T. R. Kane. "On the Dynamics of the Human Body in Free Fall." *Journal of Applied Mechanics*, 35:167–168, 1968.

Solnit, R. *River of Shadows*. Penguin Books, New York, 2003.

Stables, W. G. *"Cats": Their Points and Characteristics, with Curiosities of Cat Life, and a Chapter on Feline Ailments*. Dean and Son, London, 1874.

Stables, W. G. *From Ploughshare to Pulpit: A Tale of the Battle of Life*. James Nisbet, London, 1895.

"The Steam Man." *Scientific American*, 68:233, 1893.

Stepantsov, V., A. Yeremin, and S. Alekperov. "Maneuvering in Free Space." *NASA TT F-9883*, 1966.

Stokes, G. G. *Memoir and Scientific Correspondence*. Cambridge University Press, Cambridge, 1907.

Stratton, J. A. "Harold Eugene Edgerton (April 6, 1903–January 4, 1990)." *Proceedings of the American Philosophical Society*, 135:444–450, 1991.

Studnicka, F., J. Slegr, and D. Stegner. "Free Fall of a Cat—Freshman Physics Exercise." *European Journal of Physics*, 37:045002, 2016.

Tait, P. G. "Clerk-Maxwell's Scientific Work." *Nature*, 21:317–321, 1880.

Takagi, S., M. Arahori, H. Chijiiwa, M. Tsuzuki, Y. Hataji, and K. Fujita. "There's No Ball without Noise: Cats' Prediction of an Object from Noise." *Animal Cognition*, 19:1043–1047, 2016.

Teitel, A. S. *Breaking the Chains of Gravity*. Bloomsbury Sigma, New York, 2016.

Tesla: Master of Lightning, PBS, website materials on Life and Legacy, http://www.pbs.org/tesla/ll/story_youth.html.

Thompson, G. "Spiders and the Electric Light." *Science*, 9:92, 1887.

Thone, F. "Right Side Up." *Science News-Letter*, 25:90–91, 1934.

Tomson, G.R. *Concerning Cats: A Book of Poems by Many Authors*. Frederick A. Stokes, New York, 1892.

Toulouse, E. "Nécrologie—Marey." *Revue Scientifique*, 5:673–675, T. 1 1904.

Triantafyllou, M. S., and G. S. Triantafyllou. "An Efficient Swimming Machine." *Scientific American*, 272:64–70, March 1995.

Vandiver, J. K., and P. Kennedy. "Harold Eugene Edgerton (1903–1990)." *Biographical Memoirs*, 86:1–23, 2005.

Verbiest, H. "In Memoriam Prof. Dr. G. G. J. Rademaker." *Nederlands Tijdschrift voor Geneeskunde*, 101:849–851, 1957.

Vincent, J. F. V., O. A. Bogatyreva, N. R. Bogatyrev, A. Bowyer, and A-K. Pahl. "Biomimetics: Its Practice and Theory." *Journal of the Royal Society Interface*, 3:471–482, 2006.

Vnuk, D., B. Pirkic, D. Maticic, B. Radisic, M. Stejskal, T. Babic, M. Kreszinger, and N. Lemo. "Feline High-Rise Syndrome: 119 Cases (1998–2001)." *Journal of Feline Medicine and Surgery*, 6:305–312, 2004.

Volterra, V. "Il Presidente Brioschi dà comunicazione della seguente lettera, ricevuta dal Corrispondente V. Volterra." *Atti dell'Accademia Nazionale dei Lincei*, 5:4–7, 1896.

Volterra, V. "Osservazioni sulla mia Nota: 'Sui moti periodici del polo terrestre.'" *Atti della Reale Accademia delle scienze di Torino*, 30:817–820, 1895.

Volterra, V. "Sui moti periodici del polo terrestre." *Atti della Reale Accademia delle scienze di Torino*, 30:547–561, 1895.

Volterra, V. "Sulla rotazione di un corpo in cui esistono sistemi ciclici." *Atti dell'Accademia Nazionale dei Lincei*, 4:93–97, 1895.

Volterra, V. "Sulla teoria dei moti del polo nella ipotesi della plasticità terrestre." *Atti della Reale Accademia delle scienze di Torino*, 30:729–743, 1895.

Volterra, V. "Sulla teoria dei moti del polo terrestre." *Atti della Reale Accademia delle scienze di Torino*, 30:301–306, 1895.

Volterra, V. "Sulla teoria dei movimenti del polo terrestre." *Astronomische Nachrichten*, 138:33–52, 1895.

Volterra, V. "Sul moto di un sistema nel quale sussistono moti interni variabili." *Atti dell'Accademia Nazionale dei Lincei*, 4:107–110, 1895.

von Beckh, H. J. A. "Experiments with Animals and Human Subjects under Sub and Zero-Gravity Conditions during the Dive and Parabolic Flight." *Journal of Aviation Medicine*, 25:235–241, 1954.

Wagstaff, K. "Purr-plexed? Cats Teach a Robot How to Land on Its Feet." *Today*, October 14, 2016. Online.

Walker, C., C. J. Vierck Jr., and L. A. Ritz. "Balance in the Cat: Role of the Tail and Effects of Sacrocaudal Transection." *Behavioural Brain Research*, 91:41–47, 1998.

Walter, W. G. "An Imitation of Life." *Scientific American*, pages 42–45, May 1950.

Weber, R. L. *More Random Walks in Science*. Taylor and Francis, New York, 1982.

Weed, L. H. "Observations upon Decerebrate Rigidity." *Journal of Physiology*, 48:205–227, 1914.

Wehrey, C. "Hubble and Copernicus," November 8, 2012. *Verso: The Blog of the Huntington Library, Art Collections, and Botanical Gardens*, http://huntingtonblogs.org/2012/11/hubble-and-copernicus/.

Whitney, W. O., and C. J. Mehlhaff. "High-Rise Syndrome in Cats." *Journal of the American Veterinary Medical Association*, 191:1399–1403, 1987.

Whitsett, C. E., Jr. *Some Dynamic Response Characteristics of Weightless Man*. Technical Report AMRL-TDR-63–18. Aerospace Medical Research Laboratories, Wright-

Patterson Air Force Base, OH, 1963.

Whittaker, C. "Vito Volterra. 1860–1940." *Obituary Notices of Fellows of the Royal Society*, 3:691–729, 1941.

"Why Cats Always Land on Their Feet." *Current Opinion*, 17:42, 1895.

Wojciechowski, B., I. Owczarek, and G. Bednarz. "Freezing of Aqueous Solutions Containing Gases." *Crystal Research and Technology*, 23:843–848, 1988.

Woodruff, T. O. "WoodruffLetter" (Letter to Jack Hetherington), November 26, 1975. *Jack's Pages*, P. I. Engineering.com, http://xkeys.com/PIAboutUs/jacks/FDCWillard.php.

Woods, G. S. "Stables, William Gordon." In *Oxford Dictionary of National Biography*. Oxford University Press, Oxford, 2004.

The World of Wonders. Cassell, London, 1891.

Wright, J. M. *Alma Mater; or, Seven Years at the University of Cambridge*. Black, Young and Young, London, 1827.

Wright, W. *Flying*, pages 87–94, March 1902.

Yamafuji, K., T. Kobayashi, and T. Kawamura. "Elucidation of Twisting Motion of a Falling Cat and Its Realization by a Robot." *Journal of the Robotics Society of Japan*, 10:648–654, 1992.

Yeadon, M. R. "The Biomechanics of Twisting Somersaults. Part III: Aerial Twist." *Journal of Sports Science*, 11:209–218, 1993.

Zhao, J., L. Li, and B. Feng. "Effect of Swing Legs on Turning Motion of a Freefalling Cat Robot." In *Proceedings of 2017 IEEE International Conference on Mechatronics and Automation*, pages 658–664, 2017.

Zhen, S., K. Huang, H. Zhao, and Y-H. Chen. "Why Can a Free-Falling Cat Always Manage to Land Safely on Its Feet?" *Nonlinear Dynamics*, 79:2237–2250, 2015.

감사의 글

이런 성격의 책은 많은 노력이 필요하다, 지식과 감정 양면으로 그렇다. 나는 많은 친구들, 동료들, 그 이외 후덕한 영혼들의 도움을 받았고, 이에 마지막으로 간단히 감사를 표시하고자 한다.

먼저, 나의 가장 큰 감사는 내 능력 밖에 있는 아름다운 삽화 모두를 그려낸 나의 친구이자 유능한 화가인 새라 애디에게 간다. 이 책 전체에서 독자가 있음직하지 않은 자세의 막대기 같은 그림을 보지 않게 된 것은 오롯이 그녀 덕분이다.

내가 논의한 많은 오래된 자료들이 영어로 씌어져 있지 않았다. 대부분, 나는 그것들을 이해하는데 Google Translate에 의존했다. 다행히도, 과학 자료들은 보통 건조하고 간결하게 씌어있어 수월한 해석이 가능했다. 프랑스어로 된 몇몇 문구는 보다 우아한 번역을 요구했다, 나는 나의 친구 야나 슬로운 반 기스트가 그 일을 해준데 대해 감사한다. 독일어로 된 앨버트 아인슈타인의 중요한 인용문을 번역해 준 젠스 포엘 박사에게도 감사한다. 나는

376

또한 도서관들과 협상하는 일에 조언을 해 준 나의 오랜 친구 레베카 스타키에게도 감사하고 싶다.

나는 책을 쓰는 중에 인터뷰와 정보를 위해 많은 과학자들에게 연락했다. 불행히도, 내가 요청한 것에 비해서 훨씬 적은 응답을 받았다(나는 많은 사람들이 이 일이 중요한 과제임을 믿지 못했던 것이 아닌가 생각한다). 그래도 나는 조지아 텍의 알렉시스 노엘, 아들레이드 대학교의 윌 로버슨, 미시건 주립대학교 및 P.I. 엔지니어링 사의 잭 헤더링턴과 그의 아내 마지, 브리스톨 대학교의 마이클 베리가 친절하게도 나의 질문에 대한 응답을 위해 시간을 내준 데 대해 특별히 감사를 드린다. (그러나, 책에 혹시 어떤 정확하지 못한 것이 있다면 그것은 전적으로 내 책임이다.)

장기간에 걸친, 때로는 스트레스를 느끼면서 글을 쓰는 동안에 내 친구들은 나의 사기를 북돋아 주었다. 나는 소중한 친구로 지내준데 대한 특별한 감사를 베스 사보, 메히 엘-쿠어다이, 케일라 아리나스에게 보낸다. 나는 또한 (내가 모든 책에서 그러하듯이) 나의 스케이트 코치인 테피 델린저, 기타 강사 토비 왓슨, 나를 환대하고 기분 전환을 시켜준 Skydive Carolina 소속 스카이다이빙 친구들에게 감사한다. 항상 그러하듯이, 모든 것에 대해, 나의 부모님 팻 그버와 존 그버에게 감사드립니다.

나는 이 책을 위해 많은 그림 사용 허가를 얻어야 했다, 그 과정 중에 내가 받은 모든 도움에 대해 감사한다. 나는 특별한 감사의 외침을 항공우주의학과 인간 활동의 편집장 팸 데이에게 주고자 한다, 허락뿐만 아니라 두운을 맞춘 문구 "떨어지는 고양이들은 매혹적인 현상이다Falling felines are a fascinating phenomenon"를 제공해 준데 대해서다.

그림을 책에 싣는 데에는 돈이 든다, 일부는 엄청난 액수가 든다.

2018연말에, 내가 허가 관련 재정적 도움을 위한 GoFundMe를 시작하자, 온라인과 오프라인으로, 내 친구들이 내가 영구히 감사해야 할 수준에까지 참여해 주었다. 다음 사람들(그리고 그들의 애완동물들)에게는 나의 특별한 감사의 외침이 빚으로 남아 있다.

마크 만시니; 브라이언, 브레넌, 태즈 콕스; 용타오 장;로체스처 대학교의 비글로 CAT 그룹; 로라 키니스측과 그녀의 사랑스러운 애완동물들 버트(최고로 멋진 메인 산 너구리)와 딕시(최고의 비글 친구); Futurecat Kuppuswamy를 대표하는 카르틱과 메이트레이; 아주르 핸슨, 지기, 아나스타시아; 데이브 커티스와 개 잭; 로널드 암브로즈 2세와 그의 고양이 미스터 스키틀즈; 엘퍼버와 에라스무스를 기리는 데이먼 딜과 브래드 크래독; 챈스 (버디) 크룩샹크; 자신의 고양이 넛메그를 기리는 제프 센서바워; 수, 바우저, (고)사라; 개럿 듀; 존 그버(대드로도 알려진); 레베카 스테포프와 저시스; 스티브 캐로우; 브라이언 R. 깁슨; 로렌스 로저스; 젠 크로스와 줄; 아론과 사라 골라스와 고양이 링크; 토마스 스완슨; 한 때 야생 고양이였던 스키피와 200마일의 구조 여정이 아깝지 않은 친칠라 피카-차르를 대리하는 크리스 사우자; 미셸 뱅크스와 티팟; 조안 파워와 모; 마리안 I. 체이든과 젯; 제이슨 탈켄; 스티브 쿡. 별도의 특별한 감사를 파스칼 레인과 도티에게 그리고 야나 미들턴에게 보낸다!

마지막으로, 나는 이 책을 최고로 잘 만들어 출간되도록 도와준 예일 대학 출판부의 편집자들인 조셉 칼라미아와 메리 파스티에게 감사한다.

찾아보기

382

383

388